U0168254

合成孔径雷达海洋涡旋探测

种劲松　王宇航　杨　敏　著

海洋出版社

2023 年 · 北京

内 容 简 介

本书围绕合成孔径雷达（SAR）海洋涡旋探测专题，全面阐述了海洋涡旋成像机制、海洋涡旋 SAR 仿真建模方法、雷达参数及海洋环境对涡旋成像的影响分析、SAR 图像海洋涡旋检测方法、SAR 图像海洋涡旋信息提取方法、干涉 SAR 涡旋海表面高度探测方法等相关方面的基础理论和前沿技术。

本书可供从事海洋遥感、物理海洋学、卫星海洋应用、目标检测与识别等相关专业及技术领域的科研人员参考使用。

图书在版编目（CIP）数据

合成孔径雷达海洋涡旋探测/种劲松，王宇航，杨敏著. —北京：海洋出版社，2023.7

ISBN 978-7-5210-1026-8

Ⅰ．①合… Ⅱ．①种… ②王… ③杨… Ⅲ．①合成孔径雷达–海洋–涡旋–探测 Ⅳ．①P731.2

中国版本图书馆 CIP 数据核字（2022）第 195833 号

合成孔径雷达海洋涡旋探测

HECHENG KONGJING LEIDA HAIYANG WOXUAN TANCE

责任编辑：林峰竹

责任印制：安　森

海洋出版社　出版发行

http：//www.oceanpress.com.cn

北京市海淀区大慧寺路 8 号　邮编：100081

鸿博昊天科技有限公司印刷　新华书店总经销

2023 年 7 月第 1 版　2023 年 7 月北京第 1 次印刷

开本：787mm×1092mm　1/16　印张：15.25

字数：360 千字　定价：228.00 元

发行部：010-62100090　邮购部：010-62100072

海洋版图书印、装错误可随时退换

序

进入 21 世纪，人类全面转向了海洋发展战略，以解决人类生存与发展受限于陆地的问题。2001 年，依托于中国科学院电子学研究所（现中国科学院空天信息创新研究院）的微波成像技术国家重点实验室成立了。实验室成立之初，海洋微波遥感被确立为实验室的重要研究方向之一。

2001—2011 年期间，我受聘微波成像技术国家重点实验室学术委员会，见证了实验室海洋微波遥感方向的发展过程。20 年来，种劲松一直致力于海洋微波成像的理论研究和科研实践，围绕合成孔径雷达海洋目标探测、海洋环境探测两个方面，深耕钻研、攻坚克难，取得了丰硕的创新性研究成果。

合成孔径雷达对海洋成像机理独特，属于物理海洋学与雷达信号处理的学科交叉。首先，海洋无时无刻不处于运动中，使得合成孔径雷达对海洋成像与对陆地成像完全不同；其次，相比于陆地目标探测，海洋的雷达后向散射更为微弱；另外，各种海洋现象相互交织、海洋与大气之间交互作用，使得合成孔径雷达海洋图像纷繁复杂。

种劲松研究团队针对上述特点，面向海洋内波、海洋涡旋、海洋锋等海洋中尺度现象，分别基于计算机仿真试验、水槽探测试验、海空天同步探测试验等三种手段，开展了成像仿真建模、特征分析与现象检测、信息提取与参数反演等方面的理论研究及其试验验证。

本书是继种劲松同志出版《合成孔径雷达图像海洋目标探测》《合成孔径雷达图像海洋内波探测》两部专著后，将海洋涡旋研究成果总结提炼并精心撰写而成的又一新著。海洋涡旋是海洋动力环境的重要组成要素，在全球海域广泛分布。本书围绕合成孔径雷达海洋涡旋探测专题，全面系统地阐述了海洋涡旋成像机制、海洋涡旋成像仿真方法、雷达参数及海洋环境对海洋涡旋成像的影响分析、海洋涡旋检测方法、海洋涡旋信息提取方法、涡旋海表面高度探测方法等方面的基础理论和相关方法，内容丰富，资料翔实，具有重要的学术和应用价值，对推动我国海洋涡旋遥感探测研究具有重要意义。

中国工程院院士　张履谦

前　言

合成孔径雷达（Synthetic Aperture Radar，SAR）是一种主动微波成像遥感传感器，具有全天时、全天候、大范围、高分辨率探测优势。1978 年美国发射了第一颗搭载 SAR 系统的 Seasat 卫星，自此揭开了 SAR 海洋遥感探测的序幕。SAR 能够宏观、长期、动态、实时地对海洋进行观测。广袤的海洋千变万化，传统调查方法难以掌握海洋的总体规律，海洋天气多变也使得光学遥感等手段在海洋应用中受到限制。SAR 在海洋权益、资源、环境、防灾减灾和海洋科学研究等方面具有独特的应用价值，充分显示了 SAR 应用于海洋探测的巨大潜力。

海洋涡旋是一种旋转的、以封闭环流为主要特征的三维水体，由于各种气象因素作用和海洋动力不稳定性而逐渐形成。海洋涡旋是海洋动力环境的重要组成要素，对于海洋生态环境、海洋物质能量交换、全球气象监测都有着重要影响。海洋涡旋的产生和运动对海面微尺度波空间分布产生影响，从而改变了海面粗糙度使其能够在 SAR 图像中显现。星载 SAR 观测覆盖面广，克服了现场观测资料的不足，能够探测到中小尺度涡旋，能够观测到海洋涡旋的结构类型，为长时序、大范围的海洋涡旋探测提供了有力的数据支撑。因此，SAR 海洋涡旋探测成为国际海洋遥感领域的研究热点。

本书详细阐述了 SAR 海洋涡旋遥感机理、海洋涡旋 SAR 成像仿真建模方法、雷达观测条件及海洋环境对涡旋成像的影响分析、SAR 图像海洋涡旋检测方法、SAR 图像海洋涡旋信息提取方法、干涉 SAR 涡旋海表面高度探测方法等方面的基础理论和前沿技术。本书将理论创新与实际应用相结合，基于数值模拟和真实数据，系统深入地探讨 SAR 海洋涡旋探测技术，并对未来干涉 SAR 海洋涡旋探测的研究前景进行了分析论证。

本书第 1 章为绪论，系统全面地介绍了该 SAR 海洋涡旋探测专题的研究意义、科研成果及最新研究动向。第 2 章阐述海洋涡旋 SAR 遥感机理。首先阐述海面模型、海面电磁散射模型和海面成像调制机理，然后介绍 SAR 图像海洋涡旋的显现机制，包括波-流交互作用机制、油膜机制、热机制和冰机制等。在此基础上，对海洋涡旋 SAR 成像机理和成像过程进行进一步讨论。

第 3 章讨论海洋涡旋 SAR 成像仿真方法。首先讨论海洋涡旋 SAR 成像理论仿真模型的构建，利用第 2 章介绍的海面模型、海面电磁散射模型和海面成像调制模型来构建海洋涡旋成像仿真模型，建立 SAR 图像与涡旋物理状态之间的联系，同时，基于构建的成像仿真模型开展海洋涡旋 SAR 图像仿真实验，并将仿真结果与真实 SAR 图像进行对比分析。

第 4 章讨论雷达参数和海洋环境对涡旋 SAR 成像的影响。海洋涡旋 SAR 成像过程复杂，涡旋 SAR 成像特征容易受到海面风场、海面流场以及雷达系统参数等因素的影响。基于第 3 章建立的海洋涡旋 SAR 成像仿真模型，仿真不同海洋环境和雷达观测条件下的涡旋 SAR 图像，分别针对雷达参数、海面风场、涡旋流场对涡旋 SAR 成像的影响进行系统讨论与分析。

第 5 章讨论 SAR 图像海洋涡旋检测方法。本章分别从传统的自动检测和近年来新兴的机器学习两个方面进行检测方法研究。传统的自动检测方法基于分形谱来开展。深度学习作为机器学习的一个分支，能够快速地从海量数据中提取有用信息。本章在介绍分形和深度学习基本理论的基础上，针对 SAR 涡旋图像数据构建用于训练和测试的数据集，分别提出基于分形谱的 SAR 图像海洋涡旋检测方法以及基于深度学习的 SAR 图像海洋涡旋检测方法，并开展 SAR 图像海洋涡旋检测实验，验证方法的有效性和准确性。

第 6 章讨论 SAR 图像海洋涡旋信息提取方法。本章以海洋涡旋 SAR 成像机理与成像特征研究为基础，开展 SAR 图像海洋涡旋信息提取方法研究，提取涡旋动力参数，有助于理解涡旋的动力学过程。分别介绍基于对数螺旋线边缘拟合的 SAR 图像涡旋信息提取方法、基于骨架化的 SAR 图像海洋涡旋信息自动提取方法、基于多尺度边缘检测的 SAR 图像涡旋信息提取方法和基于水动力模型的 SAR 图像涡旋信息提取方法，并对 4 种方法的适用性进行分析和讨论。

第 7 章讨论干涉 SAR 涡旋海表面高度异常探测方法。海洋涡旋是具有旋转特性的三维水体，干涉 SAR 可以探测涡旋引起的海面高度变化。本章对近天底角干涉 SAR 海洋涡旋探测技术进行探讨。首先介绍干涉 SAR 海面高度探测原理，对干涉 SAR 海面测高误差进行分析。其次，基于天宫二号三维成像微波高度计获取的干涉复数据反演获取涡旋海表面高度，并基于 SWOT 卫星的 KaRIN 对海洋涡旋开展仿真研究，最后对干涉 SAR 海洋涡旋探测的研究前景进行讨论分析。

本书是在汇集中国科学院空天信息创新研究院微波成像技术国家重点实验室海洋微波遥感研究团队多年来在该领域研究成果的基础上形成的。其中，第 1、2 章由种劲松主笔，第 3、4 章由种劲松、王宇航、杨敏主笔，第 5 章由种劲松、郑平、颜卓凡主笔，第 6 章由杨敏、郑平、王宇航主笔，第 7 章由孔维亚、王宇航主笔。

全书的结构安排和统稿由种劲松完成。另外，刁立杰、杨雪、赵亚威、孙凯等博士生参与了本书部分章节内容的图文编辑工作，在此对他们表示衷心的感谢。

本书撰写过程中得到了中国科学院空天信息创新研究院的领导和研究人员的大力指导、支持、关怀与帮助。感谢曾任微波成像技术国家重点实验室主任的朱敏慧研究员，她为实验室设立了海洋微波遥感研究方向，率领实验室开拓进取。感谢曾任微波成像技术国家重点实验室学术委员会主任的张履谦院士，他长期关怀实验室海洋微波遥感研究方向，鲐背之年欣然为此书作序，在此向他表示衷心的感谢和致敬！本书出版得到了国家自然科学基金（No.62231024）、国家重点研发计划（2022YFC3104900）的资助。

浩瀚的海洋与旋转的涡旋，吸引着本书作者随着涡旋的脚步而快乐旋转，未来还将引领本书作者一直痴迷追随……

种劲松
于中国科学院空天信息创新研究院

目　录

第1章　绪论

1.1　海洋涡旋与大气涡旋

涡旋是流体做旋转圆周运动的一种现象。大气和海洋中普遍存在着涡旋，涡旋是全球大气或海水运动的重要组成部分。一般来说，大气中的涡旋称为大气涡旋，大气涡旋的代表有热带气旋、温带气旋以及龙卷风等；海洋中的涡旋称为海洋涡旋。海洋涡旋与大气涡旋的示例照片如图 1.1 所示。本书下面所讲的涡旋除特指外，均指海洋涡旋。

(a) 海洋涡旋　　　　　　　　　　　　　　　　(b) 大气涡旋

图 1.1　海洋涡旋与大气涡旋

大气涡旋在合成孔径雷达（Synthetic Aperture Radar，简称 SAR）图像上也有所体现。图 1.2 是 2010 年 9 月 13 日 ENVISAT ASAR 宽模式（400 km×480 km）获取的黑海中大气涡旋图像（气旋式），图中 E 表示涡旋中心，F 表示从东面吹向海洋的焚风（foehn wind），1~5 表示大气涡旋的射流。

海洋涡旋是一种旋转的、以封闭环流为主要特征的三维水体，由于各种气象因素作用和海洋动力不稳定性而逐渐形成（Zhang et al.，2016；Yang et al.，2019）。海洋涡旋的空间尺度可以用涡旋中心到最边缘的半径来定义，中尺度涡旋的半径可达到数百千米。从开始形成闭合环流结构直至解体，中尺度涡旋的生存周期长达几星期或者几个月。

海洋涡旋一般携带较大的动能，其海水运动速度比背景流速快几倍甚至一个数量级。涡旋垂向深度会影响到水下几十米至几百米，将海洋深层的冷水和营养盐带到海表面，是海洋动力环境的重要组成要素，常被称为海洋系统的"天气"（Dong et al.，2009；Dong et al.，2012；Yang et al.，2019）。

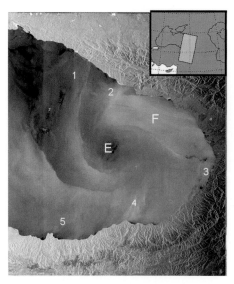

图 1.2　黑海大气涡旋 ENVISAT ASAR 图像（Alpers et al. , 2011）

1.2　海洋涡旋探测的研究意义

作为海洋动力学的重要组成部分，海洋涡旋的形成、运动和消衰是海洋科学家关注的重要研究方向。海洋涡旋探测具有如下意义：

（1）海洋涡旋在海洋中普遍存在，承担着海洋中不同尺度过程的能量交换（Marmorino et al. , 2010；Mityagina et al. , 2010；DmitriBoutov, 2011；Karimova and Gade, 2016）；其垂向深度影响可达几十米到几百米，甚至几千米，将海洋深层的冷水和营养物质带到表面，或将表层暖水压到较深海洋，对海水的循环、混合起着重要作用（董昌明，2015）。因此研究海洋涡旋可以增进对海洋活动和海洋物质、能量交换的了解，加强对海洋环境的监测。

（2）海洋涡旋由于混合搅拌作用和垂向作用，影响着海水中有机物的分布，进而影响海洋生物的分布，对涡旋区域的海洋生态环境起到了重要作用。因此研究海洋涡旋对海洋生态环境研究、指导渔业生产有重要意义。

（3）海洋涡旋携带着巨大的动能，其海水运动速度比洋流平均流速快几倍甚至一个数量级，在局地形成大流速的海流会影响航运安全（Fu et al. , 2012；王文杰等，2016）。因此研究海洋涡旋有利于合理设计舰船航线，降低航运风险。

（4）海洋涡旋的形成与气象环境有关（Xu et al. , 2015；Tavri et al. , 2016）。气象环境与海洋涡旋相互影响，研究海洋涡旋可以增加对局地气象环境变化的了解，有助于气象环境的研究。

总的来说，涡旋对于全球温度变化、声的传播、表面油膜的传播、营养物和浮游生物的分布等方面都有着重要影响，甚至对钻井平台拖行也有影响，研究涡旋使人们能够从气象学、流体力学以及生态条件等角度了解开放海域和沿海地区，尤其是能够了解人为条件给海域带来的影响。

中国近海涡旋活动频繁，特别是南海及台湾岛以东海域，这些海洋涡旋对中国海与外海的物质、能量交换起着重要作用，影响着近海的航运安全和渔业生产活动，因此国内对此一直予以关注，并开展了多方面研究（崔凤娟，2015；程建婷，2016；秦丹迪，2016；杜云艳等，2017；王鼎琦等，2017；郑全安等，2017）。同时随着国家"海洋强国"建设的不断推进，海洋涡旋的探测研究受到越来越多的关注。

现场观测涡旋能够研究涡旋的三维结构，但是难以实现大范围时空连续观测。合成孔径雷达（SAR）具有全天时、全天候、高分辨率、大范围等优点，是海洋环境观测体系中不可或缺的传感器。星载 SAR 观测覆盖面广，克服了现场观测资料的不足，能够探测到中小尺度涡旋，能够观测到涡旋的结构类型，对海洋探测具有特殊意义，受到国际海洋遥感界重视。

1.3 海洋涡旋的分类

1.3.1 根据旋转方向分类

作为海洋中以封闭环流为主要特征的旋转水体，涡旋是海洋运动中一个极为常见的形式。涡旋不停地运动，包括旋转、平移和垂直三种运动方式。根据旋转方向的不同，涡旋可以分为气旋式（cyclonic）涡旋和反气旋式（anticyclonic）涡旋。其中，气旋式涡旋（气旋涡）在北半球呈逆时针旋转，在南半球呈顺时针旋转，反气旋式涡旋（反气旋涡）正好相反。图 1.3 为北半球涡旋垂直剖面示意图（Robinson，2010），图 1.4 给出了气旋涡 SAR 图像与反气旋涡 SAR 图像的示例（Lavrova and Bocharova，2006）。

1.3.2 根据涡核温度分类

一般地，涡旋内部有一涡量的密集区，称涡核。根据涡核温度的不同，涡旋可以分为冷涡和暖涡。在北半球，气旋涡内的温度较低，也称冷涡（cold-core eddy）；反气旋涡内的温度较高，称为暖涡（warm-core eddy）（何忠杰，2007）。由于地转作用，在北半球，气旋涡中心的动力高度通常比周围水体低，而反气旋涡中心的动力高度则比周围水体高。冷涡和暖涡的示意图参见图 1.5。

1.3.3 根据空间尺度分类

根据涡旋尺度的不同，涡旋可以分为小尺度涡、中尺度涡。

通常将直径小于 50 km 的涡旋称为小尺度涡（small-scale eddy），有时也称为亚中尺度涡（sub-mesoscale eddy）或螺旋形涡旋（spiral eddy）（Alpers et al.，2013）。小尺度涡通常出现在封闭海域和半封闭海域，如里海、地中海、黑海、波罗的海等（Alpers et al.，2013）。Karimova 等人（Karimova et al.，2012）分析了 2009—2010 年的波罗的

3

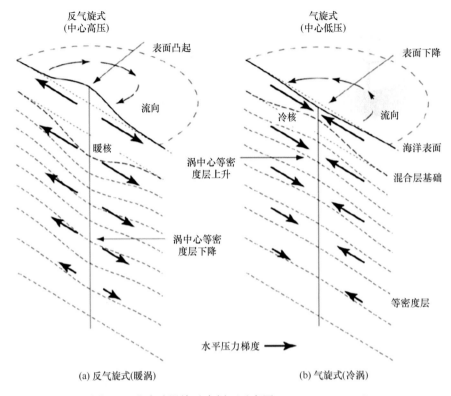

图 1.3　北半球涡旋垂直剖面示意图（Robinson，2010）

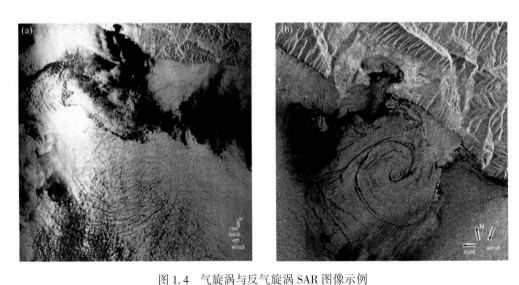

图 1.4　气旋涡与反气旋涡 SAR 图像示例

（a）黑海气旋涡的 ERS-2 SAR 图像（Lavrova and Bocharova，2006）；

（b）黑海反气旋涡的 ERS-2 SAR 图像（Lavrova and Bocharova，2006）

海、黑海和里海的 ERS-1、ERS-2 和 ENVISAT ASAR 的 2 000 多张 SAR 图像，发现了 14 000 个直径为 1～75 km 涡旋的雷达特征，其中，约 99% 的涡旋直径为 1～20 km，

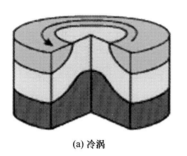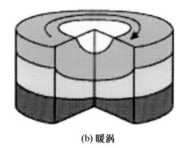

(a) 冷涡   (b) 暖涡

图 1.5   冷涡、暖涡示意图

98%的涡旋为气旋式。

中尺度涡（mesoscale eddy）与大洋地转流的蛇形弯曲有关，是一种以较长时间封闭环流为主要特征的海水运动形式，它的空间尺度大约在数十到数百千米之间，时间尺度为数天至数月之间，环流速度可达 1~2 m/s，引起的海面动力高度差可达十几个厘米（何忠杰，2007）。也有人将空间尺度 200~500 km、时间尺度 1 个月至数月的涡旋定义为中尺度涡旋（侍茂崇，2004）。中尺度涡的形状近似为圆形或椭圆形，在传播过程中其形状也常常发生明显的改变（何忠杰，2007）。

不同海域中尺度涡的类型和结构特点各不相同，生成机制也有很大差别。中尺度涡的生成机制主要分为两种：①由大洋边界洋流引起的中尺度涡；②与边界洋流无关的中尺度涡。目前对中尺度涡的研究认为边界洋流在中尺度涡的形成过程中十分重要，中尺度涡是由于边界洋流的弯曲或不稳定从而分离出来形成的（Olson，1991；Li et al.，1998；Lorenzzetti et al.，2006）。世界上有些边界洋流是中尺度涡的频发地带，例如三个最强的西边界流（墨西哥暖流、黑潮、厄加勒斯流）和比较弱的南半球边界洋流（澳大利亚东部洋流、巴西洋流），其中，后两个洋流引起的中尺度涡的数目少于前三个洋流引起的中尺度涡数目（Olson，1991）。

大洋中尺度涡的旋转速度一般都很大，并且一边旋转，一边向前移动，携带着很大的动能。据估计，这些中尺度涡的动能，在整个海洋里占据了大、中尺度海流动能的90%以上，因此中尺度涡是一种非常重要的海洋过程。由于中尺度涡能够保持水体原来的性质，并携带其传播上千千米，因此研究中尺度涡的运动变化规律对理解大洋中物质和能量的传播及混合过程有重要意义，对海洋渔业和航运等经济领域也有重要影响，对中尺度涡的研究一直受到国内外海洋学家的重视（何忠杰，2007）。中国近海中尺度涡活动频繁，尤其南海及台湾以东海域的中尺度涡，强度大、数量多，对中国海与外海的能量物质交换起着重要作用；同时，黑潮引起的中尺度涡对我国近海海水的温度、盐度等都有重要影响（何忠杰，2007）。

1.3.4   Ivanov 分类

Ivanov 等人（Ivanov and Ginzburg，2002）根据可见光、红外和 SAR 等遥感图像的分析，对海洋涡旋进行了归纳和分类，他们将涡旋分为 9 种类型，如表 1.1 所示。

表 1.1　涡旋的类型（Ivanov and Ginzburg，2002）

类型	水平尺度（km）	垂直尺度（m）	寿命（天数）	旋转方向	表面模态
开放海域出现的螺旋形涡旋	1~30	上限到300	?	C（大多数）、A	
岛屿后出现的涡旋：两个涡旋、涡街	0.1~5	1~?	0.5~?	C、A	
由于海岸线不均匀性形成的涡旋：海角附近、海湾内	1~100	10~?	0.5~?	C、A	
剪切涡旋链	0.02~100	10~100	3~?	C（大多数）、A	
洋流汇聚区域或分离区域的涡旋	0.1~300	?	20~?	C、A	
衍生涡	25~60	<100	<10	C（大多数）、A	
暖环或冷环（rings）	90~300	300~1 000	30~400	C、A	
蘑菇状涡旋	1~200	10~100	1~30	偶极子	
联合式涡旋	20~100	20~100	1~30	C（大多数）、A	

注：C 表示气旋式；A 表示反气旋式；? 表示未知。

下面，分别对表 1.1 中的涡旋进行介绍。

1）开放海域出现的螺旋形涡旋

此类涡旋直径小于 30 km，多为气旋式，广泛分布于 6°N—6°S 以外海域或者其他无剪切流或弱剪切流海域。文献（Ivanov and Ginzburg，2002）并未给出此类涡旋的典型 SAR 图像，认为图 1.6 和图 1.7 是与此类涡旋相类似的例子。图 1.6 中是地中海西西里岛附近出现的两个相连的气旋式涡旋，通常也称为涡旋对（vortex pair）。

2）岛屿后出现的涡旋［也称为岛尾迹（island wake）］

此类涡旋的形成与洋流流经岛屿两侧时形成的剪切层不稳定性有关（Ivanov and Ginzburg，2002；Lavrova et al.，2002；Dong et al.，2007；Barton，2009）。岛屿后形成的涡旋取决于雷诺数 Re 的变化，$Re = UD/v$，其中，U 为平均流速，D 为岛的直径（一般将岛等同于圆柱体），v 为黏滞率（Zheng et al.，2008）。Re 的不同使得岛屿后形成的岛尾迹形式有所不同，例如无涡旋产生、两个涡旋、两个涡旋及涡街、周期性脱落的涡

6

街，如图 1.8 和表 1.2 所示。

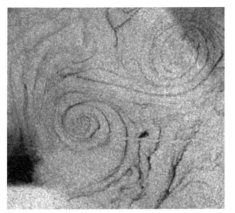

图 1.6 螺旋形涡旋（气旋式）ERS-2 SAR 图像（Ivanov and Ginzburg，2002）

图 1.7 日本海小尺度（3~5 km）气旋涡链的 ERS-1 SAR 图像（Ivanov and Ginzburg，2002）

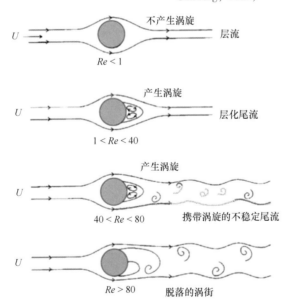

图 1.8 雷诺数 Re 不同导致不同形式的岛尾迹（Barton，2009）

表 1.2 雷诺数 Re 不同导致不同形式的岛尾迹（Barton，2009）

	不产生涡旋	两个涡旋	两个涡旋及涡街	周期性脱落的涡街
Re	$Re<1$	$1<Re<40$	$40<Re<80$	$Re>80$

下面给出岛尾迹 SAR 图像示例。

图 1.9 为 ERS-1/2 卫星在不同时间获取的白令海峡 FAIRY 暗礁所形成的涡街 SAR 图像，可见涡街形式强烈取决于洋流的流速和流向。图 1.10 为 ALOS 卫星不同时间获取的日本海伊豆诸岛中 Miyake-jima 和 Mikura-jima 两个岛后的涡街 PALSAR 精细模式图像（Osamu Isoguchi，2009），它们是黑潮经过诸岛后引起的冷涡链。图 1.11 为宗谷海峡附近冷涡链的 SAR 图像及其对应的红外图像（Mitnik et al.，2004）。

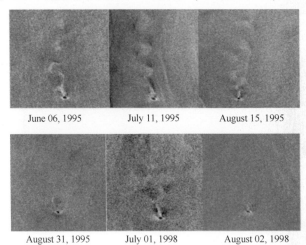

June 06, 1995　　　　July 11, 1995　　　　August 15, 1995

August 31, 1995　　　　July 01, 1998　　　　August 02, 1998

图 1.9　不同时间获得的白令海峡 FAIRY 暗礁后的岛尾迹 ERS-1/2 SAR 图像

（Ivanov and Ginzburg，2002）

3）由于海岸线不均匀性形成的涡旋

此类涡旋产生在海角附近，由海湾内部或海峡内部的局域循环所形成，与剪切流的不稳定性有关（Ivanov and Ginzburg，2002）。此类涡旋尺度与海湾或海角的尺度、流的强度和持续时间相关。图 1.12 即是该类涡旋 SAR 图像示例。

4）剪切涡旋链

该类涡旋具有螺旋形式，纵向和横向的尺度比例（纵横比）接近于 1，既有气旋式也有非气旋式，它们的成长是由于剪切层正压的不稳定性。通常涡旋链中涡旋的数目为 2~6 个，其中单个涡旋直径与整个涡旋链长度之比为 0.25~0.7（Ivanov and Ginzburg，2002）。图 1.13 为地中海塞浦路斯附近出现的剪切涡旋链 SAR 图像。

5）在洋流汇聚区或分离区形成的涡旋

此类涡旋是由于两种不同流向洋流之间的交互作用所形成（Ivanov and Ginzburg，2002）。图 1.14 是 ERS-2 获得的此类涡旋 SAR 图像示例，它们是由两个流向相反的洋流汇聚所形成。

6）衍生涡（spin-off eddies）

此类涡旋是从基础洋流中派生出的射流，为对称的螺旋结构，通常是气旋式，螺旋线间距为千米级（通常 1~3 km）。图 1.15 为通过油膜显现出来的挪威海衍生涡 SAR 图像。

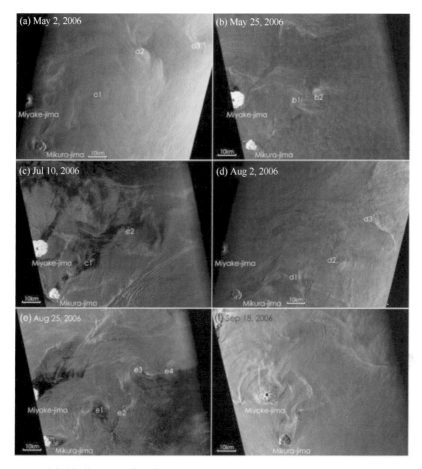

图 1.10　不同时间获得的日本海岛后涡街的 ALOS PALSAR 图像（Osamu Isoguchi，2009）

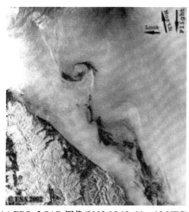 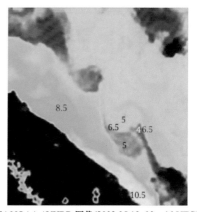

(a) ERS–2 SAR 图像(2002.05.13, 01：18 UTC)　　(b) NOAA AVHRR 图像(2002.05.13, 03：46 UTC)

图 1.11　宗谷海峡涡街的遥感图像（Mitnik et al.，2004）

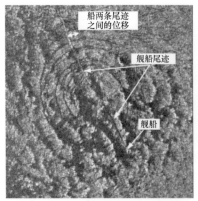

船两条尾迹之间的位移

舰船尾迹

舰船

(a) 巴哈马附近的涡旋ALMAZ-1图像

(b) 西西里附近的涡旋ERS-2图像

图 1.12　由于海岸线不均匀性形成的涡旋 SAR 图像（Ivanov and Ginzburg，2002）

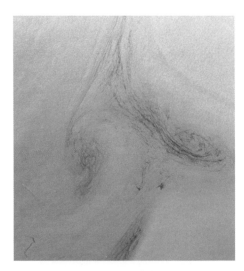

图 1.13　地中海剪切涡旋链的 ERS-2 SAR 图像　图 1.14　日本海中部一对气旋涡的 ERS-2 SAR 图像

（Ivanov and Ginzburg，2002）　　　　　　　（Ivanov and Ginzburg，2002）

7）暖环或冷环（即中尺度涡）

SAR 图像上冷环或暖环（即中尺度涡）中心大多显示为"斑驳的"纹理（Ivanov and Ginzburg，2002），如图 1.16 所示。涡旋边缘是由于波-流交互作用形成的线状或弧状特征，边缘的亮暗取决于观测几何、风和浪的方向等，图中风速为 12～13 m/s（Ivanov and Ginzburg，2002）。

SAR 图像上冷环或暖环通常比周围水域亮（也有少数不是这样）（Ivanov and Ginzburg，2002）。SAR 图像上冷环或暖环的产生机制包括：海-气温差所引起的海洋大气边界层差异、波-流交互作用、短波-长波交互作用等。

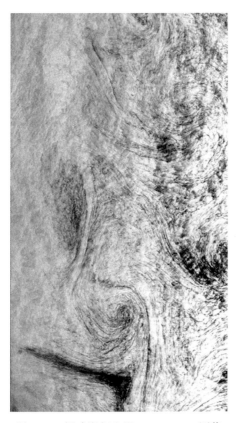

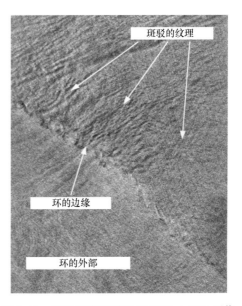

斑驳的纹理

环的边缘

环的外部

图 1.15 挪威海衍生涡 ERS-1 SAR 图像
（Ivanov and Ginzburg，2002）

图 1.16 墨西哥湾流暖环 ALMAZ-1 SAR 图像
（Ivanov and Ginzburg，2002）

中尺度涡普遍存在于世界大洋的各个区域，其空间结构、存在方式和空间尺度也各不相同。下面给出几个中尺度涡 SAR 图像示例。图 1.17 是太平洋墨西哥海岸附近中尺度涡的 ERS-2 SAR 图像，该涡为暖环，涡直径约 200 km。由于 ERS-2 图像幅宽为 100 km，往往仅能观测到中尺度涡的一部分，因此通常情况下仅仅通过 SAR 图像难以确认是中尺度涡，一般还需要其他信息源来辅助判读，例如通过获取时间相近的遥感图像来辅助确认。如图 1.18 所示，仅通过图 1.18（a）难以确认是涡旋，需要通过图 1.18（b）的 NOAA 红外图像辅助确认，椭圆区域为暖环，方框处为 ERS-2 图像位置。图 1.19（a）所示的涡旋较弱，也需要图 1.19（b）的 MODIS 图像来辅助确认。图 1.20 和图 1.21 是南非东南海域的反气旋涡和气旋涡的 ENVISAT ASAR 宽模式图像，涡旋尺寸分别约为 210 km 和 110 km，需要注意的是，南半球的气旋涡是顺时针旋转，而反气旋涡是逆时针旋转。

8）蘑菇状涡旋（偶极子涡旋）

蘑菇状涡旋由端点相对的一对涡旋（偶极子，dipole）以及在气旋和反气旋两部分之间的射流所组成，是一种空间半对称结构，形状像切开的蘑菇（Ivanov and Ginzburg，2002；Lavrova and Bocharova，2006）。

图 1.22 给出 3 个蘑菇状涡旋 SAR 图像示例。

图 1.17　太平洋墨西哥海岸附近的中尺度涡 ERS-2 SAR 图像

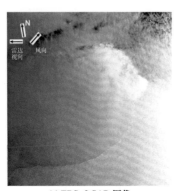

(a) ERS-2 SAR 图像

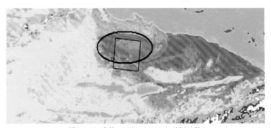

(b) 接近同时获取的NOAA红外图像

图 1.18　中尺度暖涡遥感图像（Lavrova and Bocharova，2006）

　　蘑菇状涡旋是海洋上层对各种局部冲击力的反应，且这种反应趋于准稳定状态。其水平尺度接近一个涡旋极子的大小，变化范围从几千米到 200 km，偶极子既可以是准对称的，也可以是非对称的。偶极子两部分的垂直尺度依赖于该结构的形成机制，两部分可能相同，也可能极为不同（Ivanov and Ginzburg，2002）。对于这种涡旋的形成，Mityagina 等人（Mityagina et al.，2010）认为是由于局部短时间的冲量作用于水体表面或紧邻表面的水层所形成，这种结构对水平方向上的海水混合有明显作用，它们能将

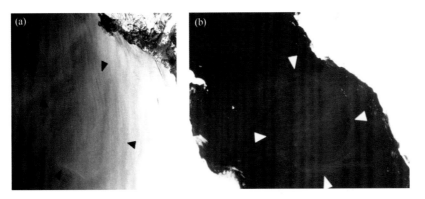

图 1.19　红海反气旋涡遥感图像（Barale and Gade，2014）

（a）ENVISAT ASAR 宽模式（WSM）图像（2009.05.24，07：28UTC），涡旋直径约 110 km；

（b）MODIS 图像（2009.05.20，11：05UTC）

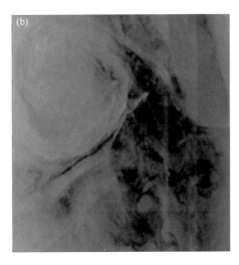

图 1.20　南非东南海域反气旋涡 ENVISAT ASAR 宽模式（WSM）图像（Barale and Gade，2014）

（a）ENVISAT ASAR 宽模式（WSM）图像，箭头指出反气旋涡；（b）反气旋涡的放大图，涡旋直径约 210 km

盐、能量、生物要素等传输到很远。

9）联合式涡旋（Associated eddies）

该类涡旋是涡旋与海洋锋相互作用形成或其自身演化形成。从对卫星图像的分析发现，其主要特征是从原始涡旋（多为反气旋式）形成的偶极子或多极子结构及其外围的一个或多个附加涡旋，如图 1.23 所示。SAR 图像极少发现这样的结构（Ivanov and Ginzburg，2002）。

图 1.24 给出了鄂霍次克海（Okhotsk Sea）联合式涡旋的遥感图像例子（Mitnik et al.，2004），图 1.24（a）为 NOAA AVHRR 图像，联合式涡旋由两个蘑菇状结构涡旋组成：大的蘑菇状涡旋中 S1（宽度 40 km）为蘑菇茎部，C1 和 AC1 分别为气旋涡和反气旋涡（约 50 km），帽子 cap1（约 190 km）盖住了 C1 和 AC1；小的蘑菇状涡旋中 S2 为蘑菇茎部，C2 和 AC1 分别为气旋涡和反气旋涡，帽子 cap2 盖住了 C2 和 AC1。图

13

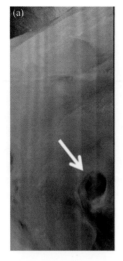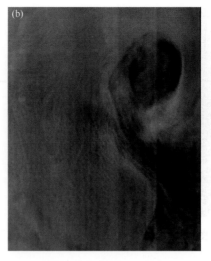

图 1.21 南非东南海域气旋涡 ENVISAT ASAR 宽模式图像 (Barale and Gade, 2014)

（a）ENVISAT ASAR 宽模式（WSM）图像，箭头指出气旋涡；（b）气旋涡的放大图，涡旋直径约 110 km

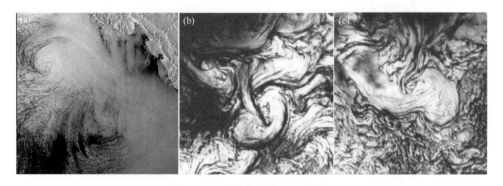

图 1.22 蘑菇状涡旋 SAR 图像

（a）蘑菇状涡旋 ENVISAT ASAR 图像；（b）里海中完全成长的蘑菇状涡旋 ERS-1 SAR 图像 （Ivanov and Ginzburg，2002）；（c）里海中未完全成长的蘑菇状涡旋ERS-1 SAR 图像 （Ivanov and Ginzburg，2002）

1.24（b）为 AVHRR 观测之后 16 h 20 min 所获取的 ENVISAT ASAR 图像，此时涡旋已经发生变化，仅能观测到一个蘑菇状涡旋，没有观测到联合式涡旋。

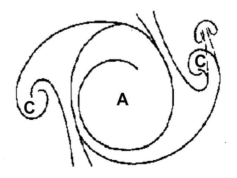

图 1.23 联合式涡旋示意图，两个气旋涡 C 在较大的反气旋涡 A 外围 （Ivanov and Ginzburg，2002）

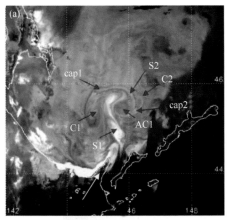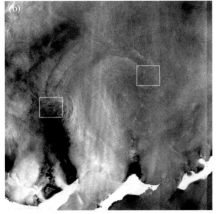

图 1.24　鄂霍次克海联合式涡旋的遥感图像（Mitnik et al.，2004）

（a）NOAA AVHRR 图像；（b）ENVISAT ASAR 图像

1.4　海洋涡旋遥感探测技术简介

　　早期的海洋涡旋探测研究主要基于现场观测数据，如船测数据、漂流浮标数据、Argo 剖面浮标数据等。现场观测数据能够提供海表面以下的温度、盐度等的剖面结构信息，可以用于研究涡旋的三维结构。但是海洋现场观测耗时耗力，费用昂贵，且实测数据点时空分布不均，对于形成条件具有不确定性的海洋涡旋来说，很难实现大范围、长时间连续观测，严重限制了海洋涡旋的研究。

　　随着卫星遥感技术的发展，基于遥感数据进行海洋涡旋探测成为研究热点。常见的卫星遥感数据包括海表面温度（Sea Surface Temperature，SST）数据、水色数据、高度计数据和 SAR 数据。以卫星遥感数据为主，结合传统现场观测资料和数值模拟目前已成为研究海洋涡旋的主要手段。

　　海表面温度和海洋水色数据是观测海洋涡旋的主要遥感数据来源。涡旋的垂向运动会引起局地海水上升或下沉，冷水和暖水的交换使海表面温度出现下降或上升；涡旋的混合搅拌运动则强烈影响着海水中营养盐、浮游植物的分布，使海表面盐度、叶绿素浓度发生变化，因此涡旋能够在海表面温度和水色图像中显现（Nick et al.，2014；Li et al.，2016；Li et al.，2017）。图 1.25 给出了中等分辨率成像光谱仪（Moderate Resolution Imaging Spectroradiometer，MODIS）获取的非洲西海岸涡旋区域 SST 数据和叶绿素浓度数据（Chlorophyll-a，CHL）示例（Alpers et al.，2013）。光学传感器覆盖面积广，观测频率高，分辨率高，但是容易受到云层和无光照等条件影响，不能够全天时、全天候工作，因而难以获取涡旋整个动力过程期间的有效数据。

　　卫星测高技术的发展为海洋涡旋研究提供了新的机遇。海洋涡旋活动的区域一般会引起较为显著的海表面高度变化，因此卫星高度计也可用于探测涡旋。随着 Seasat、Topex/Poseidon、JASON 系列卫星发射上天，卫星高度计数据在涡旋探测中得到了广泛应用。图 1.26（a）给出了法国 CNES 提供的 AVISO 全球海表面高度数据产品示例。卫

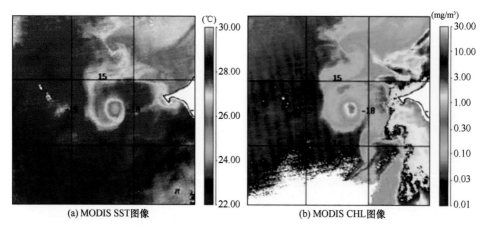

(a) MODIS SST图像 (b) MODIS CHL图像

图1.25 海洋涡旋MODIS海表面温度、水色图像示例（Alpers et al.，2013）

星高度计能够全天时、全天候观测海表面高度变化，但是仅能获取星下点处涡旋海面的一维高度信息。虽然CNES和JPL陆续提供了融合数据产品，但是融合处理后数据的二维分辨率也较为粗糙（大于100 km），如图1.26（b）所示。海洋中常见的中尺度涡旋水平尺度为100~300 km，小尺度涡旋水平尺度小于50 km。所以目前卫星高度计仅能满足中尺度以上的涡旋探测，在中尺度涡旋的研究中应用比较广泛，而对于小尺度涡旋难以实现探测。

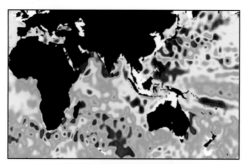 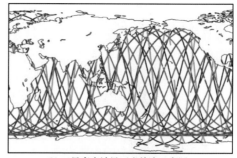

(a) AVISO全球海表面高度数据示例 (b) 卫星高度计星下点轨迹示意图

图1.26 卫星高度计探测海洋涡旋

1978年美国NASA发射了第一颗搭载SAR系统的Seasat卫星，自此揭开了星载SAR海洋遥感探测的序幕，目前SAR已经成为海洋观测的重要手段。SAR发射的电磁波可以与海面微尺度波产生交互作用，海洋涡旋的产生和运动会对微尺度波空间分布产生影响，从而能够在SAR图像中显现。SAR不受云雾遮挡和光照条件限制，具有全天时、全天候、覆盖面积广、分辨率高、观测频率高等优势。相比于其他传感器，SAR能够探测到小尺度涡旋，并且能够更加细致地观测到涡旋的内部结构，获取的涡旋特征信息更为丰富，成为长时序、大范围的海洋涡旋探测的数据源。

图1.27给出了ERS-1/2卫星获取的海洋涡旋SAR图像，分别获取于吕宋海峡和波罗的海海域。在不同SAR图像中，涡旋呈现出不同的图像特征，一方面是由于涡旋的形成因素较为复杂，会受到海底地形、海洋流场、海面风场等因素的影响，另一方面

是由于涡旋在 SAR 成像过程中受到雷达系统参数的影响，从而呈现出不同的亮暗特征、水平尺度特征、高度特征、随时间变化特征、随空间变化特征等（Ivanov and Ginzburg，2002；Karimova and Gade，2016）。

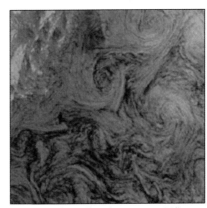

(a) 吕宋海峡涡旋ERS-2 SAR图像　　　　　(b) 波罗的海涡旋ERS-1 SAR图像

图 1.27　海洋涡旋 SAR 图像示例

涡旋是一种三维水体，区别于其他海洋表面现象，其三维水体结构示意图如图 1.28 所示。涡旋三维水体旋转对海表面产生的调制作用主要表现为两方面：一是海表面旋转流场产生，流场又对海面微尺度波的分布产生调制，涡旋进而得以在 SAR 幅度图像上出现；二是海表面高度发生变化，中尺度涡旋引起的海面高度异常可达数十厘米（董昌明，2015；Raj et al.，2016；Zheng，2017；董迪，2017）。

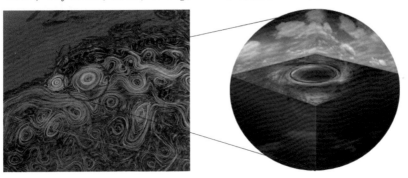

图 1.28　海洋涡旋三维水体结构示意图

针对涡旋三维水体现象，仅基于二维 SAR 图像海表面特征探测涡旋，会导致涡旋高度维信息缺失，难以实现涡旋的精确探测。近年来，利用干涉合成孔径雷达（Interferometric Synthetic Aperture Radar，InSAR）进行海洋涡旋探测成为国内外研究热点。InSAR 不仅能够获取涡旋表面二维 SAR 图像特征，还能够利用干涉相位进行涡旋海面高度测量。

目前现有的星载 InSAR 系统通常测高精度为米级，难以满足海洋厘米级的测高精度需求。设计专门用于海面高度测量的 InSAR 成为国内外新一代卫星高度计发展方向，比较典型的如美国全球海洋与地表水高度测量卫星（Surface Water and Ocean

Topography，SWOT）上搭载的 Ka 波段 InSAR，以及我国天宫二号上搭载的 Ku 波段 In-SAR，即三维成像微波高度计。SWOT 卫星最早计划在 2016 年发射入轨，然而受限于严苛的技术指标和工程技术可实现能力，发射进度一再推迟，于 2022 年 12 月发射升空。三维成像微波高度计成为国际上首个搭载于空间飞行器上的针对海洋观测的近天底角 InSAR，已经获取了大量海洋观测数据。目前，国内外利用新体制 InSAR 进行海洋涡旋高度异常探测的研究尚处于起步阶段。

1.5　合成孔径雷达海洋涡旋探测的国内外研究现状

SAR 具有高分辨率、大覆盖范围、全天时、全天候的特点，可以获取海浪、内波、涡旋、浮油、舰船目标等多种海洋现象的图像，对海洋环境监测和海洋现象研究具有重要意义。

SAR 系统高分辨率的特点致使可以观测到中小尺度的海洋涡旋及其细节信息，这些信息特别是对于小尺度涡旋的信息，是很难通过传统的海面高度（Sea Surface Height，SSH）或者 SST 数据观测到的。高分辨率 SAR 图像能够探索涡旋的内部结构，增加对涡旋的了解。

SAR 系统大覆盖范围的特点可以实现全球海域观测。在全球范围内研究海洋涡旋，分析不同海域海洋涡旋的特点，以及海洋涡旋和大范围洋流的关系；研究全球海域海洋涡旋的分布情况，构建全球海域海洋涡旋数据库。

SAR 系统全天时全天候的特点，减少了遥感观测手段对气候气象条件的依赖，能更好地通过 SAR 图像研究海洋涡旋与环境的关系。

20 世纪 90 年代，SAR 逐渐步入应用阶段，欧洲、苏联、日本、加拿大和美国共发射了 5 颗地球遥感 SAR 卫星。欧空局的 ERS-1/2、苏联的 ALMAZ、日本的 JERS-1 及加拿大的 RADARSAT 等 SAR 卫星相继发射成功。21 世纪发射的星载 SAR 在极化技术、刈幅宽度、地面分辨率方面都有了不同的发展。表 1.3 给出了星载 SAR 的发展历程概况。

表 1.3　星载 SAR 发展历程概况

卫星 （国家或地区）	年份	极化方式	最大刈幅 （km）	最高分辨率 （m×m）
SEASAT（美国）	1978	HH	100	7.9×6
ERS-1/2（欧洲）	1991/1995	VV	100	25×9.7
ALMAZ（苏联）	1991	HH	45	15×15
JERS-1（日本）	1992	HH	75	30×10
RADARSAT-1（加拿大）	1995	HH	500	28×12.9
ENVISAT ASAR（欧洲）	2002	单、双极化	100	16.6×6
ALOS-1 PALSAR-1（日本）	2006	单、双、全极化	350	10×10
RADARSAT-2（加拿大）	2007	单、双、全极化	500	10×9

卫星 （国家或地区）	年份	极化方式	最大刈幅 （km）	最高分辨率 （m×m）
TerraSAR-X/TanDEM-X（德国）	2007/2010	单、双、全极化	100	1×1
Cosmo-SkyMed（意大利）	2010	单、双极化	200	1×1
ALOS-2 PALSAR-2（日本）	2014	单、双、全极化	490	3×1
Sentinel-1（欧洲）	2014	单、双、全极化	400	5×5
高分三号（中国）	2016	单、双、全极化	500	1×1

　　星载 SAR 提供了大量的覆盖全球各海域的涡旋 SAR 数据，为海洋涡旋及其应用研究提供了丰富的观测资料，极大地拓展了海洋学家对涡旋的认识，国内外研究学者相继开展了 SAR 海洋涡旋探测方面的研究。

　　目前国内外利用 SAR 图像对海洋涡旋开展了广泛的研究，主要分为以下四个方面：海洋涡旋 SAR 图像特征仿真研究、SAR 图像海洋涡旋检测及信息提取研究、SAR 图像海洋涡旋统计研究、干涉 SAR 海洋涡旋探测研究。下面分别针对这几方面的国内外现状进行介绍。

1.5.1　SAR 图像海洋涡旋特征研究现状

　　1983 年，美国加州理工学院 Lee-Lueng Fu 等人（Fu and Holt，1983）从 Seasat SAR 图像中观测到海洋涡旋，如图 1.29 所示。该 SAR 图像获取于 1978 年 10 月 2 日 13 时 39 分，拍摄地点位于加勒比海西北部，在图像红色方框部分可以看到两个不完整的涡旋，涡旋边缘呈现出明暗相间的细条纹状特征。SAR 图像中涡旋特征引起了各国海洋研究学者的兴趣，相继开展涡旋 SAR 图像特征研究。

　　1997 年，美国密歇根环境研究所 Lyzenga 等人（Lyzenga and Wackerman，1997）利用波流作用方程推导出了海洋涡旋引起的波谱扰动变化，提出由于海面波谱扰动，涡旋在 SAR 图像上会呈现较明显的边界特征，体现为雷达后向散射系数的变化。Lyzenga 首次给出了水平雷达视向下理想反气旋式涡旋的成像几何示意图，如图 1.30 所示。经过理论计算指出，图中 1、4 区域的波谱扰动为负数，在 SAR 图像上呈现为暗曲线特征；图中 2、3

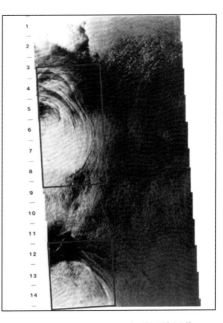

图 1.29　Seasat SAR 海洋涡旋图像
（Fu and Holt，1983）

区域的波谱扰动为正数，在 SAR 图像上呈现为亮曲线特征，故 Lyzenga 认为海洋涡旋在
SAR 图像中会呈现亮暗交替变化的边界特征。

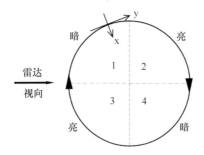

图 1.30　理想反气旋式涡旋成像几何示意图（Lyzenga and Wackerman，1997）

　　此外，Lyzenga 等人（Lyzenga and Wackerman，1997）通过星载 SAR 数据和机载实
验数据观测海洋涡旋，发现在不同雷达视向下涡旋也会呈现不同的亮暗变化特征。如图
1.31 所示，其中图（a）为挪威海岸获取的 ERS-1 SAR 图像，图中可以看到一个较大
的环状涡旋，其中 Pass10 和 Pass11 为获取 ERS-1 SAR 图像 11 h 后飞机两次垂直航过
获取的数据范围，两次航过交叠的部分如图（b）所示。当雷达视向垂直向上时，涡旋
边缘及右侧呈现较亮特征；当雷达视向水平向右时，涡旋边缘及右侧呈现较暗特征。在
两个相互垂直的视向下，涡旋呈现的亮暗特征刚好相反，这说明雷达视向对涡旋 SAR
成像特征具有重要影响。

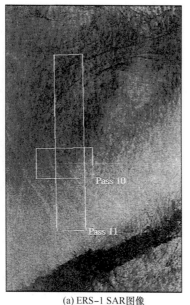

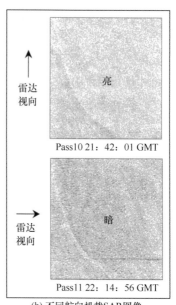

(a) ERS-1 SAR图像　　　　　　　　(b) 不同航向机载SAR图像

图 1.31　不同雷达视向下的涡旋 SAR 图像（Lyzenga and Wackerman，1997）

　　Mitnik 等人（Mitnik et al.，2000）给出了 ERS-2 涡旋 SAR 图像［如图 1.32（a）
所示］，对 Lyzenga 等人的结论进行了验证，图中反气旋涡旋 B 的左上和右下部分边缘

较暗，左下和右上部分较亮［如图1.32（b）所示］。

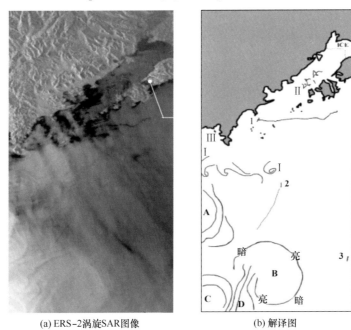

(a) ERS-2涡旋SAR图像　　　　　　　(b) 解译图

图1.32　涡旋亮暗特征与雷达视向相关（Mitnik et al., 2000）

　　海洋涡旋的 SAR 图像特征除了会受到雷达视向的影响之外，还会受到海面风场的影响。由于短重力波的空间分布主要受风应力场、风浪场的调制，短波作用谱的方向分布对风向具有依赖性，这使海洋涡旋的 SAR 图像特征会受到海面风场的影响。2003 年，俄罗斯科学院的 Ivanov 等人（Ivanov and Ginzburg, 2002）通过对多幅 ERS-2 SAR 图像的分析研究表明，涡旋 SAR 图像特征对风速呈现强依赖性。2005 年，挪威环境与遥感中心的 Johannessen 等人（Johannessen et al., 2005）通过仿真模拟了风速 5 m/s 和 15 m/s 条件下油膜机制涡旋产生的海表面归一化雷达后向散射系数（Normalized Radar Cross Section, NRCS）变化，结果表明在风速 5 m/s 条件下涡旋亮暗特征较为明显，风速 15 m/s 条件下涡旋亮暗特征较弱，进一步证明了海洋涡旋 SAR 成像时对风速的依赖关系。

　　2006 年，巴西国家空间研究中心 Lorenzzetti 等人（Lorenzzetti et al., 2006）综合利用 ENVISAT ASAR、RADARSAT-1、AVHRR、QuikScat winds 等卫星数据对巴西南大西洋海域的涡旋进行监测和研究，获取了此海域出现的涡旋 SAR 图像，如图 1.33 所示，结合其他遥感手段对此涡旋的形成进行了分析，认为该海域出现的涡旋是由于洋流的弯曲形成的。另外，利用 POM 模型对此海域出现的涡旋进行了仿真，得到了较为粗糙的涡旋流场，如图 1.34 所示。

　　上述研究表明，海洋涡旋在 SAR 图像上会呈现明显的边界特征、亮暗特征，这些特征会受到雷达参数、海面风场、海洋流场条件等影响。但是由于受到实际观测数据在时间和空间上的限制，目前对海洋涡旋 SAR 成像特征仅是基于个例的研究。因此，诸多海洋学者致力于海洋涡旋 SAR 成像理论模型构建，建立 SAR 图像与真实涡旋物理状

21

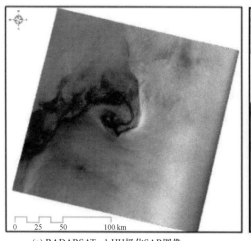
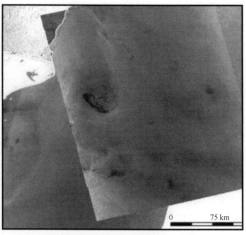

(a) RADARSAT-1 HH极化SAR图像　　　　　　(b) ENVISAT ASAR VV极化SAR图像
　　(2004.11.19, 08：19UTC)　　　　　　　　　(2004.11.21, 01：00UTC)

图 1.33　巴西南大西洋海域涡旋 SAR 图像（Lorenzzetti et al.，2006）

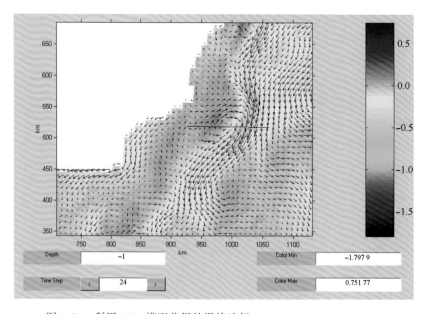

图 1.34　利用 POM 模型获得的涡旋流场（Lorenzzetti et al.，2006）

态之间的联系，一方面为涡旋 SAR 图像特征的解译提供指导，另一方面为涡旋水动力参数反演提供理论支撑。定量反演 SAR 图像中的涡旋物理特征，也是目前 SAR 海洋涡旋探测研究的重要方向。

　　2005 年，挪威环境与遥感中心 Johannessen 等人（Johannessen et al.，2005）利用流体动力学中涡旋斜压不稳定性模型模拟了海洋涡旋的表面流场，同时利用雷达成像模型（Radar Imaging Model，RIM）模拟计算了涡旋辐聚和辐散区域的归一化雷达后向散射系数的变化，发现涡旋区域的 NRCS 变化达到 2~3 dB。

22

2005 年，美国海军研究实验室 Cooper 等人（Cooper et al.，2005）利用涡旋惯性不稳定性模型仿真了涡旋海表面流场，将涡旋表面流场和对应的表面活性剂累计浓度比作为 ERIM 海洋模型（ERIM Ocean Model，EOM）的输入，根据波谱密度分布生成仿真 SAR 图像。但是 EOM 实际上仅考虑了大尺度波和微尺度波对 SAR 成像的贡献，忽略了中尺度波在 SAR 成像时产生的影响，因而在计算海面 NRCS 时与真实情况存在一定差异。

2007 年，河海大学徐青（徐青，2007）根据波-流交互作用机制推导了涡旋 SAR 成像的解析表达式。结合涡旋切向流速经验模型与高频海浪波数谱密度表达式推导涡旋流场调制作用下的波数谱，利用 Bragg 散射模型计算了涡旋区域的后向散射系数。但是该涡旋 SAR 成像表达式仅考虑了微尺度波在成像过程中的影响，忽略了大尺度波和中尺度波对微尺度波的倾斜调制和水动力调制。

2008 年，美国马里兰大学郑全安等人（Zheng et al.，2008；Zheng，2017；郑全安，2018）从海洋过程的普适雷达成像理论推导出了海洋涡旋 SAR 图像理论模型，并利用 ENVISAT ASAR 图像和 Argo 漂流浮标数据进行了涡旋探测实验。实验中选取了巴布延岛后的一个涡旋，通过将涡旋区域横断面的理论模型结果与实际观测雷达后向散射系数进行对比，发现模型数据与 SAR 图像数据大致趋势吻合，但是由于真实 SAR 图像中包含了其他高频信号和噪声，使得真实图像与理论模型结果有所偏移。

综上所述，海洋涡旋的 SAR 成像特征会受到雷达参数、海面风场、海洋流场等参数影响，只有在适当的参数条件下涡旋才能被 SAR 清楚地成像。但是目前对海洋涡旋 SAR 成像特征的研究仅是个例，对于具体在何种雷达参数、海况条件下会产生何种涡旋图像特征需要进行系统地研究。构建海洋涡旋 SAR 成像理论模型为涡旋 SAR 图像特征的解译提供了一种新方法，虽然目前现有的模型各有不足，但是通过上述对海洋涡旋 SAR 成像机理与特征的探索研究，为后续海洋涡旋 SAR 成像模型的研究奠定了基础。

1.5.2 SAR 图像海洋涡旋检测及信息提取研究现状

SAR 图像海洋涡旋信息提取研究主要是基于涡旋在 SAR 图像中呈现的特征，利用数字图像处理、理论模型、机器学习等方法，检测、提取涡旋信息，反演量化 SAR 图像中涡旋水动力参数，实现涡旋的半自动、自动探测。提取的信息可应用于涡旋的统计性研究、涡旋数据库的建立等方面。

目前利用数字图像处理技术对涡旋特征提取的研究较多，近几年较为热门的机器学习也在涡旋探测中做出了新贡献。此外，为了从 SAR 图像中量化涡旋水动力参数，诸多学者致力于研究海洋涡旋的 SAR 成像理论物理模型，通过仿真模拟了解涡旋水动力参数对雷达散射系数的影响，构建 SAR 图像雷达后向散射系数与涡旋物理模型之间的联系，基于涡旋 SAR 成像理论模型反演提取涡旋的动力特征。

1994 年开始，美国 NASA 的 A K Liu 等人（Liu et al.，1994；Liu et al.，1997；Liu and Hsu，2009）利用二维小波变换从 SAR 图像中反演提取海洋现象特征。通过改变二维小波系数，计算 SAR 图像的二维连续小波能谱，设定能谱阈值，从而将海洋现象从海面背景中分离，完成海洋现象在 SAR 图像中的识别检测。基于该方法成功检测出了海洋涡旋、油膜、锋面等，并利用对数螺旋线数学模型提取出了涡旋的边缘特征，如图 1.35 所示。

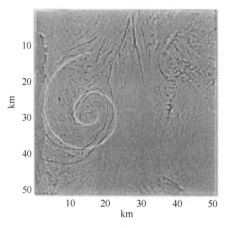

图 1.35　二维小波变换提取涡旋边缘特征（Liu et al.，1997）

2008 年开始，美国马里兰大学郑全安等人（Zheng et al.，2008；Zheng，2017；Zheng et al.，2017；郑全安，2018；Zheng et al.，2020）提出了海洋涡旋雷达图像理论模型，并将该模型用于反演海洋涡旋及涡列的水动力参数。利用 ENVISAT ASAR 图像和 Argo 漂流浮标数据，对吕宋海峡的涡列进行了定量研究。该模型需要借助 Argo 漂流浮标数据，给出合理的海洋涡列动力参数估计值。模型反演得到的海洋背景流速和漂流浮标测得的平均流速一致，通过分析计算得到了涡旋的传播速度、脱落速率、空间尺度、雷诺数、罗斯贝数等重要物理海洋参数，如表 1.4 所示。

表 1.4　涡旋动力参数反演结果（Zheng et al.，2008）

涡旋动力参数	参数值	参数符号
涡列长度	250 km	L
涡旋传播方向	~315°TN	—
涡旋间距	（22.6±1.9）km	S
最大半径	4.7 km	R
最大旋转角速度	$3\times10^{-5}\,\mathrm{s}^{-1}$	ω_E
背景流速	0.65 m/s	U_0
涡旋传播速度	0.58 m/s	U_E
涡旋脱落速率	$2.57\times10^{-5}\,\mathrm{s}^{-1}$	F
雷诺数	O（50~500）	Re
罗斯贝数	O（0.4）	Ro

2010 年，海军潜艇学院陈捷等人（陈捷等，2010）利用二维连续小波变换实现了

24

SAR 图像多种海洋现象特征检测，其中包括海洋涡旋，通过计算 SAR 图像的二维连续小波能谱，并利用能谱阈值区分海洋现象，实现了 SAR 图像中海洋涡旋的定位检测和特征识别。

2013 年，中国科学院电子学研究所杨敏等人（杨敏，2013；杨敏和种劲松，2013）基于对数螺旋线数学模型，采用手动描点的方法，提出了一种 SAR 图像涡旋信息反演提取方法。将 SAR 图像中涡旋区域与对数螺旋线模型进行最小二乘拟合，实现了涡旋边缘特征的提取（郑平等，2018）。基于 ENVISAT ASAR 和 ERS-2 SAR 图像进行了涡旋探测实验，获取了涡旋中心位置、直径和边缘尺寸等特征，提取结果如图 1.36 所示。

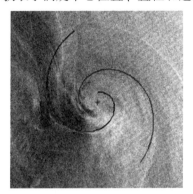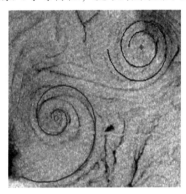

图 1.36　涡旋特征提取结果（杨敏，2013；杨敏和种劲松，2013）

2015 年，西班牙马德里理工大学 Tarquis 等人（Tarquis et al.，2014）对 SAR 图像中的浮油与漏油及涡旋与对流结构进行了多重分形谱的研究，如图 1.37 所示，通过使用简单的湍流运动模拟模型预测溢油的形状，估计涡旋扩散的海表面特征，利用多重分形谱的差异区分浮油与漏油，研究中发现浮油的分形维数值一般比漏油的分形维数值大，最后，通过 SAR 图像多重分形谱的线性特性检测到涡旋。

2017 年，上海海洋大学黄冬梅等人（Huang et al.，2017）将卷积神经网络应用到 SAR 图像涡旋检测中，利用简单深度学习模型，降低了涡旋 SAR 图像数据少对神经网络训练的影响，取得了 96.68% 的检测率，并讨论了卷积核尺寸、步长等参数对检测率的影响。

2018 年，中国科学院电子学研究所郑平等人（郑平，2018；郑平等，2018a）提出了一种基于多尺度边缘检测的 SAR 图像涡旋特征参数反演方法。基于多尺度边缘检测和对数螺旋线理论，对涡旋形状特征进行描绘，实现了涡旋中心位置、半径和边缘线等特征的反演提取（郑平等，2017；郑平等，2018a，2018b），提取结果如图 1.38 所示。

综上所述，在 SAR 图像海洋涡旋信息提取研究中，一些现有方法需要人工手动参与，自动化程度低，不利于海量数据的处理，且人工操作易受研究人员的主观判断差异影响，提取的涡旋信息具有很大的不确定性。随着 SAR 图像数据的积累，迫切需要 SAR 图像海洋涡旋信息自动提取方法。此外，基于海洋涡旋 SAR 图像理论模型，根据 SAR 图像与海洋涡旋特征之间的真实联系，进行海洋涡旋水动力参数反演和水动力过程解译，是 SAR 图像海洋涡旋探测的重要研究内容。目前国内外利用 SAR 图像反演海洋涡旋水动力参数的研究相对较少，仍需更深入的研究。

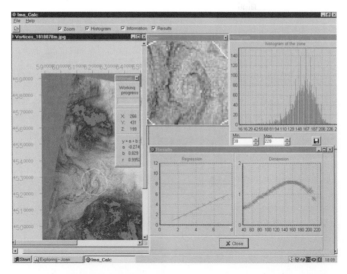

图 1.37　SAR 图像涡旋分形维计算软件（Tarquis et al., 2014）

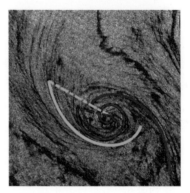

图 1.38　涡旋特征提取结果（郑平等，2018）

1.5.3　SAR 图像海洋涡旋统计研究现状

SAR 图像海洋涡旋统计性研究主要是通过大量海洋涡旋 SAR 图像的统计分析，研究海洋涡旋的时空分布、尺度分布等情况，还可以结合其他数据，研究海洋涡旋与海表面风速、叶绿素浓度等因素的联系。

2000 年，美国加利福尼亚大学 Munk 等人（W Munk et al., 2000）根据对全球海域 400 幅 SAR 图像和光学图像的调查得出了螺旋式涡旋的几个特点：①油膜条纹的宽度为 50~100 m；②涡旋直径为 10~25 km；③SAR 图像中油膜条纹为暗的；④涡旋的旋转方向主要是气旋（北半球逆时针旋转，南半球顺时针旋转）。

2001 年，美国加利福尼亚大学 Digiacomo 等人（Digiacomo and Holt, 2001）利用南加利福尼亚湾的 119 幅涡旋 SAR 图像进行了统计研究，得出了与 Munk 等人几乎相同的结论。但在该研究中，75% 的海洋涡旋直径小于 10 km，文中分析这可能与研究区域不同有关。研究中利用 SAR 图像、SST 图像和实测数据对比说明南加利福尼亚海湾涡旋的具体特征，包括涡旋旋向、涡旋直径、存在时间等，并给出了南加利福尼亚海湾涡旋的统计规律，包括涡旋随风速分布、涡旋尺寸以及涡旋位置随季节的分布规律等，如图 1.39 所示。

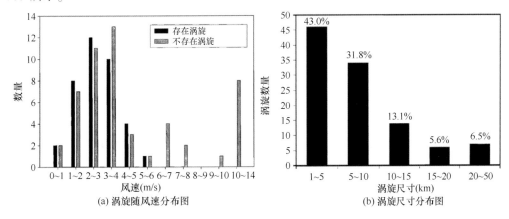

图 1.39　南加利福尼亚海湾涡旋的统计特征（Digiacomo and Holt，2001）

2002 年，俄罗斯科学院海洋研究中心 Ivanov 等人（Ivanov and Ginzburg，2002）评估了 SAR 图像用于海洋涡旋研究的潜力。同时基于涡旋 SAR 图像，对海洋中 9 种类型的涡旋分别进行了定义和描述。

2006 年，俄罗斯科学院空间研究所 Lavrova 等人（Lavrova and Bocharova，2006）利用 SAR 图像研究了黑海东北海岸附近的海洋涡旋。这些海洋涡旋尺寸很小，直径在 2~20 km 之间，对海岸区域的海水循环和混合起着重要作用。2012 年 Lavrova 等人（Lavrova et al.，2012）通过 SAR 图像和其他观测数据联合，分析得到了黑海、波罗的海和里海的海洋涡旋特征，并分析了这些地区涡旋的形成和演化机制。2016 年 Lavrova 等人（Lavrova and Mityagina，2016）利用 SAR 图像研究了小尺度涡旋与浮游植物密集区的关系。

2009 年，日本东京大学 Yamaguchi 等人（Yamaguchi and Kawamura，2009）针对日本海域 Mutsu 海湾出现的螺旋形涡旋进行研究，他们利用 5 景该海域涡旋 ERS-1 和 ERS-2 卫星 SAR 图像（如图 1.40 所示），得出了此海域涡旋的共同点：位于 Mutsu 海湾的西部、气旋式涡旋、尺度为 14~22 km、东西和南北的平均宽度分别为 16 km 和 18 km，并且统计给出涡旋随风速和月份变化的分布情况，如图 1.41 所示。

2012 年，俄罗斯科学院空间研究所的 Karimova（Karimova，2012）利用 ENVISAT 和 ERS-2 在 2009—2010 年获取的黑海、波罗的海和里海三个海域的 2 000 幅 SAR 图像，对这几个海域的海洋涡旋进行了研究。研究表明，这些地区的涡旋 71% 为 "黑涡"，29% 为波-流交互作用机制涡旋，涡旋直径在 1~20 km 之间，所有观测到的涡旋均为气旋涡。另外，这些海域的涡旋在夏季数量最多，其次是春季，最少的是冬季。图 1.42 为三个海域涡旋的分布情况。图 1.43 为三个海域 "白涡" 和 "黑涡" 的季节性统计图。研究发现，"黑涡" 在三个海域分布相当均匀，与海域和中尺度表面环流没有明显的联系，"白涡" 则主要在具有高风速导致的强烈漂移流的位置出现。

27

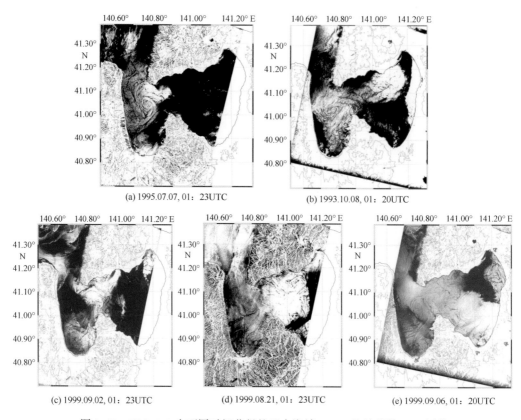

(a) 1995.07.07, 01：23UTC

(b) 1993.10.08, 01：20UTC

(c) 1999.09.02, 01：23UTC

(d) 1999.08.21, 01：23UTC

(e) 1999.09.06, 01：20UTC

图 1.40　ERS-1/2 在不同时间获得的日本海域 Mutsui 海湾涡旋 SAR 图像
（Yamaguchi and Kawamura，2009）

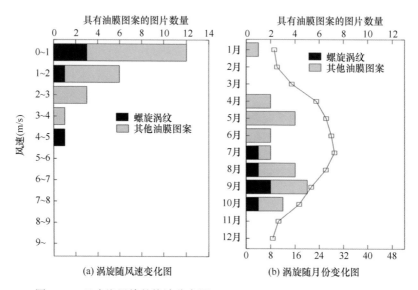

(a) 涡旋随风速变化图

(b) 涡旋随月份变化图

图 1.41　日本海涡旋的统计分布图（Yamaguchi and Kawamura，2009）

2002—2012 年，俄罗斯科学院空间研究所 Lavrova 等人（Lavrova et al.，2002；

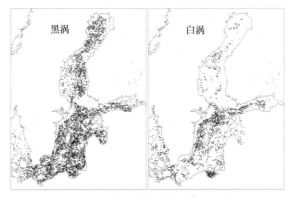

(a) 里海海域"黑涡"与"白涡"的分布情况

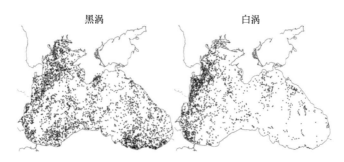

(b) 黑海海域"黑涡"与"白涡"的分布情况

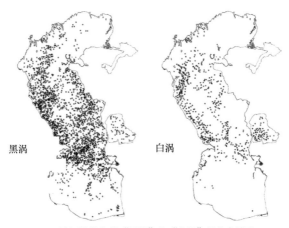

(c) 波罗的海海域"黑涡"与"白涡"的分布情况

图 1.42　三个海域涡旋的分布情况（Karimova，2012）

Lavrova et al.，2005；Lavrova and Bocharova，2006；Mityagina et al.，2010；Karimova et al.，2012；Lavrova et al.，2012）综合利用 ENVISAT ASAR、MODIS、AVHRR 等获得的数据对黑海东北部出现的涡旋进行监测和研究。研究结果表明，该海域是涡旋的频发区域，涡旋活跃的原因是黑海主洋流（MBSC）的不稳定性。该研究利用 SAR 观测了不同类型的涡旋：数量较多的小尺度涡旋（2～30 km，如图 1.44a 所示）、尺度在 80～100 km之间的反气旋式涡旋（图 1.44b）、蘑菇状涡旋（双极子涡旋，如图 1.44c 所

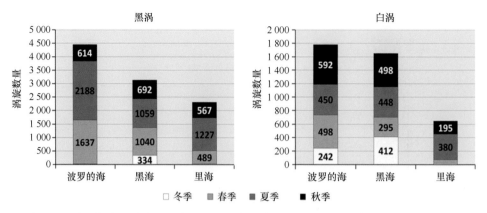

图 1.43 波罗的海、黑海、里海"黑涡"与"白涡"的季节性分布 (Karimova, 2012)

示)。表 1.5 为黑海小尺度涡的特征统计。

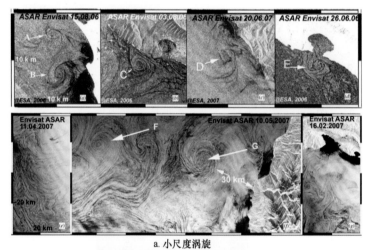

a. 小尺度涡旋

b. 反气旋式涡旋

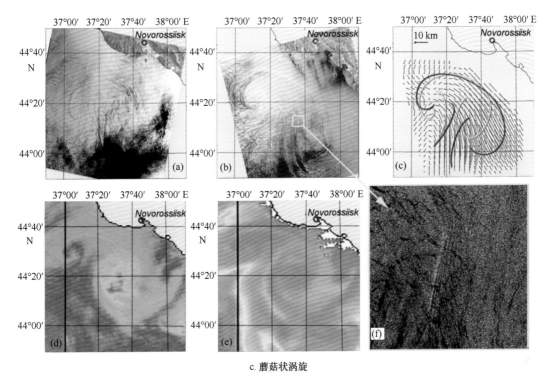

c.蘑菇状涡旋

图 1.44   黑海出现的各种涡旋（Mityagina et al.，2010）

表 1.5   黑海小尺度涡的特征统计（**Mityagina et al.，2010**）

类别	出现季节	尺度	形成原因	寿命	旋转方式
RIM current 与 海岸之间的涡旋	温暖的夏季	2~6 km	风起着重要作用	较短	大部分是气旋式
RIM current 靠海 一侧的涡旋	相对较冷的季节	4~30 km	洋流弯曲或 从大涡旋分裂形成	较长	既有气旋式 也有反气旋式

　　2015 年，国家海洋局第二海洋研究所 Guangjun Xu 等人（Guangjun Xu et al.，2015）对吕宋海峡及邻区 2005—2011 年间的 426 帧 ERS-2、ENVISAT SAR 图像进行了涡旋的统计分析，共观测到 60 个涡旋，其中 78% 的涡旋尺寸小于 12 km，属于小尺度涡旋，如图 1.45（a）所示。同时，统计了每个涡旋的中心位置、半径（图 1.46）和变形率并研究了时间变化对涡旋的影响，统计了不同季节、不同年份涡旋的数量分布，如图 1.45（b）、图 1.45（c）所示。最后，用 SST、SLA、叶绿素 a 浓度数据验证 SAR 图像中探测到的涡旋，并研究了风速对涡旋的影响，认为涡旋出现频率最高时风速为 3~4 m/s，如图 1.45（d）所示。

　　2015 年，南京信息工程大学董昌明等人（董昌明等，2015）利用 ENVISAT 和 ERS-2的 SAR 图像数据研究了吕宋海峡和邻近海域的涡旋，对该地区海洋涡旋的直径、季节分布和年际分布进行了统计，还讨论了风速与涡旋可见模式的关系。利用 SST、海

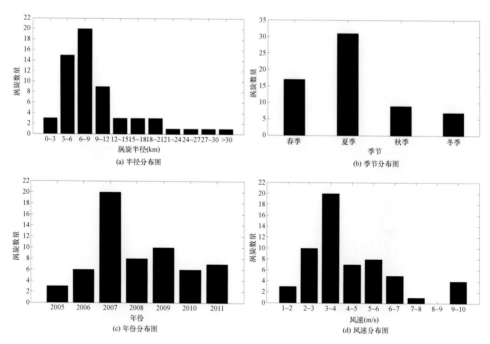

图 1.45 2005—2011 年吕宋海峡 SAR 图像中涡旋的半径分布图 (Guangjun Xu et al., 2015)

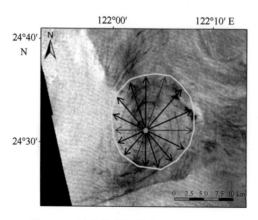

图 1.46 吕宋海峡涡旋中心位置和直径

(Guangjun Xu et al., 2015)

表面异常数据（SLA）和叶绿素浓度数据研究了涡旋区域的温度、海面高度和叶绿素浓度特征。

2016 年，Karimova 等人（Karimova and Gade, 2016）对 2009—2011 年 ENVISAT 获取的波罗的海 1 250 幅 SAR 图像数据进行了小尺度涡旋的改进统计研究，在波罗的海探测到了 6 878 个小尺度涡旋（图 1.47），并提出了一种可以排除风速不均匀性影响的涡旋统计方法，得到了归一化涡旋可见度的分布（图 1.48），发现该分布服从最佳拟合 Weibull 分布，从而得到"黑色涡旋"对应的风速范围为 0.2~5.6 m/s，"白色涡旋"对应的风速范围为 0.6~12.5 m/s。为了排除 SAR 图像不均匀空间分布引起的偏差，又提出了一种涡旋空间分布的校正方法，得到了校正的涡旋密度，如图 1.49 所示。然后将不同季节的涡旋密度场与平均 SST 梯度场、表面洋流强度场进行对比，证明"白色涡旋"倾向于出现在强热梯度和强表面洋流叠加的区域，"黑色涡旋"主要出现在高和低SST 梯度的区域。最后对涡旋邻近处的热梯度进行了分析，并研究了涡旋随时间变化的特性，如图 1.50 所示。

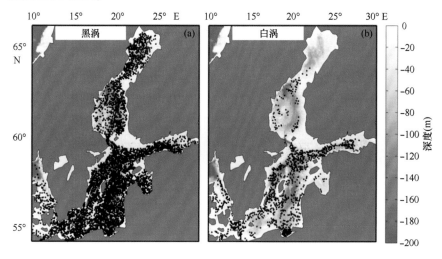

图 1.47　2009—2011 年波罗的海涡旋分布（Karimova and Gade，2016）

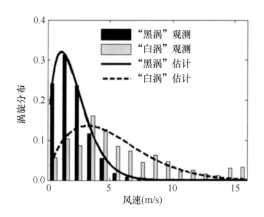

图 1.48　涡旋随风速变化分布（Karimova and Gade，2016）

2016 年，德国慕尼黑工业大学 Tavri 等人（Tavri et al.，2016）利用 Terrasar-X 数据研究了波罗的海的小尺度海洋涡旋。通过统计分析，研究了海洋涡旋与其他海洋现象的关系。研究表明，高温和高叶绿素浓度与低散射特性涡旋有关，高散射特性涡旋与低温、强风和洋流速度有关。

SAR 图像海洋涡旋统计研究有利于分析 SAR 海洋涡旋观测的水文、气象等海况条件，能够获取海洋涡旋的时空分布、尺度分布等特征，可以用于进一步分析海洋涡旋的生成原因，对长时间、大范围内的海洋涡旋探测具有重要意义。

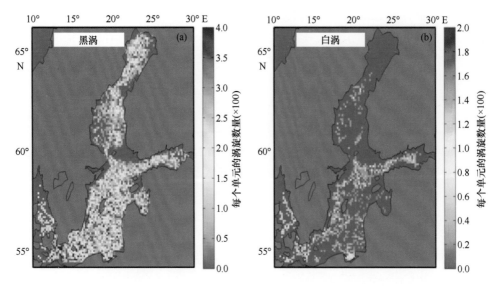

图 1.49 2009—2011 年波罗的海校正后的涡旋分布（Karimova and Gade，2016）

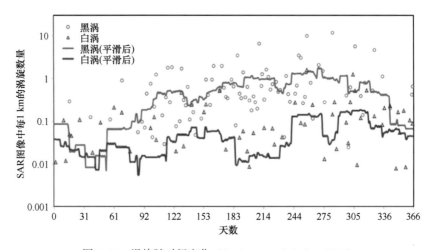

图 1.50 涡旋随时间变化（Karimova and Gade，2016）

1.5.4 干涉 SAR 海洋涡旋探测研究现状

海洋涡旋作为一种三维水体，其引起的海表面高度异常对于涡旋探测至关重要。图 1.51 是北半球海洋涡旋的垂直剖面示意图，其中图（a）是反气旋式涡旋，图（b）是气旋式涡旋，反气旋式涡旋中心海面凸起，气旋式涡旋中心海面下凹，对于小、中尺度涡旋，其引起的海面高度异常可达到十几至几十厘米（Dong et al.，2012；Xu et al.，2015；Raj et al.，2016；Zhang et al.，2016）。

目前用于海洋涡旋高度异常探测的传感器主要是卫星高度计，如 Topex/ Poseidon-1、Poseidon-2、Poseidon-3 等。比较先进的 Poseidon-3 型高度计测高精度可优于 3 cm（Desjonquères et al.，2010）。基于卫星高度计测量的海面高度，已经对大尺度涡旋等海

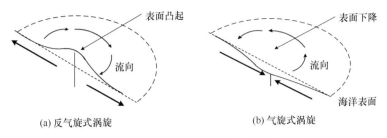

（a）反气旋式涡旋　　　　　　　　　（b）气旋式涡旋

图 1.51　北半球海洋涡旋垂直剖面示意图

洋动力现象实现了业务化观测。卫星高度计只能测量沿飞行轨迹上的一维海面高度，垂直轨道方向无法直接采样，因此卫星高度计的二维空间采样只能依赖于轨道设计或者多卫星星座数据融合。目前法国 CMEMS 和美国 JPL 能够提供多个高度计卫星的海表面高度异常融合数据，融合数据的空间分辨率仅 100~200 km，而小尺度的涡旋半径通常在数十千米，因此很难满足小尺度海洋涡旋探测所需的高空间分辨率。

星载 InSAR 目前已成熟应用于陆地高程测量，最为典型的系统是美国航天飞行地形测量任务（Shuttle Radar Topography Mission，SRTM）中所使用的 X-Radar，可在 90 m 空间分辨率上达到数米的测高精度（Romeiser et al.，2005；Rodriguez et al.，2006）。SAR 干涉测量技术虽然空间分辨率极高，但是涡旋引起的海表面高度变化仅为厘米量级，米量级的测高精度显然无法满足涡旋探测需求。

基于 SAR 干涉测高技术的成像高度计成为下一代高度计卫星的发展趋势。2009 年，美国 NASA 和法国国家太空研究中心（CNES）提出了全球海洋地形与地表水高度测量 SWOT 卫星计划（Gaultier et al.，2016），其搭载的主要载荷为 Ka 波段干涉仪（Ka-band Radar In-terferometer，KaRIn）（Esteban-Fernandez，2014；Gaultier and Ubelmann，2015）。KaRIn 通过 10 m 长的刚性桅杆连接两部 Ka 波段天线，可在星下点轨迹左右两侧 10~60 km 内各形成一个 50 km 宽的测绘带（孔维亚，2018）。为了填补星下点 20 km 宽的测绘空带，卫星上将一同搭载传统雷达高度计用于星下点海面高度的补充测量，示意图如图 1.52 所示。

KaRIn 最为显著的特点是采用了近乎垂直的近天底入射角，入射角范围 0.7°~4°。SAR 中等入射角下海面回波主要来自 Bragg 散射（甘锡林，2007），而在近天底入射角下，海面回波将主要来自准镜面反射。近天底入射角将极大提高接收回波信噪比，抑制相位噪声，进而提高测高精度。SWOT 预期可在 1 km×1 km 空间分辨率上达到 3 cm 的相对测高精度。SWOT 的主要研究对象包括海洋中、小尺度涡旋，在厘米级测高精度和高空间分辨率前提下，预期能够对中、小尺度涡旋在生命周期内实现追踪探测。

2016 年 9 月 15 日，我国天宫二号空间实验室发射升空，搭载的三维成像微波高度计（Interferometric Imaging Radar Altimeter，InIRA）成为国际上首个针对海洋观测的近天底入射角 InSAR（杨劲松等，2017；王瑞，2018；陈洁好，2019）。天宫二号实验室示意图如图 1.53（a）所示，工作原理示意图如图 1.53（b）所示。InIRA 与传统星下点高度计相比，具有分辨率高、测绘带宽、测高精度高等优点。为了提升测高精度和增加测绘带宽，InIRA 的入射角设计为 1°~8°，可以在星下点右侧获得超过 40 km 宽的测绘带。InIRA 不仅可以获取涡旋二维 SAR 图像，同时利用两个天线获取复图像间的干涉

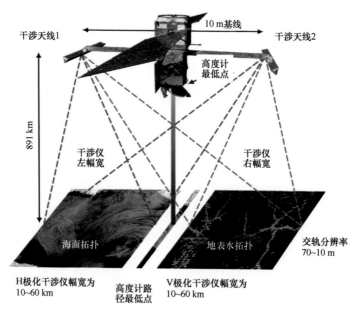

图 1.52　SWOT 卫星干涉测量原理示意图（Gaultier and Ubelmann，2015）

相位，能够进行涡旋海面高度异常反演，这为海洋涡旋的探测提供了新的数据来源。

(a) 天宫二号空间实验室示意图　　(b) 天宫二号工作原理示意图

图 1.53　天宫二号空间实验室及其工作原理示意图

　　除美国 2022 年 12 月发射的 SWOT 卫星以外，我国目前也有多个卫星研制计划，如"观澜号"卫星，其预计搭载的多波段宽幅成像雷达高度计与三维成像微波高度计工作原理相似。"观澜号"的科学目标就是解决目前海洋学遥感预测的瓶颈问题，通过发展新一代海洋三维高分遥感技术，填补海洋小尺度动力过程遥感探测的空白，奠定小尺度海洋学的观测基础。

　　综上所述，InSAR 为海洋涡旋高度特征探测提供了新方法，使小尺度海洋涡旋的研究不再受限于卫星高度计空间分辨率的不足。天宫二号 InIRA 和 SWOT KaRIn 能够为海洋涡旋探测研究提供数据和技术支撑，但是目前国内外基于 InSAR 开展涡旋探测研究尚处于起步阶段。

第 2 章　海洋涡旋 SAR 遥感机理

2.1　SAR 海洋遥感基本理论

SAR 是一种主动式的微波成像设备，它通过发射并接收目标散射的电磁波信号，获取目标位置及几何信息。在对海洋成像时，SAR 发射的电磁波首先传播到海面；由于几乎不能穿透海水，电磁波在海洋表面与海水或其他目标产生复杂的交互作用后，被散射到雷达接收机上；SAR 接收到海面散射的电磁波后，通过一系列复杂的信号处理后得到 SAR 海洋图像。

2.1.1　海面模型

2.1.1.1　海浪谱

海面的时空分布是一个随机过程，海洋学中一般基于海浪谱对其进行统计表述。海面高度可建模为一个随时间和空间变化的随机过程，而海浪谱正是海面高度时空自相关函数的傅里叶变换，是组成随机海面的不同尺度海浪的能量分布的统计描述。假设海面高度是随时空变化的三维平稳随机场，则海浪谱可以表示为（菲利普斯，1983）

$$X(k, \omega) = \frac{1}{(2\pi)^3} \iint \langle \zeta(x, t)\zeta(x+r, t+\tau) \rangle \exp[-j(k \cdot r - \omega\tau)] \mathrm{d}r\mathrm{d}\tau \quad (2.1)$$

其中，$\langle \cdot \rangle$ 表示统计平均；ζ 为动态海面高度；$x = (x, y)$ 为海浪的空间坐标；$k = (k_x, k_y)$ 为二维波数矢量，k_x、k_y 分别为海浪在 x 方向和 y 方向的波数。

SAR 发射脉冲的周期一般为微秒量级，远远小于海浪振动周期，电磁波与海面交互作用期间，一般可认为海面处于瞬间静止状态。在此前提下，仅考虑海面高度随空间的变化，得到海浪谱的表达式为

$$\psi(k) = \frac{1}{(2\pi)^2} \int \langle \zeta(x)\zeta(x+r) \rangle \exp(-jk \cdot r) \mathrm{d}r \quad (2.2)$$

海面不同尺度波浪间的交互作用十分复杂，难以建立解析的表达式，一般可依据大量观测数据或半理论解析形式，并采用合理的分析拟合方法，建立经验谱或半经验谱。海浪谱目前发展为两类，一类基于数学物理意义建模得到海浪谱模型，如 Bjerkaas and Riedel 谱、Donelan and Pierson 谱；另一类基于实验（海洋和槽池）测量数据总结得到经验模型，常用的有 Elfouhaily 的 E 谱（Elfouhaily et al., 1997），Romeiser 的 R 谱（Romeiser et al., 1997）、Plant 的 D 谱（Plant, 2002）。其中 R 谱计算的雷达后向散射系数更加接近真实值（陈鹏真，2017），因此本书在后续计算海面后向散射系数时均采

用 R 谱。

R 谱的解析表达式可表示为

$$\psi(k, \varphi, u_{10}) = P_{\rm L}(k, u_{10}) W_{\rm H}(k) \left(\frac{u_{10}}{u_n}\right)^{\beta(k)} k^{-4} S(k, \varphi, u_{10}) \tag{2.3}$$

其中，k 为波浪的波数，φ 为波浪传播方向与风向的夹角，u_{10} 为海面 10 m 高处的风速。$P_{\rm L}$ 是描述低波数段下降和 JONSWAP 波峰的因子，其表达式为

$$P_{\rm L} = 0.001\,95 \exp\left[-\frac{k_{\rm p}^2}{k^2} + 0.53 \exp\left(-\frac{(\sqrt{k} - \sqrt{k_{\rm p}})^2}{0.32 k_{\rm p}}\right)\right] \tag{2.4}$$

其中，$k_{\rm p} = \dfrac{1}{\sqrt{2}} \dfrac{g}{u_{10}^2}$ 表示波浪谱峰的波数，g 为重力加速度。

$W_{\rm H}$ 描述了微尺度波部分的海浪谱形状，其表达式为

$$W_{\rm H} = \frac{\left[1 + \left(\dfrac{k}{k_1}\right)^{7.2}\right]^{0.5}}{\left[1 + \left(\dfrac{k}{k_2}\right)^{2.2}\right]\left[1 + \left(\dfrac{k}{k_3}\right)^{3.2}\right]^2} \exp\left(-\frac{k^2}{k_4^2}\right) \tag{2.5}$$

这里，$k_1 = 280\ \text{rad/m}$，$k_2 = 75\ \text{rad/m}$，$k_3 = 1\,300\ \text{rad/m}$，$k_4 = 8\,885\ \text{rad/m}$。

β 描述了海浪谱对风速依赖特性，其表达式为

$$\beta = \left[1 - \exp\left(-\frac{k^2}{k_5^2}\right)\right]\exp\left(-\frac{k}{k_6}\right) + \left[1 - \exp\left(-\frac{k}{k_7}\right)\right]\exp\left[-\left(\frac{k - k_8}{k_9}\right)^2\right] \tag{2.6}$$

这里，$k_5 = 183\ \text{rad/m}$，$k_6 = 3\,333\ \text{rad/m}$，$k_7 = 33\ \text{rad/m}$，$k_8 = 140\ \text{rad/m}$，$k_9 = 220\ \text{rad/m}$。

S 为角展函数，反映了海浪谱与海浪传播方向之间的关系，其表达式为

$$\left.\begin{aligned}
&S = \exp\left(-\frac{\varphi^2}{2\delta^2}\right) \\
&\frac{1}{2\delta^2} = 0.14 + 0.5\left[1 - \exp\left(-\frac{ku_{10}}{c_1}\right)\right] + 5\exp\left[2.5 - 2.6\ln\left(\frac{u_{10}}{u_n}\right) - 1.3\ln\left(\frac{k}{k_n}\right)\right]
\end{aligned}\right\} \tag{2.7}$$

其中，$2\delta^2$ 表示角度展宽因子；$c_1 = 400\ \text{rad/s}$；$u_n = 1\ \text{m/s}$；$k_n = 1\ \text{rad/m}$。

实际上，这里介绍的海浪谱描述的是海面达到稳定状态时海面能量的分布情况。当海面流场发生变化时，如涡旋、内波、浅海地形等对表面流场产生调制作用时，海面局部区域的海浪谱会发生改变。

2.1.1.2 作用量谱平衡方程

海洋涡旋引起的海表面缓变流场对局部微尺度波能量的调制可以用作用量谱平衡方程来描述（Longuet-Higgins and Stewart, 1964; Alpers et al., 1981; Ivanov, 1982）

$$\begin{aligned}
\frac{\partial N(x, k, t)}{\partial t} &+ [c_g(k) + U(x, t)]\frac{\partial N(x, k, t)}{\partial x} \\
&- k\frac{\partial U(x, t)}{\partial x}\frac{\partial N(x, k, t)}{\partial k} = S(x, k, t)
\end{aligned} \tag{2.8}$$

其中，$N(x, k, t)$ 为微尺度波作用谱密度；深水条件下 $\omega_0(k) = \sqrt{gk + \dfrac{\tau}{\rho}k^3}$，$\omega_0$ 为波浪角频率，τ 为海表面张力，ρ 为海水密度；$c_g(k) = \dfrac{\partial \omega_0(k)}{\partial k}$ 为海浪群速度；U 为表面流场；S 为描述风场输入以及波浪破碎等引起的作用谱密度变化的源函数（王静等，2015）。

在实际计算过程中，源函数 S 具有多种形式，可以表达为

$$S(x, k, t) = \frac{\mu(k)\, N(x, k, t)}{n}\left(1 - \frac{N^n(x, k, t)}{N^n\,_0(k)}\right) \quad (n = -1, 1, 2) \qquad (2.9)$$

其中，$n = -1，1，2$ 分别表示一次线性项源函数、二次方项源函数、三次方项源函数（王静等，2015）。$\mu(k)$ 为松弛率，反映微尺度波生成和衰减的快慢，量纲为时间的倒数，$\tau = \mu^{-1}(k)$ 表征弛豫时间，用来描述作用量谱受到扰动后回到平衡点所需要的时间（王静等，2015）。在实际应用中，可以采用不同的松弛率模型进行计算。

式（3.14）中 $N_0(k)$ 为不存在海流时稳定状态下的作用谱密度，可以通过下式计算：

$$N_0(k) = \frac{\rho \omega_0(k)}{k}\psi_0(k) \qquad (2.10)$$

其中，$\psi_0(k)$ 为稳定状态下的海浪谱，ρ 为海水密度。

2.1.2 海面电磁散射模型

SAR 接收到的回波能量主要来自海面对入射电磁波的后向散射。海面微波散射模型实际是建立海面后向散射系数与海浪谱以及雷达参数之间的映射关系，目前还没有一种理论模型能够完备描述海面微波散射过程（王静等，2015）。常用的描述随机粗糙海面的雷达散射模型主要有 Kirchhoff 散射模型（Barrick，1968；Holliday et al.，1986，1987）、Bragg 散射模型（Valenzuela，1978；乌拉比等，1987）、二尺度散射模型（乌拉比等，1987；Romeiser et al.，1997）以及三尺度散射模型（Romeiser et al.，1994；Romeiser et al.，1997；Romeiser and Thompson，2000），下面分别进行介绍。

2.1.2.1 Kirchhoff 散射模型

当海面曲率半径远大于雷达波长时，可以用切平面来近似表示测量点附近的局部曲面，每一个切平面元上均可以近似为镜面反射。Barrick（Barrick，1968）利用统计学方法得到单位面积的切平面元平均散射截面积为

$$\sigma_0(\theta) = \pi \sec^4 \theta \, |R(0)|^2 p(\xi_x, \xi_y) \qquad (2.11)$$

其中，$|R(0)| = (1 - \varepsilon_r)/(1 + \varepsilon_r)$ 是垂直入射时的菲涅尔反射系数，θ 为入射角，$p(\xi_x, \xi_y)$ 为海浪坡度的概率密度分布，ξ_x 和 ξ_y 为两个方向的海浪坡度。当海表面各向同性且海浪高度服从高斯分布时，式（2.11）可以表示为

$$\sigma_0(\theta) = \frac{\sec^4 \theta}{S^2}\exp\left(-\frac{\tan^2 \theta}{S^2}\right)|R(0)|^2 \qquad (2.12)$$

其中，S 为海浪的均方根坡度。

Kirchhoff 模型要求海面的曲率半径以及相关长度均大于雷达波长，所以其仅适用于小入射角（$\theta < 20°$）、微粗糙海面的情况（乌拉比等，1987）。

2.1.2.2 Bragg 散射模型

Bragg 散射模型可以更好地表述均方根波高和海面相关长度远小于雷达波长情况下的海面后向散射（Barrick，1968；乌拉比等，1987）。波长 λ_r、入射角为 θ 的雷达波，可以和波长为 $11\lambda_B = \dfrac{\lambda_r}{2\sin\theta}$ 的海面微尺度波发生 Bragg 共振散射（Crombie，1955），其示意图如图 2.1 所示。

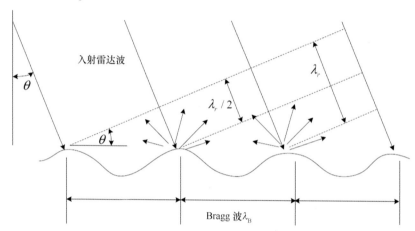

图 2.1　Bragg 散射模型示意图（Martin and KatSaRos，2005）

Bragg 散射模型假定仅海面微尺度波（与雷达波长尺度相当）会对雷达后向散射产生贡献，其归一化的后向散射截面积可以表示为（Barrick，1968；乌拉比等，1987）

$$\sigma_0^{pq} = 16\pi k_0^4 \cos^4\theta \, |g_{pq}(\theta)|^2 \varphi(2k_e\sin\theta, \, 0) \tag{2.13}$$

$$g_{HH} = \frac{\varepsilon_r - 1}{[\cos\theta + (\varepsilon_r - \sin^2\theta)^{1/2}]^2} \tag{2.14}$$

$$g_{VV} = \frac{(\varepsilon_r - 1)[\varepsilon_r(1 + \sin^2\theta) - \sin^2\theta]}{[\varepsilon_r\cos\theta + (\varepsilon_r - \sin^2\theta)^{1/2}]^2} \tag{2.15}$$

其中，k_0 为入射电磁波的波数，θ 为入射角，$\varphi(\cdot)$ 为海面二维小尺度海浪方向谱，g_{pq} 为一阶极化因子，描述了雷达极化方式对后向散射的影响。

Bragg 模型仅考虑了海面 Bragg 波对雷达后向散射的作用，并没有考虑波长大于雷达分辨单元的大尺度海浪对 Bragg 波空间分布的调制，因此仅适合分析低海况下的微粗糙海面。

2.1.2.3 二尺度散射模型

在 Bragg 散射模型的基础上，Romeiser 和 Alpers 提出了二尺度散射模型，又称为组合表面模型。二尺度散射模型依据雷达波长将海面划分为两个尺度：波长与雷达波长量级相当的微尺度波，以及波长远大于雷达波长的大尺度波（Plant and Keller, 1983；Romeiser et al., 1997），二尺度散射模型如图 2.2 所示。入射雷达波与海面作用过程中，微尺度波基于 Bragg 共振效应产生后向散射，而大尺度波通过各种调制机理改变微尺度波的空间分布间接影响后向散射（Wright, 1966；Wright, 1968；Valenzuela, 1978；Romeiser et al., 1997）。

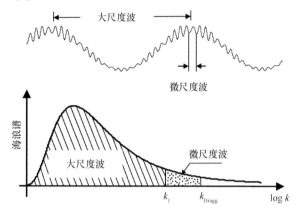

图 2.2　二尺度散射模型示意图（Hasselmann et al., 1985）

基于二尺度散射模型计算后向散射系数时，先计算单个面元的后向散射截面，再基于大尺度波的概率密度分布，对整个海面的后向散射截面进行统计积分（王隽，2012）。小入射角（$\theta < 20°$）情况下大尺度波的镜面反射占主要作用；中等入射角（$20° < \theta < 70°$）情况下，微尺度波的 Bragg 后向散射占主导，而大尺度波通过改变 Bragg 波的空间分布对后向散射截面产生影响。

当海面存在轻微扰动时，其局部区域后向散射截面的表达式为（Valenzuela, 1978；Romeiser et al., 1997）

$$\sigma_{\mathrm{HH}}^{0}(\theta_i) = 8\pi k_{\mathrm{e}}^{4}\cos^{4}\theta_i \left| \left(\frac{\sin(\theta+\varphi)\cos\delta}{\sin\theta_i}\right)^{2} g_{\mathrm{HH}}(\theta_i) + \left(\frac{\sin\delta}{\sin\theta_i}\right)^{2} g_{\mathrm{VV}}(\theta_i) \right|^{2}$$
$$[\psi(k_{\mathrm{b}}) + \psi(-k_{\mathrm{b}})] \tag{2.16}$$

$$\sigma_{\mathrm{VV}}^{0}(\theta_i) = 8\pi k_{\mathrm{e}}^{4}\cos^{4}\theta_i \left| \left(\frac{\sin(\theta+\varphi)\cos\delta}{\sin\theta_i}\right)^{2} g_{\mathrm{VV}}(\theta_i) + \left(\frac{\sin\delta}{\sin\theta_i}\right)^{2} g_{\mathrm{HH}}(\theta_i) \right|^{2}$$
$$[\psi(k_{\mathrm{b}}) + \psi(-k_{\mathrm{b}})] \tag{2.17}$$

$$\sigma_{\mathrm{HV}}^{0}(\theta_i) = \sigma_{\mathrm{VH}}^{0}(\theta_i) = 8\pi k_{\mathrm{e}}^{4}\cos^{4}\theta_i \left(\frac{\sin(\theta+\varphi)\sin\delta\cos\delta}{\sin^{2}\theta_i}\right)^{2} \left| g_{\mathrm{VV}}(\theta_i) - g_{\mathrm{HH}}(\theta_i) \right|^{2}$$
$$[\psi(k_{\mathrm{b}}) + \psi(-k_{\mathrm{b}})] \tag{2.18}$$

其中，$k_{\mathrm{b}} = (k_x, k_y)$ 为 Bragg 波波数，$k_x = 2k_{\mathrm{e}}\sin(\theta+\varphi)$，$k_y = 2k_{\mathrm{e}}\cos(\theta+\varphi)\sin\delta$；$\theta$ 为雷达下视角；$\theta_i = \cos^{-1}[\cos(\theta-\varphi)\cos\delta]$ 为电磁波局地入射角；$\varphi = \tan^{-1}(s_{\mathrm{p}})$ 为局部散射单元法线偏离垂线角度；$\delta = \tan^{-1}(s_{\mathrm{n}})$ 是法线与入射面垂直的平面内偏离垂线的角度；$\psi(k)$ 表示海浪谱；g_{HH} 和 g_{VV} 为极化因子，其计算公式分别为（王静等，2015）

$$g_{HH}(\theta) = \frac{\varepsilon_r - 1}{\left(\cos\theta + \sqrt{\varepsilon_r - \sin^2\theta}\right)^2} \tag{2.19}$$

$$g_{VV}(\theta) = \frac{(\varepsilon_r - 1)\left[\varepsilon_r(1 + \sin^2\theta) - \sin^2\theta\right]}{\left(\varepsilon_r\cos\theta + \sqrt{\varepsilon_r - \sin^2\theta}\right)^2} \tag{2.20}$$

这里, ε_r 为海水的复介电常数, 与海水的温度和盐度等有关。

2.1.2.4 三尺度散射模型

1994 年, Romeiser 和 Alpers 基于上述二尺度散射模型, 提出了改进组合表面模型或三尺度散射模型 (Romeiser et al., 1994; Romeiser et al., 1997; Romeiser and Thompson, 2000)。三尺度散射模型把海面划分为长波、中波和短波三种尺度, 如图 2.3 所示。长波波长大于雷达分辨单元, 短波为海面 Bragg 波, 波长远小于雷达分辨单元, 中波波长介于两者之间。

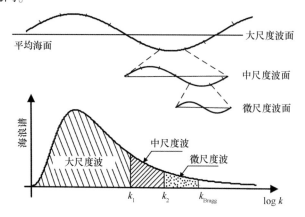

图 2.3　三尺度散射模型示意图 (Hasselmann et al., 1985)

在组合表面模型的基础上, Romeiser 和 Alpers 引入了一个权重系数 w 修正大尺度波面有效照射面积不同而导致的后向散射系数调制作用, 修正后的后向散射截面可表示为 (Romeiser et al., 1994; Alpers et al., 2013)

$$\left.\begin{aligned} \sigma &= w\sigma^0 \\ w &= \frac{H^2}{(H - \zeta)^2}\frac{\cos(\theta - \varphi)}{\cos\theta\cos\varphi} \end{aligned}\right\} \tag{2.21}$$

其中, H 为 SAR 平台高度。

将上述 σ 沿海面坡度进行二阶 Taylor 展开, 则有 (Romeiser et al., 1994; Alpers et al., 2013)

$$\sigma(x, t) = \sigma(s = 0)$$

$$+ \frac{1}{2}\iint d^2k\left[\overset{\wedge}{\sigma}(k)\,e^{-j(kx - \omega t)} + \overset{\vee}{\sigma}(k)\,e^{j(kx - \omega t)}\right]$$

$$+ \frac{1}{2}\iint d^2k_1\iint d^2k_2\{\overset{\wedge\wedge}{\sigma}(k_1, k_2)\,e^{-j[(k_1 + k_2)x - (\omega_1 + \omega_2)t]}$$

$$+ \overset{\vee}{\sigma} \overset{\vee}{(k_1, k_2)} e^{+j[(k_1+k_2)x-(\omega_1+\omega_2)t]}\}$$

$$+ \frac{1}{2} \iint d^2 k_1 \iint d^2 k_2 \{\overset{\wedge}{\sigma} \overset{\vee}{(k_1, k_2)} e^{-j[(k_1-k_2)x-(\omega_1-\omega_2)t]}$$

$$+ \overset{\vee}{\sigma} \overset{\wedge}{(k_1, k_2)} e^{+j[(k_1-k_2)x-(\omega_1-\omega_2)t]}\} \tag{2.22}$$

其中，符号 $\wedge$ 和 $\vee$ 分别表示傅里叶变换及其共轭；$\wedge\wedge$ 和 $\vee\vee$ 分别表示与组合波数 $k_1 + k_2$ 相关的傅里叶变换及其共轭；$\wedge\vee$ 和 $\vee\wedge$ 分别表示与组合波数 $k_1 - k_2$ 有关的傅里叶变换及其共轭。在 SAR 分辨单元内对上式进行平均，假定各波数间相互独立，可得到（Romeiser et al.，1994；Romeiser et al.，1997）

$$\langle\sigma\rangle = \sigma^{(0)} + \langle\sigma^{pp}\rangle + \langle\sigma^{nn}\rangle + \langle\sigma^{pn}\rangle$$

$$= \sigma|_{s=0} + \iint \left(\left.\frac{\partial^2 \overset{\wedge}{\sigma}\overset{\vee}{}}{\partial \overset{\wedge}{s_p} \partial \overset{\vee}{s_p}}\right|_{s=0} + \left.\frac{\partial^2 \overset{\wedge}{\sigma}\overset{\vee}{}}{\partial \overset{\vee}{s_p} \partial \overset{\wedge}{s_p}}\right|_{s=0} \right) k_p^2 \psi(k) d^2 k$$

$$+ \iint \left(\left.\frac{\partial^2 \overset{\wedge}{\sigma}\overset{\vee}{}}{\partial \overset{\wedge}{s_n} \partial \overset{\vee}{s_n}}\right|_{s=0} + \left.\frac{\partial^2 \overset{\wedge}{\sigma}\overset{\vee}{}}{\partial \overset{\vee}{s_n} \partial \overset{\wedge}{s_n}}\right|_{s=0} \right) k_n^2 \psi(k) d^2 k \tag{2.23}$$

$$+ \iint \left(\left.\frac{\partial^2 \overset{\wedge}{\sigma}\overset{\vee}{}}{\partial \overset{\wedge}{s_p} \partial \overset{\vee}{s_n}}\right|_{s=0} + \left.\frac{\partial^2 \overset{\wedge}{\sigma}\overset{\vee}{}}{\partial \overset{\vee}{s_n} \partial \overset{\wedge}{s_p}}\right|_{s=0} + \left.\frac{\partial^2 \overset{\vee}{\sigma}\overset{\wedge}{}}{\partial \overset{\vee}{s_p} \partial \overset{\wedge}{s_n}}\right|_{s=0} + \left.\frac{\partial^2 \overset{\vee}{\sigma}\overset{\wedge}{}}{\partial \overset{\vee}{s_n} \partial \overset{\wedge}{s_p}}\right|_{s=0} \right) k_p k_n \psi(k) d^2 k$$

其中，符号 $\langle\cdot\rangle$ 表示统计平均；$\sigma^{(0)}$ 为海面归一化后向散射系数；$\langle\sigma^{pp}\rangle$、$\langle\sigma^{nn}\rangle$ 和 $\langle\sigma^{pn}\rangle$ 分别表示雷达视向的海面坡度、方位向的海面坡度以及视向和方位向坡度共同对后向散射系数的二阶影响；k_p、k_n 分别为平行和垂直于雷达视向的波数分量。

2.1.3　海面 SAR 成像理论

SAR 海面图像实际上是对海面 Bragg 波空间分布状况的描述，海洋现象主要是通过倾斜调制、流体力学调制以及速度聚束调制等改变 Bragg 波的空间分布（Alpers，1983；Robinson，1986），进而得以在 SAR 图像上显现。下面对这三种主要调制理论分别介绍。

2.1.3.1　倾斜调制

海面长波空间尺度远大于 Bragg 波，在不同位置处形成了不同的坡度，这将改变依附于它的局部 Bragg 波的入射角。雷达波入射角发生变化，导致不同长波位置上能够发生共振的 Bragg 波的波数不同，海面的后向散射系数也将发生变化。倾斜调制示意图如图 2.4 所示，长波的坡度在图中两个不同局部位置处不同，电磁波入射角 θ_1 和 θ_2 也不相同，因此海面的后向散射系数发生变化。

调制传递函数（Modulation Transfer Function，MTF）一般用于描述海浪谱与 SAR 图像谱之间的映射关系。根据 Bragg 散射模型以及双尺度模型得到的倾斜调制 MTF 可表示为（Lyzenga，1986）

$$T_{tilt} = \frac{4ik_y \cot\theta}{1 \pm \sin^2\theta} \tag{2.24}$$

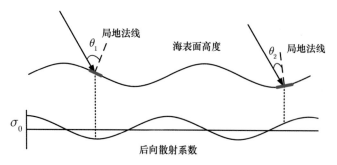

图 2.4　倾斜调制示意图（Alpers，1983；Robinson，1985；Schulz-Stellenfleth，2003）

其中，k_y 为长波波数沿 SAR 视线方向的分量，正负号分别对应 VV 极化和 HH 极化两种情况。

2.1.3.2　流体力学调制

流体力学调制是指海面大尺度波对微尺度波的振幅产生调制。海面可看作是由许多不同尺度（波长）的海浪构成，较小尺度的波浪依附在大尺度海浪之上传播。微尺度波的振幅受到大尺度海浪的调制，在大尺度波波峰处增加，波谷处减小。流体力学调制如图 2.5 所示。受流体力学调制的影响，叠加在长波之上的短波总会受到长波轨道运动向前或向后的偏移影响，最终影响了 Bragg 波的后向散射系数。

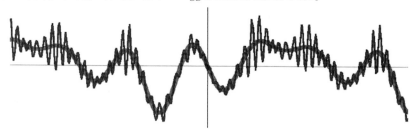

图 2.5　流体力学调制示意图（Alpers，1983；Robinson，1985）

流体力学调制的 MTF 可表示为（Hasselmann et al.，1973）

$$T_{\mathrm{hydr}} = \frac{\omega - j\mu}{\omega^2 + \mu^2} \frac{\omega}{|k_1|} \left[(k_1 \cdot k_b) \left(\frac{k_b}{\psi(k_b)} \cdot \frac{\partial \psi(k_b)}{\partial k_b} \right) - \frac{k_1 \cdot k_b}{2 |k_b|^2} \right] \tag{2.25}$$

其中，ω 为大尺度波的角频率；μ 为海面松弛率；k_1 为大尺度波的波数矢量；k_b 为微尺度波的波数矢量；$\psi(k_b)$ 为微尺度波的波高谱。

2.1.3.3　速度聚束调制

SAR 对运动目标成像时，如果目标存在沿雷达视线方向的稳定径向速度，最终成像位置会沿方位向偏离其实际位置。由于在大尺度海浪的不同位置处水质点具有沿雷达视向的不同径向速度，且在海浪上升面和下降面水质点运动方向相反，这导致大尺度海浪上不同位置处的水质点在 SAR 图像中具有不同的方位偏移量（Raney，1983）。在 SAR 图像的某些位置上，水质点会聚集而形成亮条纹，而在另外一些位置上，水质点会发散而形成暗条纹，最终在 SAR 图像上沿方位向产生亮暗起伏的类似波浪条纹，即 SAR 海洋成像中特有的速度聚束效应，其示意图如图 2.6 所示。

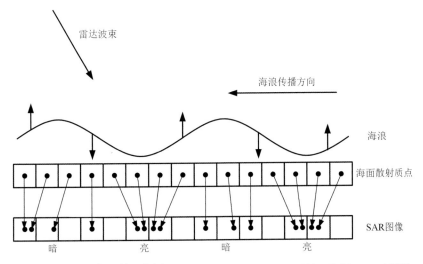

图 2.6　速度聚束调制示意图（Wright，1966；Alpers，1983；Robinson，1985）

当仅考虑单一目标点时，运动目标点在 SAR 图像中的位置可以认为是从实际的 x_0 位置搬移到 $x_0 = x \dfrac{R}{V_p} v_r(x)$ 位置处，可表示为（Bruning et al.，1991）

$$I_{SAR}(x_0) = \int I_{RAR}(x) \delta \left[x_0 - x + \frac{R}{V_p} v_r(x) \right]$$

$$= \left| 1 - \frac{R}{V} \frac{dv_r(x)}{dx} \right|^{-1} I_{RAR}(x) \mid_{x = x_0 + \frac{R}{V_p} v_r(x)} \qquad (2.26)$$

其中，R 为平台到目标的最近距离；V_p 为平台运动速度；$v_r(x)$ 为水质点运动速度沿雷达视线的径向分量。

大尺度波轨道速度径向分量沿 SAR 方位向变化平缓时（$\left| \dfrac{R}{V} \dfrac{du_r}{dx} \right| \ll 1$），速度聚束调制可近似为线性过程，此时其 MTF 可表示为（Hasselmann et al.，1973）

$$T_{vb} = -\frac{R}{V} k_x \omega \left(\cos\theta - i \sin\theta \frac{k_y}{k} \right) \qquad (2.27)$$

其中，R 为斜距；V 为平台速度；θ 为雷达入射角；k_x 和 k_y 分别为大尺度波沿方位向和距离向的波数。

2.2　SAR 图像海洋涡旋显现机制

由于海面随机运动特性以及微波对海洋观测时的 Bragg 共振散射特性，使得 SAR 对海洋的成像机制与陆地不同。大量的理论研究和试验表明，SAR 海面散射是由海面上微尺度波（雷达波长量级）引起的 Bragg 散射能量占主体的回波信号，不同尺度的海洋现象主要是通过倾斜调制、流体动力学调制以及速度聚束调制等来改变 Bragg 波的空间分布，从而使得其在 SAR 图像上"可见"。海洋涡旋在 SAR 图像中的显现机制大致可以分为以下四种：①波-流交互作用机制（Johannessen et al.，1996；Karimova，2012；董昌明，2015；Karimova and Gade，2016）；②油膜机制（Karimova，2012；Karimova et al.，2012；董昌明，2015；Karimova and Gade，2016）；③热机制（Mityagina et al.，2010；Karimova，2012；Karimova et al.，2012；Karimova and Gade，2016）；④冰机制（Mityagina et al.，2010；Karimova et al.，2012；Karimova and Gade，2016）。

2.2.1 波-流交互作用机制

该机制由挪威环境与遥感中心的 Johannessen 等人（Johannessen et al.，1991）于 1991 年首次提出。在海流剪切区域，由于波-流交互作用，涡旋会引起海水局地辐聚和辐散，导致在辐聚区产生较大的振幅，在辐散区产生较小的振幅，SAR 正是记录表面波非均质性的粗糙度变化使涡旋被 SAR 成像。这种机制显现的涡旋增强了雷达回波（通常表现为亮螺旋结构），也被称为"白色涡旋"（white eddy）（Karimova，2012），示例如图 2.7 所示。

"白色涡旋"又称为剪切波机制（Shear-Wave Mechanism），主要是由于气旋流剪切区域的波-流交互作用引起的，在扭曲成涡旋时增强了信号的后向散射。在不同条件下，"白色涡旋"表现出不同的形式，主要取决于剪切波的强度、风速等。Karimova 等人认为风速为 5~9 m/s 时，在波罗的海会出现这种剪切波机制，即"白色涡旋"（Karimova et al.，2012）。

此类涡旋在 SAR 图像上的亮暗变化会受到雷达视线方向以及风向的影响。Lyzenga 等人（Lyzenga and Wackerman，1997）认为在 SAR 图像上，涡旋的边缘具有亮暗交替变化的特征，当涡旋顺时针旋转时，在迎着雷达视线方向的涡旋一侧，按顺时针来看，涡旋边缘由暗变亮，在背着雷达视线方向的涡旋一侧，同样如此。Mitnik 等人（Mitnik and Lobanov，2011）对涡旋的研究中发现，在流场方向迎着风向的涡旋一侧比较亮，背着风向的涡旋一侧比较暗。在 SAR 图像上，"白色涡旋"后向散射值（NRCS）与周围区域 NRCS 的对比为 0.5~3.0 dB，并且，此类涡旋 NRCS 的衰减幅度依赖于风速以及海面大气温度之差（Alpers et al.，2013）。

2.2.2 油膜机制

该机制由 Johannessen 等人于 1993 年提出（Johannessen et al.，1993）。涡旋产生的流场会使海表面自然油膜聚集，抑制海面毛细波和短重力波，导致海表面粗糙度降低，衰减雷达后向散射，因此使涡旋区域形成了暗色光滑条纹，从而在 SAR 图像中得以显现，这种机制称为油膜机制（Film Mechanism）。油膜机制显现的涡旋抑制了雷达回波（通常表现为暗螺旋结构），也称为"黑色涡旋"（black eddy）（Karimova，2012），示例如图 2.8 所示。

油膜机制主要是由海表面的自然油膜抑制短重力波和毛细波引起的，随着油膜沿着

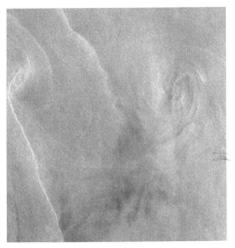

(a) ERS-2 SAR图像(Ivanov and Ginzbure, 2002)

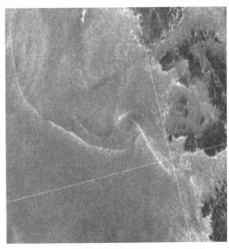

(b) ERS-1 SAR图像(Karimova et al., 2012)

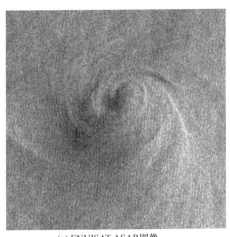

(c) ENVISAT ASAR图像

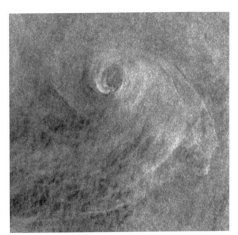

(d) ENVISAT ASAR图像

图 2.7　波-流交互作用机制涡旋 SAR 图像示例

涡旋不断累积，形成了线状的光滑条纹（在 SAR 图像中表现为黑色条纹），最后这些条纹在海表面扭曲成了涡旋。这种油膜是一种表面活性剂，主要由浮游植物、浮游动物及其降解产物等形成，会抑制海水表面粗糙度，并在海面上形成光滑区域减少雷达后向散射，因此被称为"黑色涡旋"，在 SAR 图像中表现为深色同心的曲线条纹带。一般来说，较薄厚度的线状条纹容易形成涡旋，厚度约为 100 m，条纹的间距也很有规律，约为 1 km。Karimova 等人发现靠近海岸处条纹会变厚，可达到 1 km 甚至更厚，这是由于海岸处浮游植物繁盛，增加了自然生物油膜的数量，同时发现光滑条纹的间距会随着涡旋直径的减小而减小，最小可达到几百米（Karimova et al.，2012）。

Ivanov 等人（Ivanov and Ginzburg，2002）认为，通常风速 3~5 m/s 时多为"黑色涡旋"，当风速为 6~7 m/s 时，多为"白色涡旋"。这是因为风速过大，油膜便会发散。低风速下，天然的生物表面油膜由于海面汇聚形成的条带使得涡旋在 SAR 图像中变暗，这是由于短重力波和毛细波引起雷达信号出现 Bragg 散射。对于螺旋形涡旋，这种由于

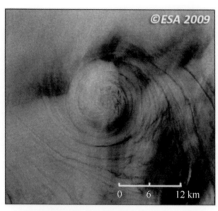

(a) ERS-2 SAR图像(Karimova, 2012)   (b) ENVISAT ASAR图像(Karimova, 2012)

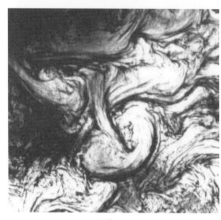
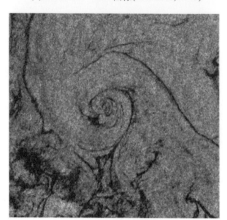

(c) ERS-2 SAR图像(Karimova, 2012)   (d) Sentinel-1 SAR图像

图 2.8   "黑色涡旋" SAR 图像示例

油膜汇聚形成的条带宽度为 50~100 m （Munk et al., 2001）。

Ivanov 等人（Ivanov and Ginzburg, 2002）认为，由于油膜的存在，使得涡旋 NRCS 与周围区域 NRCS 的对比能达到 5~10 dB，而 Alpers 等人（Alpers et al., 2013）认为这种对比甚至能达到 6~15 dB，且油膜导致的 NRCS 衰减幅度依赖于风速以及油膜类型。

2.2.3   热机制

1981 年，Weissman、Ross 等人认为涡旋引起的海表面温度变化会引起海面上空气流的稳定性发生变化，不同温度海水上面的大气稳定性不同，海洋大气边界层差异造成了雷达回波不同从而使涡旋被 SAR 成像（Lyzenga and Wackerman, 1997；Karimova, 2012），这种机制称为"热机制"（Thermal Mechanism）。以冷涡为例，涡旋的海表温度（SST）比周围水体低，则海洋大气边界层从稳定变为不稳定，使得摩擦风速降低（冷水上面的表面风速比热水上面的表面风速小，冷水上的海洋大气边界层更加稳定），进而使得风产生短表面波能力降低，造成冷涡的 NRCS 降低（通常低 2~3 dB）。该种涡旋

48

显现机制主要是针对中尺度涡（Johannessen et al.，1996；Font et al.，2002；Karimova，2012），其示例如图 2.9 所示，箭头指出了涡旋边界。

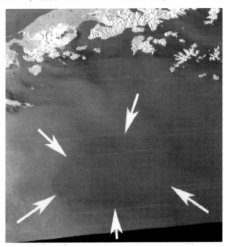

图 2.9　RADARSAT-1 ScanSAR 宽模式获取的阿拉斯加海岸附近的中尺度涡图像
（Friedman et al.，2004）

Keller 等人（Keller et al.，1989）利用散射计，对由于海洋大气交界处不稳定性所引起的 NRCS 衰减进行了估计。当风速为 6~7 m/s 时，NRCS 的衰减幅度随大气海面温度差的变化率为 1.2 dB/℃；当风速为 8~9 m/s 时，NRCS 的衰减幅度随大气海面温度差的变化率为 1.0 dB/℃；当风速为 11~12 m/s 时，NRCS 的衰减幅度随大气海面温度差的变化率为 0.75 dB/℃。

Clemente-Colon 和 Yan（Clemente-Colon and Yan，1999）利用 ERS-2 SAR 图像以及 AVHRR SST 图像开展研究，认为 NRCS 的衰减幅度随大气海面温度差的变化率为 0.5~1 dB/℃。

Yang 等人（Xiaofeng Yang et al.，2011）利用 Radarsat-1 SAR 图像、AVHRR SST 数据以及浮标数据，对关于 NRCS 随大气海面温度差以及海面风速之间的变化关系得出：$\Delta\sigma_0 = 0.105\Delta T + 11.207(\Delta Y/U^{1.75})$，其中，$\Delta T$ 是大气与海面的温度之差，U 为海面 10 m 高处的风速。

对比油膜显现的涡旋（即"黑色涡旋"）和海气边界层显现的涡旋，二者都造成 NRCS 的降低，但是，由油膜导致的 NRCS 衰减幅度大于由海洋大气边界层稳定性变化引起的 NRCS 衰减幅度（Alpers et al.，2013）。

2.2.4　冰机制

2012 年，Karimova 提出冬季在海冰漂浮的海域，浮冰成为海流的示踪剂，随着洋流漂浮的冰块颗粒在涡旋区域不断累积，使涡旋能够在 SAR 图像中得以显现，这种机制被称为"冰机制"（Ice Mechanism）。图 2.10 给出了冰机制涡旋的 SAR 图像示例。它们通常位于冰形成或冰破裂的位置，经常在波罗的海、芬兰、里加海湾（Riga gulfs）、卡特加特海峡（Kattegat）和斯格拉克（Skaggerak）等地区出现（Karimova, 2012; Karimova et al., 2012）。

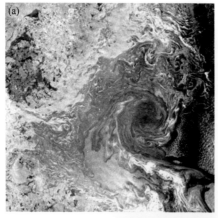
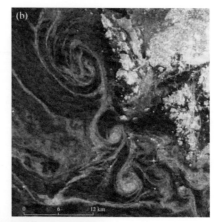
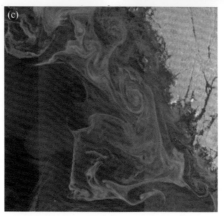

图 2.10 "冰呈涡旋" SAR 图像示例

(a) 鄂霍次克海南部 ENVISAT ASAR 图像（Mitnik et al., 2004）;

(b) 卡特加特海峡（Kattegat）ENVISAT ASAR 图像（Karimova et al., 2012）;

(c) 卡特加特海峡（Kattegat）ENVISAT ASAR 图像（Karimova, 2012）

上述四种涡旋成像机制中，"白色涡旋"和海洋大气边界层不稳定性显现的温度涡旋是直接方式显现的，而"黑色涡旋"和"冰呈涡旋"是间接方式显现的。Ivanov 等人（Ivanov and Ginzburg, 2002）认为涡旋的成像与风速相关性极大，风速在 3~5 m/s 之间时通常为"黑色涡旋"，风速在 6~7 m/s 时通常为"白色涡旋"。"白色涡旋"与"黑色涡旋"的差异是前者增强了雷达回波，后者抑制了雷达回波。然而，同一 SAR 图像上也可以同时出现"白色涡旋"和"黑色涡旋"，如图 2.11 所示。

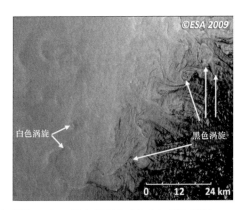

图 2.11　"白色涡旋"和"黑色涡旋"同时出现的黑海 ENVISAT ASAR 图像
（Karimova，2012）

第 3 章　海洋涡旋 SAR 成像仿真

海洋涡旋 SAR 成像仿真是研究 SAR 图像涡旋特征的重要手段，诸多海洋学者致力于海洋涡旋 SAR 成像理论仿真模型的构建，建立 SAR 图像与真实涡旋物理状态之间的联系，一方面为涡旋 SAR 图像特征解译提供指导，另一方面为涡旋水动力参数提取和反演提供理论支撑。

本章将基于海洋涡旋的 SAR 成像机理，分别从海洋涡旋 SAR 成像三个物理过程来构建海洋涡旋成像仿真模型。同时，基于构建的成像仿真模型开展海洋涡旋 SAR 图像仿真实验，并将仿真结果与真实 SAR 图像进行对比分析。

3.1　海洋涡旋 SAR 成像模型

海面随机运动且电磁散射特性复杂，难以进行时间和空间上的 SAR 原始回波仿真，利用海浪谱可以很好地描述不同海况下随机海面的统计特征。海洋涡旋可看作是通过波-流交互作用，即利用自身流场改变海浪谱的分布，并经过海面电磁散射模型，进而得以在 SAR 图像上体现。因此，针对涡旋引起的海表面流场辐聚和辐散的变化，可以通过构建海洋涡旋水动力模型来解决。对于变化的海表层流场与风致海表面微尺度波相互作用可以通过波-流交互作用模型来解决。海面微尺度波与雷达波之间相互作用则需要海面微波散射模型来计算。海洋涡旋 SAR 成像模型构建示意图如图 3.1 所示。

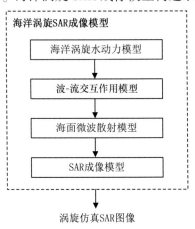

图 3.1　海洋涡旋 SAR 成像模型示意图

本章建立的海洋涡旋 SAR 成像模型，是在输入二维涡旋流场和风场条件下，利用波-流交互作用模型的作用量谱平衡方程生成随机海面的二维海浪谱，再将计算得到的海浪谱输入雷达后向散射模型，计算海面后向散射系数。考虑速度聚束效应和雷达系统随机噪声的影响，最终生成仿真的涡旋 SAR 图像。下面将对每个子模型进行具体阐述。

3.1.1　海洋涡旋水动力模型

常见的涡旋水动力模型包括 Rankine 涡旋（Rankine，1872）、Oseen 涡旋（Oseen，1911）、Burgers－Rott 涡旋（Burgers，1940；Burgers，1948）以及 Sullivan 涡旋（Sullivan，2012）。其中，Rankine 涡旋模型没有考虑 N-S 方程中的黏性项，流体以常角速度旋转，没有径向速度，因而不能产生涡旋的辐散、辐聚和上升运动；Oseen 涡旋模型仅考虑 N-S 方程中惯性力项的局地项及黏性项，但其轨道是一个圆形涡旋，不符合实际 SAR 图像中涡旋的形态；Sullivan 涡旋模型和 Burgers－Rott 涡旋模型考虑了 N-S 方程中全部的黏性项、惯性力及离心力项，但由于 Sullivan 涡旋模型在 Burgers－Rott 涡旋模型的基础上，考虑了涡旋中心的下沉运动，与实际涡旋情况更为符合。海洋涡旋中心、大气中的台风眼和龙卷风眼均有下沉运动，Sullivan 涡旋模型在台风的模拟中呈现了较好的效果（P G Bellamy-Knights，1970；Rossi et al.，2004）。因此，本章基于 Sullivan 涡旋模型来建立海洋涡旋的流场。

Sullivan 模型假定涡旋的径向速度 v_r 和切向速度 v_θ 是涡旋半径 r 的函数，轴向速度 v_z 是 z 和 r 的函数，即

$$v_r = F(r)，v_\theta = H(r)，v_z = \alpha z G(r) \tag{3.1}$$

其中，α 是常数，称为吸入强度。Sullivan 模型假设下，N-S 方程的柱坐标形式为

$$v_r \frac{\partial v_r}{\partial r} - \frac{v_\theta^2}{r} = -\frac{1}{\rho} \frac{\partial p}{\partial r} + \upsilon \left(\frac{1}{r} \frac{\partial}{\partial r}(rv_r) \right) \tag{3.2}$$

$$v_r \frac{\partial v_\theta}{\partial r} + \frac{v_r v_\theta}{r} = \upsilon \frac{\partial}{\partial r} \left(\frac{1}{r} \frac{\partial}{\partial r}(rv_\theta) \right) \tag{3.3}$$

$$v_r \frac{\partial v_z}{\partial r} + v_z \frac{\partial v_z}{\partial z} = -\frac{1}{\rho} \frac{\partial p}{\partial z} + \upsilon \left[\frac{1}{r} \frac{\partial}{\partial r}(r \frac{\partial v_\theta}{\partial r}) + \frac{\partial^2 v_z}{\partial z^2} \right] \tag{3.4}$$

$$\frac{\partial(rv_r)}{\partial r} + \frac{\partial(rv_z)}{\partial z} = 0 \tag{3.5}$$

其中，气压 p 满足

$$\frac{\partial p}{\partial z} = -\alpha^2 \rho z \tag{3.6}$$

将式（3.6）和式（3.1）代入式（3.4）和式（3.5）中，可以求解得到涡旋流场径向速度 v_r 和轴向速度 v_z 为

$$v_r = -\frac{\alpha}{2} r + \frac{6\upsilon}{r}(1 - e^{-\frac{\alpha r^2}{4\upsilon}}) \tag{3.7}$$

$$v_z = \alpha z (1 - 3e^{-\frac{\alpha r^2}{4\upsilon}}) \tag{3.8}$$

将式（3.7）代入式（3.4）和式（3.5）中，得到涡旋流场切向速度 v_θ 为

$$v_\theta = \frac{\Gamma_0}{2\pi r}\left(\frac{H(\frac{\alpha r^2}{4\upsilon})}{H(\infty)}\right) \tag{3.9}$$

$$H(x) = \int_0^x e^{\left(-t+3\int_0^t \frac{1-e^{-\tau}}{\tau}d\tau\right)}dt \tag{3.10}$$

其中，Γ 为速度环量，$\Gamma = 2\pi r v_\theta$，Γ_0 是无穷远处的环量。当 $x \to \infty$，$\frac{H(x)}{H(\infty)} \to 1$ 时，$v_\theta \to$

$\frac{\Gamma_0}{2\pi r}$。式（3.7）、式（3.8）和式（3.9）构成了柱坐标系下涡旋的三维速度场。

由于 SAR 仅对海面成像，这里仅考虑涡旋的二维流场，即涡旋的径向速度和切向速度：

$$v_r = -\frac{\alpha}{2}r + \frac{6\upsilon}{r}\left(1 - e^{-\frac{\alpha r^2}{4\upsilon}}\right)$$

$$v_\theta = \frac{\Gamma_0}{2\pi r}\left(\frac{H(\frac{\alpha r^2}{4\upsilon})}{H(\infty)}\right) \tag{3.11}$$

其中，V_r、V_θ 分别是 r、θ 方向的速度分量，$H(x) = \int_0^x e^{\left(-t+3\int_0^t \frac{1-e^{-\tau}}{\tau}d\tau\right)}dt$，$\alpha$ 为吸入强度，υ 为黏性系数，Γ_0 是 $r \to \infty$ 时的速度环量，$\Gamma = 2\pi r v_\theta$。

为了获取涡旋二维流场，这里需要将柱坐标系速度场转化到直角坐标系下。首先对柱坐标系下速度场进行简化，将式（3.11）中的指数项进行泰勒展开，得到近似的涡旋流场径向速度 v_r 和切向速度 v_θ 为

$$v_r = -\frac{\alpha}{2}r + \frac{6\upsilon}{r}\left[1 - \left(1 - \frac{\alpha r^2}{4\upsilon} + \frac{1}{2}\left(\frac{\alpha r^2}{4\upsilon}\right)^2\right)\right] = \alpha r\left(1 - \frac{3}{16}\frac{\alpha}{\upsilon}r^2\right)$$

$$v_\theta = \frac{\Gamma}{2\pi r}\int_0^{\frac{\alpha r^2}{4}} e^{-t}dt = \frac{\Gamma}{2\pi r}\left(1 - e^{-\frac{\alpha r^2}{4}}\right) = \frac{1}{2\pi r}\left[1 - \left(1 - \frac{\alpha r^2}{4\upsilon} + \frac{1}{2}\left(\frac{\alpha^2 r^2}{16\upsilon^2}\right)\right)\right]$$

$$= \frac{\Gamma_0 \alpha}{8\pi\upsilon}r\left(1 - \frac{\alpha}{8\upsilon}r^2\right) \tag{3.12}$$

将式（3.12）转化为直角坐标系下，可以得到涡旋二维流场如下：

$$V_x = \alpha x - \frac{\Gamma_0 \alpha}{8\pi\upsilon}y - \frac{3\alpha^2}{16\upsilon}(x^2 + y^2)\left(x - \frac{\Gamma_0}{12\pi\upsilon}y\right)$$

$$V_y = \alpha y + \frac{\Gamma_0 \alpha}{8\pi\upsilon}x - \frac{3\alpha^2}{16\upsilon}(x^2 + y^2)\left(y + \frac{\Gamma_0}{12\pi\upsilon}x\right) \tag{3.13}$$

其中，V_x 为涡旋速度场在 x 方向上的速度分量，V_y 是涡旋速度场在 y 方向上的速度分量。通过设置参数 α、υ、Γ_0 的值，根据式（3.13）可以得到海洋涡旋二维流场。

3.1.2　波-流交互作用模型

本节通过波-流交互作用模型描述涡旋引起的表层流场与风致海表面微尺度波间的

相互作用。海洋涡旋引起的缓变流场对局部微尺度波能量的改变用作用量谱平衡方程来描述，在作用量谱平衡方程计算过程中，需要确定源函数 S 的函数形式和松弛率模型。

在本节波-流交互作用模型中采用的源函数形式为

$$S(x, k, t) = -\mu(k) N(x, k, t) \left[1 - \frac{N(x, k, t)}{N_0(k)} \right] \qquad (3.14)$$

松弛率模型采用 Plant 给出的松弛率表达式（Plant，2002）：

$$\mu(k) = 0.043 \frac{(u_*k)^2}{\omega_0(k)} \qquad (3.15)$$

这里，u_* 为摩擦风速。

将式（3.14）和式（3.15）代入作用量谱平衡方程式（2.8）中，为了简化方程，令 $Q(x, k, t) = 1/N(x, k, t)$，$Q_0(k) = 1/N_0(k)$，用 Q 代替 $Q(x, k, t)$，Q_0 代替 $Q_0(k)$，则得到如下表达式：

$$\frac{\partial Q}{\partial t} + [c_g(k) + U(x, t)] \frac{\partial Q}{\partial x} - k \frac{\partial U(x, t)}{\partial x} \frac{\partial Q}{\partial k} = -\mu(k)(Q - Q_0) \qquad (3.16)$$

假设作用谱密度函数在波数域缓变，则可以认为 $\partial Q(x, k, t)/\partial k \approx \partial Q_0(k)/\partial k$，即 $\partial Q/\partial k \approx \partial Q_0/\partial k$，此时式（3.16）对时间 t 积分可得

$$Q = Q_0 + \int_{-\infty}^{t} \frac{\partial Q_0}{\partial k} k \cdot \frac{\partial U(x, t'; t)}{\partial x} \exp[-\mu(k)(t - t')] dt' \qquad (3.17)$$

其中，$U(x, t'; t) = U\{x - [c_g(k) + U - c_p(k)](t - t'), t\}$，$c_p(k) = \omega_0(k)/k$ 为波浪传播的相速度。

将 Q 和 U 在空间和时间上进行傅里叶展开可得

$$\delta Q(x, k, t) = Q(x, k, t) - Q_0(k) = \iint \{q(K, k, \omega) \exp[j(Kx - \omega t)] + c.c.\} dKd\omega$$

$$(3.18)$$

$$\delta U(x, t) = U(x, t) - U_0 = \iint \{u(K, \omega) \exp[j(Kx - \omega t)] + c.c.\} dKd\omega \qquad (3.19)$$

其中，δQ 和 δU 分别表示调制引起的作用量谱变化量和表面流场的变化量，符号 $c.c.$ 表示前一项的共轭，ω 的积分限为 $[0, \infty)$，K 的积分限为整个波谱空间。

将式（3.18）和（3.19）代入式（3.17），化简后可推导得到流体动力调制作用计算式

$$\frac{\delta Q(x, k, t)}{Q_0(k)} = \iint \left\{ \frac{j[k \cdot u(K, \omega)]\left[K \cdot \dfrac{\partial Q_0(k)}{\partial k}\right]}{-j\omega + \mu(k) + j[c_g(k) + U_0(x)] \cdot K} \exp[j(Kx - \omega t)] + c.c. \right\} dKd\omega$$

$$(3.20)$$

这里采用的海浪谱形式为 R 谱，根据作用量谱密度与海浪谱的关系（Longuet-Higgins and Stewart，1964）

$$N(x, k, t) = \frac{\rho\omega_0(k)}{k} \psi(x, k, t) \qquad (3.21)$$

其中，ψ 为海浪谱，$\omega_0(k) = \sqrt{gk + (\tau/\rho)\,k^3}$，$\rho$ 为海水密度，τ 为表面张力。

计算得到涡旋流场调制后的海浪谱为

$$\frac{\psi(x,\,k,\,t)}{\psi_0(k)} = \frac{Q_0(k)}{Q_0(k) + \delta Q(x,\,k,\,t)} = \frac{1}{1 + \dfrac{\delta Q(x,\,k,\,t)}{Q_0(k)}} \tag{3.22}$$

3.1.3 海面微波散射模型

本节通过海面微波散射模型描述涡旋流场调制后的海面微尺度波与雷达波之间的相互作用。

目前常见的海面微波散射模型有 Kirchhoff 散射模型、Bragg 散射模型、二尺度模型以及三尺度模型。前三个模型只考虑了一阶 Bragg 散射，比较适用于低频（小于 L 波段）SAR 海面图像仿真。三尺度模型考虑了二阶 Bragg 波散射的影响，适用的雷达波段从 L 波段到 Ka 波段，最大风速条件可达到 20 m/s，能够区分不同极化以及顺风、逆风等情况，仿真的 SAR 海面图像更接近实际情况。2002 年，Romeiser 利用该模型研究了浅海地形在 SAR 图像上的特征，并与声学多普勒流速剖面仪测量的浅海地形进行对比，验证了该模型用于 SAR 海面图像仿真的合理性（Romeiser and Thompson, 2000; Alpers et al., 2013）。因此，本章基于 Romeiser 和 Alpers 等人提出的改进组合表面模型计算雷达后向散射系数。

根据改进的组合表面模型，当海面存在轻微扰动时，其局部区域后向散射截面计算表达式如式（2.23）所示（Romeiser and Thompson, 2000; Alpers et al., 2013），这里不再赘述。

3.1.4 SAR 成像模型

海洋涡旋能够在 SAR 图像中可见，主要是通过倾斜调制、流体动力学调制以及速度聚束调制等改变了 Bragg 波的空间分布。SAR 对海面成像的调制机制可以通过 MTF 来表示：

$$\sigma = \sigma_0 + \delta\sigma = \sigma_0 \left\{ 1 + \int [R^{\mathrm{SAR}}(k)\,z(k)\,e^{j(kx-\omega t)} + c.c.]\,\mathrm{d}k \right\} \tag{3.23}$$

其中，$R^{\mathrm{SAR}}(k) = R^{\mathrm{tilt}}(k) + R^{\mathrm{hydro}}(k) + R^{\mathrm{vb}}(k)$，$R^{\mathrm{tilt}}(k)$、$R^{\mathrm{hydro}}(k)$ 和 $R^{\mathrm{vb}}(k)$ 分别表示倾斜调制、流体动力学调制和速度聚束调制；k 和 ω 分别表示大尺度波的波数矢量和角频率；$z(k)$ 为大尺度波表面位移 $\zeta = \int [z(k)\,e^{j(kx-\omega t)} + c.c.]\,\mathrm{d}k$ 的傅里叶变换。在第 2.1.3 节 SAR 海面成像调制机理中，对三种调制作用进行了详细介绍，调制函数分别通过式（2.24）、式（2.25）、式（2.27）给出。

此外，分辨单元内不同散射点速度的方差将造成回波 Doppler 谱展宽，导致实际分辨率下降。SAR 成像模型通过计算每个分辨单元的平均 Doppler 谱中心和方差模拟海面运动对 SAR 成像的影响。这里采用 Romeiser 和 Thompson（Romeiser and Thompson,

2000）给出的双高斯形 Doppler 谱模型计算 Doppler 谱中心和方差，该模型将海面回波 Doppler 谱分成朝向雷达和远离雷达两个传播方向的 Bragg 波 Doppler 谱的叠加，每个 Doppler 谱分量为高斯形，其具体表达式为

$$W(f_D) = \frac{<\sigma_+>}{\sqrt{2\pi}\gamma_{D+}}e^{-(f_D-<f_{D+}>_\sigma)^2/\gamma_{D+}^2} + \frac{<\sigma_->}{\sqrt{2\pi}\gamma_{D-}}e^{-(f_D-<f_{D-}>_\sigma)^2/\gamma_{D-}^2} \tag{3.24}$$

其中，$\pm$ 表示远离雷达方向和朝向雷达方向的两组 Bragg 波分量，$<f_{D\pm}>_\sigma$ 表示经过归一化后向散射系数 σ 加权的平均 Doppler 中心；$\gamma_{D\pm}$ 表示 Doppler 谱的方差。

SAR 涡旋成像仿真过程，除了要考虑上述三种调制作用外，还需考虑热噪声对仿真 SAR 图像信噪比的影响。信噪比由噪声等效后向散射系数以及海面归一化后向散射系数所决定：

$$\mathrm{SNR(dB)} = \langle\sigma\rangle - NE\sigma^0 \tag{3.25}$$

其中，海面归一化后向散射系数 $\langle\sigma\rangle$ 由入射角、雷达频率、极化方式、海面风速等参数所决定，$NE\sigma^0$ 为噪声等效后向散射系数，由雷达硬件参数所决定。因此，SAR 成像模型根据给定的仿真输入参数计算信噪比，从而得到具有统计特性的仿真涡旋 SAR 图像。

综上所述，本章建立的海洋涡旋 SAR 成像模型，结合了 Sullivan 涡旋水动力模型，通过输入海洋涡旋流场、海面风场以及雷达参数，计算作用量谱平衡方程。采用的海浪谱为 R 谱，海面微波散射模型为改进的组合表面模型，最后通过考虑 SAR 成像倾斜调制、流体动力学调制、速度聚束调制及系统热噪声的影响，得到仿真涡旋 SAR 图像。

3.2 海洋涡旋 SAR 成像仿真实验

根据涡旋不同的旋转方向，可将其分为两类：气旋式涡旋与反气旋式涡旋。气旋式涡旋在北半球逆时针旋转，在南半球顺时针旋转；反气旋式涡旋在北半球顺时针旋转，在南半球逆时针旋转。不同旋转方向的涡旋将产生不同的涡旋流场，从而在 SAR 图像中呈现不同的涡旋特征。为此，本节将分别针对气旋式涡旋与反气旋式涡旋进行仿真实验。

3.2.1 气旋式涡旋仿真实验

3.2.1.1 多臂气旋式涡旋仿真实验

图 3.2 是一幅 ENVISAT ASAR 图像，获取时间为 2005.04.27，01：53：50 UTC，获取地点在吕宋海峡。图中 Frame A 处为一个多臂气旋式涡旋，该涡旋具有三条明显的涡旋臂，涡旋的直径约为 11.2 km。为了便于对比仿真图像，将该涡旋从 SAR 图像中截取出来，截取图像的尺寸为 20 km×20 km，如图 3.3 所示。ENVISAT ASAR 图像的具体雷达参数和平台参数如表 3.1 所示。

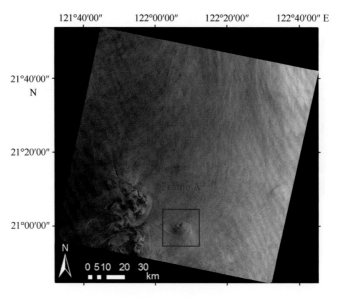

图 3.2　吕宋海峡获取的 ENVISAT ASAR 图像

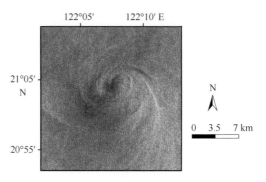

图 3.3　Frame A 处截取的涡旋 SAR 图像

表 3.1　ENVISAT ASAR 参数

卫星	极化方式	波段	雷达视向	入射角	平台高度	平台速度
ENVISAT	HH	C	180°	23.1°	800 km	7 455 m/s

从欧洲中期天气预报中心（Europe Centre for Medium-Range Weather Forecasts, EC-MWF）获取 2005.04.27，03：00：00 时刻且与 SAR 图像相同经纬度的风场再分析资料，分辨率为 0.125°×0.125°。根据数据显示，涡旋区域附近的风速为 5.1 m/s，风向为 218.1°。从全球海洋数据同化系统（Global Ocean Data Assimilation System, GODAS）获取相同位置的 5 日平均流场再分析资料，分辨率为（1/3）°×1°。根据数据显示，涡旋区域附近的流速为 0.26 m/s。因此，设置参数 α 为 0.001 395，v 为 0.038 6，Γ_0 为 0.031 4。雷达参数设置为表 3.1 中 ENVISAT ASAR 参数，流场大小设置为 20 km× 20 km。因此，得到涡旋二维流场和涡旋仿真 SAR 图像如图 3.4（a）、（b）所示。

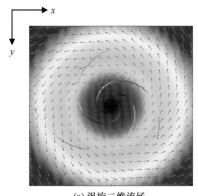
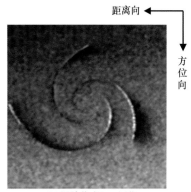

(a) 涡旋二维流场　　　　　　　　　(b) 涡旋仿真 SAR 图像

图 3.4　涡旋二维流场和仿真涡旋 SAR 图像

　　图 3.5 是仿真 SAR 图像与 ENVISAT ASAR 图像的对比图，图 3.5（b）是图 3.3 中的 ENVISAT ASAR 图像，图 3.5（a）是相同雷达参数、海面风场条件下的仿真 SAR 图像。对比（a）、（b）两图可以发现，仿真图像与 ENVISAT ASAR 图像中的涡旋形状几乎一致，涡旋的亮暗特征也很吻合。从逆时针方向看，涡旋边缘线从外到内均呈现亮暗交替变化的特征。最长涡旋边缘线 A 亮暗变化特征均为亮—暗—亮，涡旋边缘线 B 的亮暗特征为亮—暗。涡旋边缘线 C 的亮暗特征在 ENVISAT ASAR 图像中表现较不明显，但仍可以看到其呈现为由亮到暗的变化特征。该结果与 Lyzenga 等人（Lyzenga and Wackerman，1997）研究结果一致，这种亮暗特征的变化是由雷达后向散射引起的 Bragg 波谱密度变化导致的（Mitnik et al.，2007），亮曲线特征和暗曲线特征分别表征辐聚或辐散最强的区域，初步证明了涡旋成像模型的正确性。

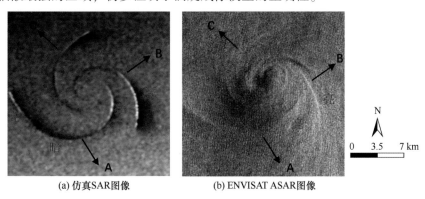

(a) 仿真SAR图像　　　　　　　　　(b) ENVISAT ASAR图像

图 3.5　相同参数下仿真 SAR 图像与 ENVISAT ASAR 图像对比（王宇航等，2018）

　　另外，通过仿真实验还发现涡旋边缘的亮暗特征变化具有周期性，假设一次由暗到亮或由亮到暗的变化为一个变化周期，那么可以看出亮暗交替变化的周期数与涡旋边缘的尺度有关，边缘尺度越大，边缘上亮暗特征交替的周期数越多。由于本章构建的模型主要考虑波-流交互作用产生的涡旋，但在真实海况中，海表面温度、大气边界层的变化等也对海面粗糙度产生影响，这部分的影响目前难以通过构建模型来考虑，因此仿真的 SAR 图像与真实 SAR 图像之间会存在一定误差。为了进一步验证模型的正确性,下面将进行 ERS-2 SAR 图像仿真实验。

3.2.1.2 单臂气旋式涡旋仿真实验

图 3.6 是一幅 ERS-2 SAR 图像,图像获取时间为 2009.08.19,02:23:50 UTC,获取地点在中国东海海域。图中 Frame B 处为一个单臂气旋式涡旋,该涡旋具有明显的单条涡旋臂。将 Frame B 处的涡旋截取出来,截取图像尺寸为 18 km×24 km,如图 3.7 所示。ERS-2 SAR 图像的具体雷达参数和平台参数如表 3.2 所示。

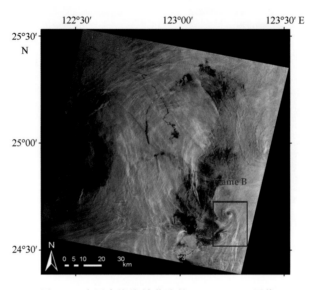

图 3.6 中国东海海域获取的 ERS-2 SAR 图像

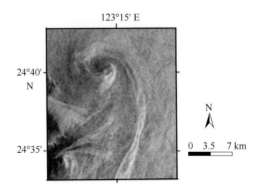

图 3.7 Frame B 处截取的涡旋 SAR 图像

表 3.2 ERS-2 SAR 参数

卫星	极化方式	波段	雷达视向	入射角	平台高度	平台速度
ERS-2	VV	C	180°	23°	780 km	7 500 m/s

从 ECMWF 获取 2009.08.19,03：00：00 时刻且与 SAR 图像相同经纬度的风场再分析资料，根据数据显示，涡旋区域附近的风速为 1.4 m/s，风向为 257.9°。从 GODAS 获取相同位置的 5 日平均流场再分析资料，根据数据显示，涡旋区域附近的流速为 0.61 m/s。因此，设置参数 α 为 0.000 738，v 为 0.098 9，Γ_0 为 0.022 4。雷达参数设置为表 3.2 中 ERS-2 卫星参数，流场大小设置为 18 km×24 km。

图 3.8 是仿真结果与真实 SAR 图像的对比图，图 3.8（b）是图 3.7 中的 ERS-2 SAR 图像，图 3.8（a）是相同雷达参数、海面风场条件下的仿真 SAR 图像。对比（a）（b）两图发现，仿真图像与真实 SAR 图像中的涡旋边缘线形状几乎一致，且涡旋臂由外到内的亮暗特征均为亮—暗—亮。

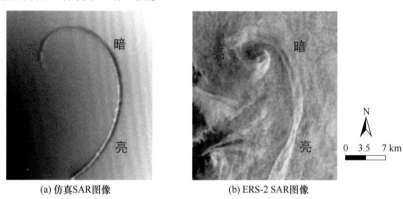

(a) 仿真SAR图像   (b) ERS-2 SAR图像

图 3.8　相同参数下仿真 SAR 图像与 ERS-2 SAR 图像对比

为了进一步验证模型的正确性，判断模型能否定量描述仿真 SAR 图像与真实 SAR 图像的中涡旋的相似程度，采用文献（杨敏和种劲松，2013）中基于对数螺旋线边缘拟合的 SAR 图像涡旋特征提取方法，提取仿真 SAR 图像和 ERS-2 SAR 图像中涡旋的中心位置、直径及边缘长度，并加以比较。拟合及提取结果如图 3.9 所示，红色加号表示涡旋中心位置，黄色箭头表示涡旋直径，蓝色曲线表示涡旋边缘，具体参数值如表 3.3 所示。

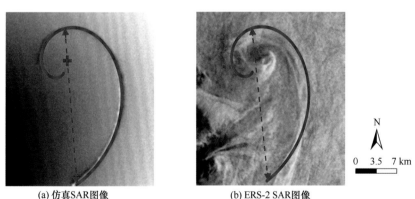

(a) 仿真SAR图像   (b) ERS-2 SAR图像

图 3.9　仿真 SAR 图像与 ERS-2 SAR 图像涡旋信息提取

表 3.3　涡旋特征参数提取结果

SAR 图像	涡旋中心位置	涡旋直径	涡旋边缘长度
仿真 SAR 图像	(116, 75)	18.9 km	35.7 km
真实 SAR 图像	(113, 71)	18.7 km	35.4 km
绝对/相对误差	(3, 4) / —	0.2 km/0.011	0.3 km/0.008

对比仿真 SAR 图像与真实 SAR 图像的涡旋信息提取结果,可以发现两幅图像中涡旋的中心位置较为一致,方位向和距离向上仅相差 3~4 个像素点,涡旋直径及边缘长度的相对误差均不超过 0.011。综上所述,本章提出的海洋涡旋 SAR 成像模型能够实现气旋式涡旋的 SAR 图像仿真,并且仿真 SAR 图像与真实 SAR 图像能够较好地吻合。

3.2.2　反气旋式涡旋仿真实验

第 3.2.1 节对气旋式涡旋进行了仿真实验,本节将针对反气旋式涡旋进行仿真实验。图 3.10 是一幅 ENVISAT ASAR 图像,图像获取时间为 2010.06.11,01:51:48 UTC,获取地点在吕宋海峡。图中 Frame C 处为一个反气旋式涡旋。将 Frame C 处的涡旋截取出来,截取图像尺寸为 24 km×24 km,如图 3.11 所示。ENVISAT ASAR 图像的具体雷达参数和平台参数如表 3.4 所示。

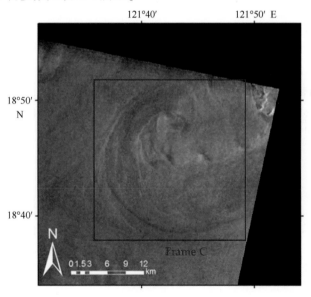

图 3.10　吕宋海峡获取的 ENVISAT ASAR 图像

表 3.4　ENVISAT ASAR 参数

卫星	极化方式	波段	雷达视向	入射角	平台高度	平台速度
ENVISAT	HH	C	180°	26.7°	800 km	7 455 m/s

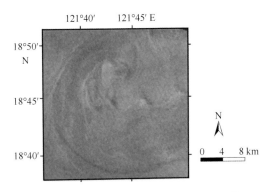

图 3.11　Frame C 处截取的涡旋 SAR 图像

从 ECMWF 获取 2010.06.11，03：00：00 时刻且与 SAR 图像相同经纬度的风场再分析资料，根据数据显示，涡旋区域附近的风速为 2.1 m/s，风向为 45°。从 GODAS 获取相同位置的 5 日平均流场再分析资料，根据数据显示，涡旋区域附近的流速为 0.23 m/s。因此，设置参数 α 为 0.000 129，v 为 0.027 9，Γ_0 为 0.018 4。雷达参数设置为表 3.4 中 ENVISAT 卫星参数，流场大小设置为 24 km×24 km。

图 3.12 是仿真 SAR 图像与真实 SAR 图像的对比图，图 3.12（b）是图 3.11 中的 ENVISAT ASAR 图像，图 3.12（a）是相同雷达参数、海面风场条件下的仿真 SAR 图像。对比（a）、（b）两图发现，仿真结果与实际 SAR 图像中的涡旋形状几乎一致，涡旋边缘的亮暗特征也很吻合。从顺时针方向看，涡旋边缘线从外到内呈现为由亮到暗的特征。说明本章提出的涡旋 SAR 成像模型能够实现对反气旋式涡旋的 SAR 图像仿真，初步验证了模型的正确性。

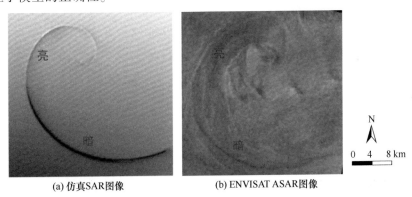

(a) 仿真SAR图像　　　　　　(b) ENVISAT ASAR图像

图 3.12　相同参数下仿真 SAR 图像与 ENVISAT ASAR 图像对比

为了定量分析涡旋 SAR 成像模型的有效性，对比仿真 SAR 图像与真实 SAR 图像的中涡旋的相似性，同样采用基于对数螺旋线边缘拟合的 SAR 图像涡旋特征提取方法，提取涡旋的特征参数。得到涡旋拟合结果如图 3.13 所示，提取的涡旋的特征参数如表 3.5 所示。

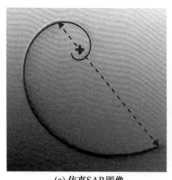
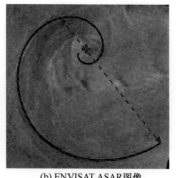

(a) 仿真SAR图像　　　　　　　(b) ENVISAT ASAR图像

图 3.13　仿真 SAR 图像与 ENVISAT ASAR 图像涡旋信息提取

表 3.5　涡旋特征参数提取结果

SAR 图像	涡旋中心位置	涡旋直径	涡旋边缘长度
仿真 SAR 图像	(144, 78)	24.0 km	49.4 km
真实 SAR 图像	(147, 81)	23.9 km	49.7 km
绝对/相对误差	(3, 3) / —	0.1 km/0.004	0.3 km/0.006

对比仿真 SAR 图像与真实 SAR 图像的涡旋信息提取结果,可以发现两幅图像中涡旋的中心位置较为接近,方位向和距离向上均相差 3 个像素点,涡旋直径及边缘尺寸相对误差均不超过 0.006,这进一步验证了仿真模型的正确性,说明本章提出的海洋涡旋 SAR 成像模型能够实现反气旋式涡旋的 SAR 图像仿真。

3.2.3　海洋涡旋 SAR 成像特征分析

3.2.3.1　气旋式涡旋成像特征分析

将第 3.2.1 节中气旋式涡旋的仿真结果放到一起,如图 3.14 所示。由于获得的实际 SAR 图像均在北半球,气旋涡沿逆时针方向旋转。通过对比仿真 SAR 图像与真实 SAR 图像,可以发现,从逆时针方向看,涡旋边缘线从外到内呈现亮暗交替变化的特征,图 3.14(a)、(b)中,以最长的涡旋边缘线为例,亮暗特征为由亮—暗—亮—暗,图 3.14(c)、(d)中,亮暗特征为由亮—暗—亮。假设一次由暗到亮或由亮到暗的变化为一个变化周期,那么可以看出亮暗交替变化的周期与涡旋臂的曲率有关,涡旋臂的曲率越大,涡旋边缘上亮暗交替的周期越多。该结论与 Lyzenga 等人(Lyzenga and Weckerman,1997)研究结果一致,即涡旋边缘在 SAR 图像中会呈现亮暗交替变化的特征。

3.2.3.2　反气旋式涡旋成像特征分析

第 3.2.2 节中反气旋式涡旋的仿真结果如图 3.15 所示。由于获得的实际 SAR 图像

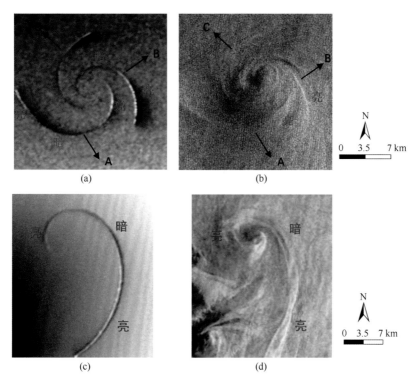

图 3.14　气旋式涡旋仿真结果与实际 SAR 图像对比

在北半球，反气旋涡沿顺时针方向旋转。通过对比仿真 SAR 图像与真实 SAR 图像，可以发现，从顺时针方向看，涡旋边缘线从外到内也呈现亮暗交替变化的特征，亮暗特征为由亮到暗。由于反气旋式涡旋臂的曲率较小，涡旋边缘上亮暗交替特征变化的周期较少。该结论与文献（Lyzenga and Weckerman，1997）中的研究结果一致。

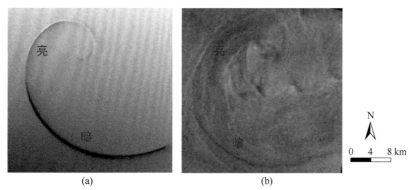

图 3.15　反气旋式涡旋仿真结果与实际 SAR 图像对比

通过以上分析可以得出结论，无论气旋涡还是反气旋涡，其边缘线在 SAR 图像中都会呈现亮暗交替变化的特征。这种亮暗特征的变化是由雷达后向散射引起的布拉格波谱密度变化导致的（Mitnik et al.，2000）。而且亮暗交替变化的周期与涡旋臂的曲率有关，涡旋臂的曲率越大，涡旋边缘亮暗交替的周期越多。

综上所述，本章提出了一种海洋涡旋 SAR 成像仿真模型，分别针对气旋式涡旋与反气旋式涡旋进行了仿真实验。通过仿真 SAR 图像与真实 SAR 图像对比验证发现，提出的模型能够实现气旋式涡旋和反气旋式涡旋的 SAR 图像仿真，且仿真结果与真实 SAR 图像能够较好地吻合，从定性和定量角度验证了所提出模型的正确性和有效性。由于真实的 SAR 图像会受到各种环境因素和雷达参数的影响，利用 SAR 不能够获取全部的涡旋特征。本书提出的 SAR 图像仿真方法能够弥补这种不足，可以清晰地获取涡旋的尺度、亮暗等特征，这为海洋涡旋 SAR 图像特征的提取提供了便利。

在实际海洋中，除波–流交互作用外，海表面温度、大气边界层的变化对海面粗糙度也会产生影响，这部分的影响目前难以通过构建模型来考虑，因此仿真的 SAR 图像与真实 SAR 图像之间会存在一定误差。我们所看到的真实涡旋 SAR 图像中，有相当一部分涡旋图像特征也正是因此没有明显地呈现出来。本书提出的海洋涡旋 SAR 成像仿真模型及仿真结果主要针对波–流交互作用机制产生的涡旋，对于其他类型涡旋，如油膜机制涡旋、热机制涡旋、冰机制涡旋等，尚需要进一步研究。

第 4 章　雷达参数和海洋环境对涡旋SAR 成像的影响分析

由于海洋涡旋的 SAR 成像过程较为复杂，涡旋的 SAR 成像特征容易受到海面风场、海面流场以及雷达系统参数等因素的影响，在何种情况下使用何种雷达成像参数可达到最佳的涡旋成像效果，这是 SAR 海洋涡旋探测中的一个重要问题。为了能够解译 SAR 图像中的涡旋特征，评估雷达参数和不同海况条件对涡旋 SAR 成像特征的影响，需要基于合理的海洋涡旋 SAR 成像模型，模拟雷达后向散射系数图像，对海洋涡旋的 SAR 成像特征进行系统性的研究与讨论。

本章将基于第 3 章建立的海洋涡旋 SAR 成像仿真模型，分别仿真不同海洋环境和雷达观测条件下的涡旋 SAR 图像，针对雷达参数、海面风场、涡旋流场对 SAR 涡旋成像的影响进行系统分析，可以为星载 SAR 海洋涡旋优化观测方案设计提供建议。

4.1　海洋涡旋 SAR 成像影响分析方法

本章将分别从涡旋亮暗特征、涡旋边缘线对比度、涡旋 SAR 图像后向散射值反差度三个方面来分析不同参数对涡旋成像的影响。下面分别对这三个方面进行介绍。

1）涡旋亮暗特征

涡旋亮暗特征包括涡旋边缘亮暗特征和涡旋区域亮暗特征两个方面。前文曾经提到视线方向、风向对涡旋亮暗特征具有影响，本章基于仿真手段来分析各种参数对涡旋边缘亮暗特征和涡旋区域亮暗特征的影响。

2）涡旋边缘线对比度

这里使用涡旋边缘线对比度 $\Delta\sigma$ 来表征 SAR 图像中涡旋边缘的清晰度，$\Delta\sigma$ 的计算方式是将几条边缘线上的后向散射值与边缘线两侧的背景流场进行对比，$\Delta\sigma$ 越大，涡旋边缘越清晰。$\Delta\sigma$ 具体计算步骤如下：

（1）以一个具有 3 条边缘线（分别为 A、B、C）的涡旋为例，如图 4.1（a）所示，在边缘线 A 上沿顺时针方向以 5 个像素点为间隔取 10 个点 A_1，A_2，$\cdots$，A_{10}，其中选取的 A_1 点要与涡旋眼区有一定距离（即距离其他边缘线有一定距离），这是为了避免求取对比度时其他边缘线的干扰，同样地在边缘线 B 上选取 10 个点 B_1，B_2，$\cdots$，B_{10}，在边缘线 C 上选取 10 个点 C_1，C_2，$\cdots$，C_{10}；

（2）以点 A_i（$i=1$，$\cdots$，10）为例，求边缘线在该点的法线，如图 4.1（b）所示；

（3）根据计算的法线方程，以 A_i（$i=1$，$\cdots$，10）点为中心，与 A_i 相隔 5 个像素点分别在边缘线左右两侧的法线上各取 10 个点进行分析，则 A_i 点的对比度为 $\Delta\sigma_{A_i}=\max(\,|\,\sigma_{A_i}-\sigma_{Lmin}\,|\,,\,\,|\,\sigma_{A_i}-\sigma_{Rmin}\,|\,)dB$，其中，$\sigma_{A_i}$ 为 A_i 点的后向散射值，σ_{Lmean} 为 A_i 点左

侧 10 个点后向散射值的平均值，σ_{Rmean} 为 A_i 点右侧 10 个点后向散射值的平均值；

（4）边缘线 A 的对比度为 $\Delta\sigma_A = \max(\Delta\sigma_{A_i})$；

（5）同样地，可以求取边缘线 B 和 C 的对比度 $\Delta\sigma_B$、$\Delta\sigma_C$；

（6）选取三条边缘线对比度最大的值 $\Delta\sigma = \max(\Delta\sigma_A, \Delta\sigma_B, \Delta\sigma_C)$ 作为涡旋边缘线的对比度。

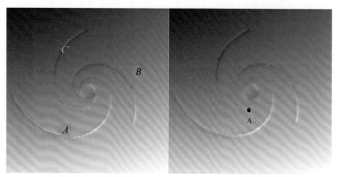

(a) 涡旋的三条边缘线　　　　　(b) A_i 点的法线

图 4.1　涡旋边缘线及 A_i 点法线示意图

3）涡旋 SAR 图像后向散射值反差度

涡旋区域后向散射值反差度 $\Delta\sigma_r$ 表示整个涡旋区域后向散射值的变化范围。以一个大小为 $N \times N$ 的涡旋区域为例，它的后向散射值反差度为 $\Delta\sigma_r = \sigma_{\max} - \sigma_{\min}$，其中，$\sigma_{\max} = \max_{i=1, j=1}^{i=N, j=N}(\sigma_{ij})$，$\sigma_{\min} = \min_{i=1, j=1}^{i=N, j=N}(\sigma_{ij})$。

本章所考虑的各参数如表 4.1 所示，其中雷达参数包括雷达视向、雷达频段、极化方式、入射角，海面风场参数包括风向、风速，涡旋流场参数包括流速、流向。平台参数根据 ERS-2 卫星参数设置，平台高度为 780 km，平台速度为 7 500 m/s。这里雷达为左侧视雷达，定义雷达视线方向与流场 x 轴沿逆时针方向的夹角定义为视向夹角，分别考虑雷达视向分别为 0°、90°、180°、270° 的情况。雷达频段分别考虑 L、C、X、Ku 波段，极化方式考虑 HH、VV、HV、VH 极化，入射角考虑 15°、25°、45°、65° 情况。海面风速分别考虑 3 m/s、5 m/s、7 m/s、9 m/s 情况，海面风向考虑 45°、135°、225°、315° 情况。涡旋流速考虑了 0.2 m/s、0.6 m/s、1 m/s、1.5 m/s 情况，涡旋流向考虑顺时针和逆时针情况。

表 4.1　仿真采用的参数

仿真参数	参数值
平台高度	780 km
平台速度	7 500 m/s
雷达视向	0°、90°、180°、270°
雷达频段	L、C、X、Ku
极化方式	HH、VV、HV、VH

仿真参数	参数值
入射角	15°、25°、45°、65°
海面风速	3 m/s、5 m/s、7 m/s、9 m/s
海面风向	45°、135°、225°、315°
涡旋流速	0.2 m/s、0.6 m/s、1.0 m/s、1.5 m/s
涡旋流向	顺时针、逆时针

4.2 雷达参数对涡旋 SAR 成像的影响分析

本节研究雷达参数对海洋涡旋 SAR 成像特征的影响，包括雷达视向、雷达频率、极化方式以及入射角对涡旋成像特征的影响。

4.2.1 雷达视向的影响

本节分析雷达视向对海洋涡旋 SAR 成像特征的影响，分别设置雷达视向夹角为 0°、90°、180°、270°。仿真中设置海面风场和涡旋流场参数不变，参数如表 4.2 所示。海面风速设置为 5 m/s，风向设置为 225°，涡旋流速为 1.5 m/s，涡旋流向为逆时针。仿真得到的涡旋二维流场如图 4.2 所示，流场大小为 25 km×25 km，流场值为归一化显示。图 4.2 中红色箭头代表雷达视向，对应的雷达视向夹角分别为 0°、90°、180°、270°，黑色箭头为风向和流场 x 轴方向。

表 4.2　海面风场和涡旋流场参数

仿真参数	参数值
海面风速	5 m/s
海面风向	225°
涡旋流速	1.5 m/s
涡旋流向	逆时针

以入射角 25°、C 波段、HH 极化条件为例，不同雷达视向下的仿真 SAR 图像如图 4.3 所示。图中（a）～（d）分别对应雷达视向夹角 0°、90°、180°、270°仿真 SAR 图像。对比图（a）～（d）可以看出，涡旋边缘出现亮暗交替变化，且亮暗变化特征与雷达视向有关。在视向 0°和 180°条件下，沿逆时针流场方向看，涡旋边缘特征均是由暗变亮，再由亮变暗。在视向 90°和 270°条件下，涡旋边缘特征均是由亮变暗，再由暗变亮。可以得出在两个平行视向下，涡旋边缘的亮暗特征变化相同。在两个正交视向

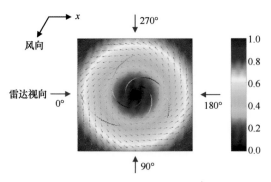

图 4.2　涡旋二维流场

下，如视向 0° 和 90°，涡旋边缘的亮暗特征则刚好相反。另外，观察仿真结果可以看到每个视线方向下获得的涡旋 SAR 图像均是在左上部分比较暗，右下部分比较亮，在第 4.3.1 节中将会分析这是由于风向引起的。从定性特征可以得出结论，雷达视向决定了涡旋边缘的亮暗变化，但对涡旋整体区域的亮暗变化不会产生影响。

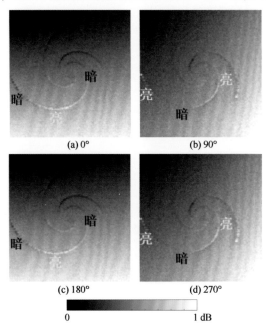

图 4.3　不同视向条件下涡旋仿真 SAR 图像

为了验证上述结论并定量分析雷达视向对涡旋 SAR 成像特征的影响，计算了不同雷达视向下的涡旋边缘 NRCS 对比度 $\Delta\sigma_e$ 和 SAR 图像 NRCS 对比度 $\Delta\sigma$，如图 4.4 所示。这里为了表明结论的一致性，同时考虑了 L、C、X 和 Ku 波段条件下，雷达视向对 $\Delta\sigma_e$ 和 $\Delta\sigma$ 的影响。为了降低随机噪声对 SAR 图像亮暗特征产生的影响，图 4.4 为 50 次蒙特卡洛重复实验结果的平均值。

从图 4.4 可以看出，无论在何种频段下，视向 0° 和 180° 条件下 $\Delta\sigma_e$ 的值相同，$\Delta\sigma$ 的值也相同，视向 90° 和 270° 条件下也可以得到相同的结论，这也从数值上解释了为何

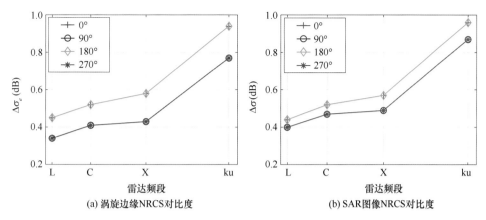

图 4.4　不同雷达视向下涡旋边缘 NRCS 对比度和 SAR 图像 NRCS 对比度

图 4.3 中平行视向下涡旋的亮暗特征相同。在两个正交视向下，0°、180° 与 90°、270° 视向 $\Delta\sigma_e$、$\Delta\sigma$ 的值存在一定差异。例如，在 C 波段 0° 和 90° 视向下，$\Delta\sigma_e$ 值相差 0.18 dB，$\Delta\sigma$ 值相差 0.08 dB。这表明雷达视向对于涡旋边缘对比度的影响大于 SAR 图像对比度的影响，雷达视向主要影响涡旋的边缘特征和涡旋在 SAR 图像中的可见度。此外，当视向为 0° 和 180° 时，$\Delta\sigma_e$ 的值较大，这意味着此条件下涡旋特征较为明显，更有利于 SAR 探测涡旋。另一方面，随着雷达频率的增加，$\Delta\sigma_e$ 和 $\Delta\sigma$ 的值逐渐增大，说明雷达频率越高涡旋的特征越明显。在下一节中将详细分析雷达频段对成像特征的影响。

　　综合上述对定性特征和定量特征的分析，雷达视向对涡旋边缘的亮暗特征有显著影响，对涡旋整体区域的亮暗特征几乎没有影响，雷达视向主要影响涡旋在 SAR 图像中的可见度。图 4.3（a）仿真 SAR 图像与图 1.30 理想反气旋成像几何表现一致，当视向为 0° 时，流场方向为逆时针方向，在流场方向迎着雷达视线方向一侧，涡旋边缘呈现暗-亮-暗的交替变化特征，与理想反气旋式涡旋的亮暗特征刚好相反，符合气旋涡的成像特征理论。此外，两个正交视向下涡旋亮暗特征相反的结论与文献（Lyzenga and Wackerman，1997）中对 ERS-1 SAR 涡旋图像的观测结果一致，验证了结论的有效性。

4.2.2　雷达频段的影响

　　本节分析雷达频段对海洋涡旋 SAR 成像特征的影响，分别设置雷达频段为 L、C、X、Ku 波段，对应中心频率分别 1.25 GHz、5.66 GHz、9.6 GHz 和 13.58 GHz。这里 Ku 波段频率设置与天宫二号近天底角 InSAR 的雷达载频相同。仿真中设置海面风场和涡旋流场参数不变，参数如表 4.2 所示。输入的仿真涡旋二维流场如图 4.2 所示。

　　以入射角 25°、雷达视向角 0°、HH 极化条件为例，不同雷达频段下的仿真 SAR 图像如图 4.5 所示。图中（a）～（d）分别对应 L、C、X、Ku 波段仿真 SAR 图像。对比图（a）～（d），涡旋逆时针旋转，涡旋边缘从外到内均呈现暗—亮—暗特征，说明雷达频段不会对涡旋边缘的亮暗变化特征产生影响。从涡旋区域整体亮暗特征来看，SAR 图像左上部分相对较暗，右下部分相对较亮，在后面的分析中将会看到这种亮暗区域的变化是由风向导致的。从定性特征可以看出，雷达频段不会对涡旋边缘和整体区域的亮暗特征产生影响。但在不同频段下，SAR 图像中涡旋边缘的清晰度可以看出明显差异，下面将进行定量分析。

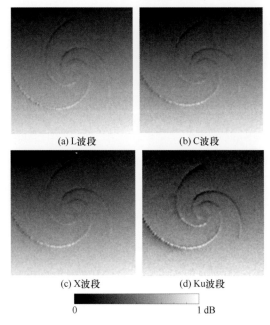

(a) L波段   (b) C波段

(c) X波段   (d) Ku波段

0   1 dB

图 4.5 不同雷达频段下涡旋仿真 SAR 图像

计算不同雷达频段条件下的涡旋边缘 NRCS 对比度 $\Delta\sigma_e$ 和 SAR 图像 NRCS 对比度 $\Delta\sigma$，如图 4.6 所示。为了降低随机噪声对 SAR 图像亮暗特征产生的影响，图 4.6 为 50 次蒙特卡洛重复实验结果的平均值。

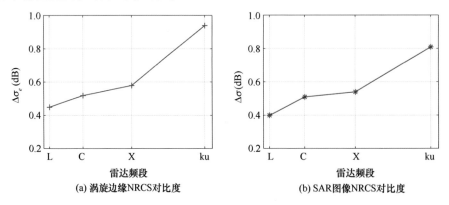

(a) 涡旋边缘NRCS对比度   (b) SAR图像NRCS对比度

图 4.6 不同雷达频段下涡旋边缘 NRCS 对比度和 SAR 图像 NRCS 对比度

从图 4.6 可以看出，随着雷达频率升高，涡旋边缘 NRCS 对比度 $\Delta\sigma_e$ 和 SAR 图像 NRCS 对比度 $\Delta\sigma$ 均呈现增大趋势。这说明雷达频率越高，涡旋边缘特征在 SAR 图像中越明显，涡旋 SAR 图像的亮度对比度也越明显。由于在低风速（$U<10$ m/s）条件下，包括毛细波和短重力波在内的海面微尺度波是入射电磁波的主要散射体，回波主要来自

海面微尺度波的 Bragg 散射能量。在 Bragg 共振散射条件下，X 波段雷达与毛细波（波长 1.8～3.2 cm）共振，C 波段与重力-毛细波（波长 3.3～8.7 cm）共振，L 波段与短重力波（14～15 cm）共振。图 4.6 的结果表明海面毛细波、重力-毛细波、短重力波是海洋涡旋的重要组成部分。仿真过程中设定入射角为 25°，在此条件下 L 波段雷达非 Bragg 波对回波的贡献可达到 Bragg 波的 10%，因此 Bragg 共振散射条件下，涡旋边缘 NRCS 对比度较低。

上述结果中雷达频率越高，涡旋边缘 NRCS 对比度 $\Delta\sigma_e$ 和 SAR 图像 NRCS 对比度 $\Delta\sigma$ 的值越大，参考现有的理论，这一结论可能的解释是随着雷达频率的升高，散焦效应变小。根据合成孔径雷达成像原理，在合成孔径时间内合成较大的虚拟孔径，实现沿飞行方向的高分辨率。然而，沿飞行方向的最佳分辨率受到其实际天线孔径长度的限制，该长度是天线孔径的一半。若要获得最佳分辨率，合成孔径时间应为（Gumming and Wong，2005）

$$T = 0.886 \frac{cR}{DV_{SAR}f} \tag{4.1}$$

其中，T 是 SAR 合成孔径时间，c 是光速，R 是平台与成像目标之间的最近距离，D 是实际天线孔径，V_{SAR} 是平台速度，f 是雷达频率。合成孔径时间实际上就是目标后向散射能量得到较好聚焦的积分时间。根据公式，对于同一组天线，较高的雷达频率，需要较长的积分时间。然而，在积分时间内，运动目标会出现散焦现象，这是不可避免的，尤其是对海面进行成像。当发生散焦时，能量会分散到多个分辨率单元中，使涡旋边缘与海面背景的对比度降低。因此，在雷达频率较高的情况下，涡旋 SAR 图像由于积分时间较短，散焦较小，涡旋边缘较明显，亮度对比度较大。

综合上述对定性特征和定量特征的分析，雷达频段对涡旋边缘和涡旋区域的亮暗特征没有明显影响，但是对涡旋边缘 NRCS 对比度 $\Delta\sigma_e$ 和 SAR 图像 NRCS 对比度 $\Delta\sigma$ 有显著影响。雷达频率越高，SAR 图像中涡旋边缘特征越明显，涡旋成像效果越好。因此 SAR 观测涡旋时，Ku 波段优于 X 波段、C 波段、L 波段。

4.2.3 极化方式的影响

本节分析极化方式对海洋涡旋 SAR 成像特征的影响，分别设置极化方式为 HH、VV、HV、VH。仿真中设置海面风场和涡旋流场参数不变，参数如表 4.2 所示。输入的仿真涡旋二维流场如图 4.2 所示。

以入射角 25°、雷达视向角 0°、C 波段条件为例，不同极化方式下的仿真 SAR 图像如图 4.7 所示。从图（a）、（b）可以看到，沿逆时针方向涡旋边缘从外到内均呈现暗-亮-暗特征，说明极化方式不会对涡旋边缘的亮暗变化特征产生影响。图（c）、（d）中涡旋边缘的亮暗特征较不明显，涡旋边缘对比度明显下降。从涡旋区域整体亮暗特征来看，仍然是左上部分相对较暗，右下部分相对较亮，在后面的分析中将会看到这种亮暗区域的变化是由风向导致的。从定性特征可以得到，极化方式不会对涡旋边缘和整体区域的亮暗特征产生影响，但会影响涡旋边缘对比度。

下面定量分析极化方式对涡旋 SAR 成像特征的影响，计算了不同极化条件下的涡旋

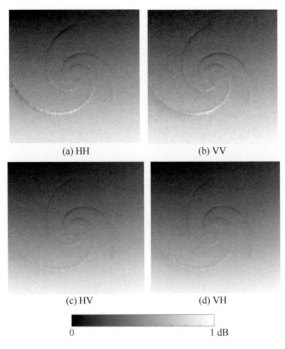

(a) HH   (b) VV

(c) HV   (d) VH

0   1 dB

图 4.7　不同极化方式下涡旋仿真 SAR 图像

边缘 NRCS 对比度 $\Delta\sigma_e$ 和 SAR 图像 NRCS 对比度 $\Delta\sigma$，如图 4.8 所示。为了降低随机噪声对 SAR 图像亮暗特征产生的影响，图 4.8 为 50 次蒙特卡洛重复实验结果的平均值。

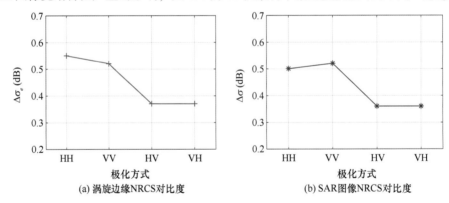

(a) 涡旋边缘NRCS对比度   (b) SAR图像NRCS对比度

图 4.8　不同极化方式下涡旋边缘 NRCS 对比度和 SAR 图像 NRCS 对比度

　　从图 4.8（a）可以看出，在 HH 极化下，涡旋边缘 NRCS 对比度 $\Delta\sigma_e$ 的值最大，VV 极化下次之，HV 极化和 VH 极化下 $\Delta\sigma_e$ 的值最小。这说明在 HH 极化下，涡旋边缘特征在 SAR 图像中最为明显，在交叉极化下，涡旋边缘特征则较弱。从图 4.8（b）可以看出，在 VV 极化下，SAR 图像 NRCS 对比度 $\Delta\sigma$ 最大，HH 极化次之，HV 极化和 VH 极化 $\Delta\sigma$ 的值最小。这表明在 VV 极化下 SAR 图像亮度对比度最为明显。另外，在 HV 极化下和 VH 极化下，$\Delta\sigma_e$ 和 $\Delta\sigma$ 的值相同，涡旋成像效果没有明显差异。

　　图 4.9（a）和（b）是 2007 年 2 月 18 日台湾岛东部海域获取的 ENVISAT HH 极化

和 VV 极化 ASAR 图像，图像中为形成初期的海洋涡旋。图（c）为 HH 极化和 VV 极化 SAR 图像涡旋区域 NRCS 对比度。从图中可以看到，HH 极化下涡旋 NRCS 对比度明显高于 VV 极化，而 VV 极化 SAR 图像整体海面较亮，涡旋特征较不明显。该图像表明 HH 极化对涡旋的观测能力要强于 VV 极化，与本节仿真分析得到的结论一致，验证了仿真结果与结论的正确性。

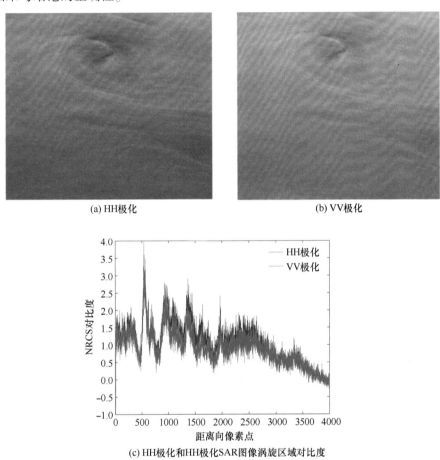

(a) HH极化　　　　　　　　　　　　(b) VV极化

(c) HH极化和HH极化SAR图像涡旋区域对比度

图 4.9　台湾岛东部海域涡旋 ENVISAT ASAR HH 极化和 VV 极化图像对比

综合上述对定性特征和定量特征的分析，极化方式对涡旋边缘和涡旋区域的亮暗特征变化没有明显影响，但是对涡旋边缘 NRCS 对比度 $\Delta\sigma_e$ 和 SAR 图像 NRCS 对比度 $\Delta\sigma$ 有显著影响。在 HH 极化下，涡旋的 SAR 成像效果最佳，在交叉极化下，涡旋的 SAR 成像效果最差。

4.2.4　入射角的影响

本节分析入射角对海洋涡旋 SAR 成像特征的影响。仿真中保持海面风场和海面流场参数不变，分别设置入射角为 15°、25°、45°、65°。仿真中设置海面风场和涡旋流场参数不变，参数如表 4.2 所示。输入的仿真涡旋二维流场如图 4.2 所示。

以雷达视向角0°、C波段、HH极化条件为例，不同入射角下的仿真SAR图像如图4.10所示。从图（a）~（d）可以看到，沿逆时针方向涡旋边缘从外到内均呈现暗-亮-暗特征，说明入射角不会对涡旋边缘的亮暗变化特征产生影响。从涡旋区域整体亮暗特征来看，仍然是左上部分相对较暗，右下部分相对较亮，该现象是由风向所致。但相比其他入射角条件，在15°入射角下，涡旋SAR图像整体特征相对较亮，这是由于在小入射角情况下，电磁回波来自海面准镜面反射的能量大大增强。而在SAR中等入射角下，海面回波主要以Bragg散射能量为主。因此，在15°入射角条件下，涡旋SAR图像整体呈现较亮特征。从上述定性特征的描述可以得到，入射角不会对涡旋边缘的亮暗特征产生影响，但是对涡旋区域整体的亮暗特征有显著影响。

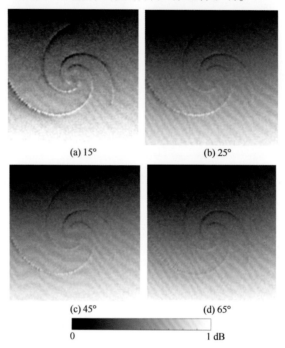

(a) 15°　　　　　　　　　　(b) 25°

(c) 45°　　　　　　　　　　(d) 65°

0　　　　　　　　　　1 dB

图4.10　不同入射角下涡旋仿真SAR图像

下面定量分析入射角对涡旋SAR成像特征的影响，计算了不同入射角条件下的涡旋边缘NRCS对比度$\Delta\sigma_e$和SAR图像NRCS对比度$\Delta\sigma$，如图4.11所示。为了降低随机斑点噪声对SAR图像亮暗特征产生的影响，图4.11为50次蒙特卡洛重复实验结果的平均值。

从图4.11（a）、（b）可以看出，随着入射角的增大，涡旋边缘NRCS对比度$\Delta\sigma_e$和SAR图像NRCS对比度$\Delta\sigma$均逐渐减小。这说明入射角越小，涡旋边缘特征在SAR图像中越明显，涡旋SAR图像的亮度对比度也越明显。在15°入射角条件下，$\Delta\sigma_e$和$\Delta\sigma$的值要明显大于中等入射角25°~65°条件。这是因为经典SAR海面成像理论认为，在20°~60°的中等入射角下，海面回波以Bragg散射能量为主，此时的回波能量要弱于小入射角的（小于15°）情况。

综合上述对定性特征和定量特征的分析，入射角对涡旋边缘和涡旋区域的亮暗特征

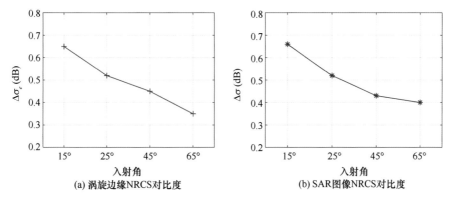

图 4.11　不同入射角下涡旋边缘 NRCS 对比度和 SAR 图像 NRCS 对比度

变化没有明显影响，但是对涡旋边缘 NRCS 对比度 $\Delta\sigma_e$ 和 SAR 图像 NRCS 对比度 $\Delta\sigma$ 有显著影响。入射角越小，涡旋边缘特征在 SAR 图像中越明显，涡旋的成像效果越好。因此在 SAR 对海洋涡旋进行观测时，小入射角的设计会为涡旋的探测提供优势。

4.3　海面风场对涡旋 SAR 成像的影响分析

本节研究海面风场对海洋涡旋 SAR 成像特征的影响，包括海面风向、风速对涡旋成像特征的影响。

4.3.1　海面风向的影响

仿真中设置雷达参数和涡旋流场参数不变，参数如表 4.3 所示。雷达视向设置为 0°，雷达频段为 C 波段，极化方式为 HH 极化，入射角为 25°，涡旋流速为 1.5 m/s，涡旋流向为逆时针。这里定义风向与流场 x 轴沿逆时针方向的夹角为风向夹角，分别设置海面风向夹角为 45°、135°、225°、315°，则对应的风向与雷达视向夹角分别为 45°、135°、225°、315°。输入的仿真涡旋二维流场如图 4.12 所示，流场大小为 25 km×25 km，流场值为归一化显示，图中红色箭头代表雷达视向，黑色箭头为流场 x 轴和 y 轴方向。

表 4.3　雷达参数和涡旋流场参数

仿真参数	参数值
平台高度	780 km
平台速度	7 500 m/s
雷达视向	0°
雷达频段	C
极化方式	HH
入射角	25°
涡旋流速	1.5 m/s
涡旋流向	逆时针

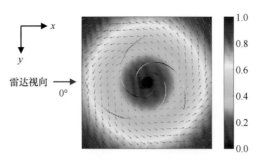

图 4.12 涡旋二维流场

以海面风速 5 m/s 条件为例，不同风向下的仿真 SAR 图像如图 4.13 所示。图（a）~（d）对应的风向与雷达视向夹角分别为 45°、135°、225°、315°。红色箭头代表风向，蓝色箭头代表涡旋流场的旋转方向。从图（a）~（d）可以看出，风向改变后，SAR 图像的亮暗特征发生了变化。以 SAR 图像对角线为分界线，在流场方向迎着风向一侧，SAR 图像较亮，在流场方向背着风向一侧，SAR 图像较暗。该现象表明风向决定了 SAR 图像涡旋区域的亮暗特征，虽然在不同风向下涡旋边缘的亮暗特征也发生了变化，但是该变化是由整个区域 SAR 图像的亮度变化引起的，当对角线一侧呈现较亮特征时，其中的涡旋边缘也呈现较亮特征。

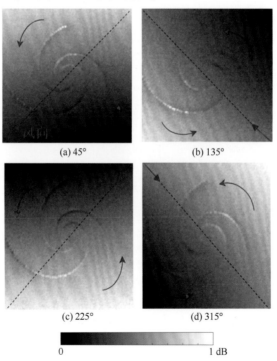

图 4.13 不同海面风向下涡旋仿真 SAR 图像

为了进一步分析风向对涡旋 SAR 成像特征的影响，计算了不同入射角条件下的涡旋边缘 NRCS 对比度 $\Delta\sigma_e$ 和 SAR 图像 NRCS 对比度 $\Delta\sigma$，如图 4.14 所示。为了降低随机斑点噪声对 SAR 图像亮暗特征产生的影响，图 4.14 为 50 次蒙特卡洛重复实验结果的平均值。

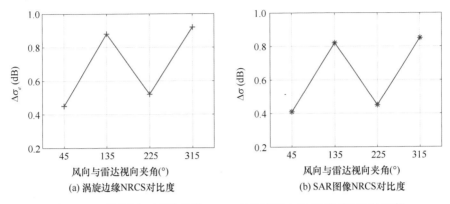

图 4.14　不同风向下涡旋边缘 NRCS 对比度和 SAR 图像 NRCS 对比度

从图 4.14 可以看出，当风向与雷达视向夹角为 135°和 315°时，涡旋边缘 NRCS 对比度 $\Delta \sigma_e$ 和 SAR 图像 NRCS 对比度 $\Delta \sigma_e$ 的值较大，当风向与雷达视向夹角为 45°和 225°时，$\Delta \sigma_e$ 和 $\Delta \sigma_e$ 的值相对较小，且在对称风向下，$\Delta \sigma_e$ 和 $\Delta \sigma_e$ 的值较为接近。该现象说明风向对于涡旋边缘亮暗特征和涡旋区域整体的亮暗特征均有影响，但是从图 4.13 可以看到，涡旋边缘的亮暗变化主要是由于 SAR 图像的亮暗对调产生的，因此风向变化主要影响的还是 SAR 图像的整体亮暗特征。当风向与雷达视向夹角为 315°时，涡旋边缘 NRCS 对比度和 SAR 图像 NRCS 对比度最大，涡旋成像效果最佳。

综合上述对定性特征和定量特征的分析，海面风向主要影响 SAR 图像涡旋区域整体的亮暗特征，流场方向迎着风向的一侧较亮，流场方向背着风向一侧则较暗。从第3.2.1 节中实际 SAR 数据和仿真 SAR 图像对比（图 3.5）也可以得到该结论，图 3.5（a）、（b）右下部分均呈现较亮特征，间接验证了上述结论。

4.3.2　海面风速的影响

本节分析海面风速对海洋涡旋 SAR 成像特征的影响，分别设置海面风速为 3 m/s、5 m/s、7 m/s、9 m/s。仿真中设置雷达参数和涡旋流场参数不变，参数如表 4.3 所示。雷达视向设置为 0°，雷达频段为 C 波段，极化方式为 HH 极化，入射角为 25°，涡旋流速为 1.5 m/s，涡旋流向为逆时针。输入的仿真涡旋二维流场如图 4.12 所示。

以风向与雷达视向夹角 225°条件为例，不同风速下的仿真 SAR 图像如图 4.15 所示。图（a）~（d）对应的风速大小分别为 3 m/s、5 m/s、7 m/s、9 m/s。从图 (a) ~ (d) 可以看出，随着风速变化，涡旋边缘的亮暗特征变化并不大，沿逆时针方向，涡旋边缘从外到内均呈现暗—亮—暗特征，说明风速不会对涡旋边缘的亮暗变化特征产生影响。从涡旋区域整体亮暗特征来看，仍然是左上部分相对较暗，右下部分相对较亮，该现象是由风向所致。另外，随着风速逐渐增大，涡旋 SAR 图像呈现越来越亮的特征，说明风速主要影响的是涡旋区域整体的亮暗特征。

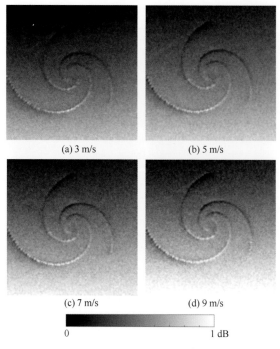

(a) 3 m/s   (b) 5 m/s

(c) 7 m/s   (d) 9 m/s

0   1 dB

图 4.15　不同海面风速下涡旋仿真 SAR 图像

为了进一步分析风速对涡旋 SAR 成像特征的影响，计算了不同入射角条件下的涡旋边缘 NRCS 对比度 $\Delta\sigma_e$ 和 SAR 图像 NRCS 对比度 $\Delta\sigma$，如图 4.16 所示。这里为了表明结论的一致性，同时考虑了 45°、135°、225°、315° 风向条件下，风速对 $\Delta\sigma_e$ 和 $\Delta\sigma$ 的影响。为了降低随机斑点噪声对 SAR 图像亮暗特征产生的影响，图 4.16 为 50 次蒙特卡洛重复实验结果的平均值。

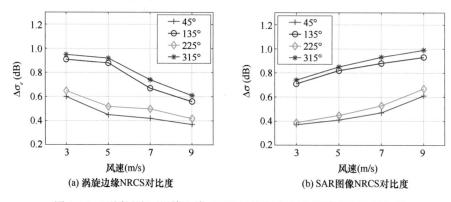

(a) 涡旋边缘NRCS对比度　　(b) SAR图像NRCS对比度

图 4.16　不同风速下涡旋边缘 NRCS 对比度和 SAR 图像 NRCS 对比度

从图 4.16 可以看出，无论在何种风向条件下，随着风速变化，涡旋边缘 NRCS 对比度 $\Delta\sigma_e$ 和 SAR 图像 NRCS 对比度 $\Delta\sigma$ 各自的变化规律是一致的。随着风速逐渐增大，$\Delta\sigma_e$ 的值逐渐减小，说明涡旋边缘在 SAR 图像中变得越不明显，而 $\Delta\sigma$ 的值随风速增大而增大，说明涡旋 SAR 图像整体的亮暗对比度增加。该结论与 Mitnik 等人（Mitnik et al.，2000）对涡旋 SAR 图像的分析一致。剪切波机制产生的涡旋能够在 SAR 图像中呈现，不仅受到波-流交互作用的影响，还需要合适的海面风场条件。波-流交互作用与风波交互作用共同调制了海表面粗糙度。当风速过小时，涡旋边缘特征不够明显，当风速过大时，海表面粗糙度会趋于均一，涡旋反而不易被 SAR 探测到。

综合上述对定性特征和定量特征的分析，海面风速会影响 SAR 图像涡旋区域整体的亮暗特征，风速越大，涡旋区域呈现越亮特征。与此同时，涡旋边缘随着风速的增加越不明显，而涡旋 SAR 图像对比度则越明显。在中风等速 5~7 m/s 条件下，涡旋的成像效果最佳。

4.4 涡旋流场对涡旋 SAR 成像的影响分析

本节研究涡旋流场对海洋涡旋 SAR 成像特征的影响，包括海涡旋流向、涡旋流速对涡旋成像特征的影响。

4.4.1 涡旋流向的影响

根据涡旋旋转方向的不同，可以将涡旋分为两种，气旋式涡旋和反气旋式涡旋。气旋式涡旋在北半球逆时针旋转，在南半球顺时针旋转，反气旋式涡旋正好相反。本节以气旋式涡旋为例，仿真涡旋逆时针旋转和顺时针旋转情况。仿真中设置雷达参数和海面风场参数不变，参数如表 4.4 所示。输入的仿真涡旋二维流场如图 4.17 所示，（a）为逆时针旋转流场，（b）为顺时针旋转流场，流场大小均为 25 km×25 km，流场值为归一化显示。表 4.5 给出了流场对应的水动力参数设置。

表 4.4　雷达参数和海面风场参数

仿真参数	参数值
平台高度	780 km
平台速度	7 500 m/s
雷达视向	0°
雷达频段	C
极化方式	HH
入射角	25°
海面风速	5 m/s
海面风向	225°

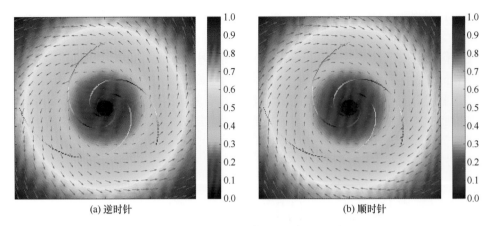

(a) 逆时针   (b) 顺时针

图 4.17　涡旋二维流场

表 **4.5**　涡旋水动力参数

图 4.17	α	Γ_0/v	V_{max}	流场方向
（a）	−0.030 8	10π	1.5 m/s	逆时针
（b）	0.030 8	10π	1.5 m/s	顺时针

以涡旋流速 1.5 m/s 条件为例，不同流向下的仿真 SAR 图像如图 4.18 所示。图（a）、（b）分别对应逆时针流向和顺时针流向。从图中可以看到，当涡旋流场的旋转方向改变后，涡旋边缘的亮暗特征和涡旋整体区域亮暗特征均发生了改变。在逆时针情况下，涡旋边缘由外到内呈现暗-亮特征，涡旋整体区域下半部分呈现较亮特征。在顺时针情况下，涡旋由外到内呈现亮-暗特征，涡旋整体区域上半部分呈现较亮特征。随着涡旋流场旋转方向的改变，涡旋边缘和 SAR 图像整体特征都发生了对调。因此，可以得到结论，涡旋流场的旋转方向对涡旋边缘和整体的亮暗特征具有显著影响。

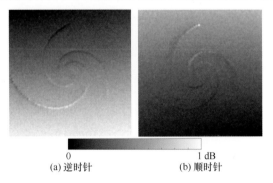

0   1 dB
(a) 逆时针   (b) 顺时针

图 4.18　不同涡旋流向下涡旋仿真 SAR 图像

为了进一步分析流向对涡旋 SAR 成像特征的影响，计算了不同涡旋流向下的涡旋边缘 NRCS 对比度 $\Delta\sigma_e$ 和 SAR 图像 NRCS 对比度 $\Delta\sigma$，如图 4.19 所示。这里为了表明结论的一致性，同时考虑了 0.2 m/s、0.6 m/s、1.0 m/s、1.5 m/s 流速条件下，涡旋流

速对 $\Delta\sigma_e$ 和 $\Delta\sigma$ 的影响。为了降低随机噪声对 SAR 图像亮暗特征产生的影响，图 4.19 为 50 次蒙特卡洛重复实验结果的平均值。

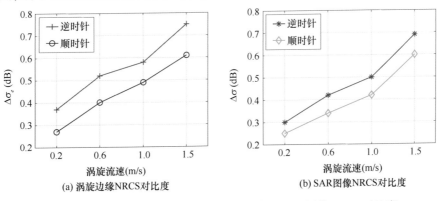

图 4.19　不同流速下涡旋边缘 NRCS 对比度和 SAR 图像 NRCS 对比度

从图 4.19 可以看出，无论涡旋流速为多大，逆时针流向下的涡旋边缘 NRCS 对比度 $\Delta\sigma_e$ 和 SAR 图像 NRCS 对比度 $\Delta\sigma_e$ 的值均比顺时针流向情况大。因此，上述定性特征和定量特征的分析说明，涡旋流向对涡旋边缘亮暗特征和涡旋区域整体亮暗特征均有明显影响，且逆时针流向下涡旋的成像效果优于顺时针流向。

4.4.2　涡旋流速的影响

本节分析涡旋流速对海洋涡旋 SAR 成像特征的影响。仿真中设置雷达参数和海面风场参数不变，参数如表 4.4 所示。雷达视向设置为 0°，雷达频段为 C 波段，极化方式为 HH 极化，入射角为 25°，海面风向为 225°，海面风速为 5 m/s。输入的仿真涡旋二维流场如图 4.20 所示，（a）～（d）对应的流场最大速度分别为 0.2 m/s、0.6 m/s、1 m/s、1.5 m/s，流场大小均为 25 km×25 km，流场值为归一化显示。表 4.6 给出了各流场对应的水动力参数设置。

表 4.6　涡旋水动力参数

图 4.20	α	Γ_0/υ	V_{max}	流场方向
（a）	−0.010 5	10π	0.2 m/s	逆时针
（b）	−0.020 1	10π	0.6 m/s	逆时针
（c）	−0.027 5	10π	1.0 m/s	逆时针
（d）	−0.030 8	10π	1.5 m/s	逆时针

以逆时针流向条件为例，不同流速下的仿真 SAR 图像如图 4.21 所示。图（a）～（d）分别对应最大流速 0.2 m/s、0.6 m/s、1.0 m/s、1.5 m/s。从图中可以看到，随着涡旋流速逐渐增大，涡旋边缘的亮暗特征变化并不大，沿逆时针方向，涡旋边缘从外到

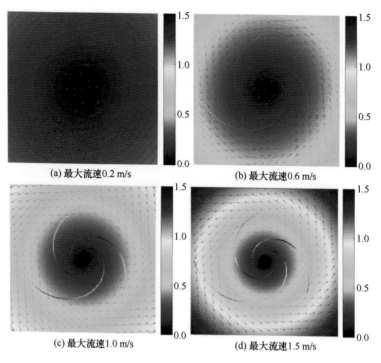

(a) 最大流速0.2 m/s   (b) 最大流速0.6 m/s

(c) 最大流速1.0 m/s   (d) 最大流速1.5 m/s

图 4.20　涡旋二维流场

内均呈现暗–亮–暗特征。从涡旋区域整体亮暗特征来看，仍然是左上部分相对较暗，右下部分相对较亮，该现象是由风向所致。虽然流速对涡旋边缘及整体区域的亮暗变化特征几乎没有影响，但是随着流速的增大，涡旋边缘在 SAR 图像中越来越明显，SAR 图像的亮度对比度也越来越大。图 4.19 计算了不同流速下的涡旋边缘 NRCS 对比度 $\Delta\sigma_e$ 和 SAR 图像 NRCS 对比度 $\Delta\sigma$，可以看到无论流场逆时针旋转还是顺时针旋转，$\Delta\sigma_e$ 和 $\Delta\sigma$ 的值都随着涡旋流速的增大而增大。这表明涡旋的边缘特征随着流速增大变得更加明显，涡旋的 SAR 成像效果也更佳。分析产生这种影响的原因是由于不同的多普勒频移，涡旋流速沿视准线（1ine-of-sight）方向（即平行于雷达视向）的分量的不同会引起 SAR 图像上方位向目标点位移的不同。

4.5　影响分析总结

综合前面对海洋涡旋 SAR 成像特征的系统分析，将雷达参数、海面风场、海面流场对涡旋的 SAR 成像影响总结如下。

1）雷达参数对涡旋 SAR 成像的影响

雷达视向对涡旋边缘的亮暗特征有显著影响，但是对涡旋整体区域的亮暗特征几乎没有影响，雷达视向主要影响涡旋在 SAR 图像中的可见度。在两个平行视向下，涡旋边缘的亮暗特征变化相同。在两个正交视向下，涡旋边缘的亮暗特征则刚好相反。当雷达视向与流场 x 轴夹角为 0° 和 180° 时，涡旋 SAR 成像效果最好。

雷达频段对涡旋边缘和涡旋区域的亮暗特征没有明显影响，但是对涡旋边缘 NRCS

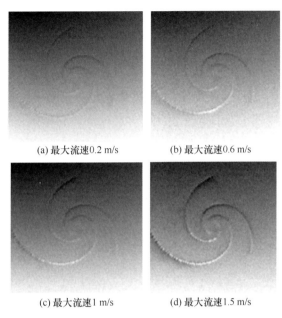

(a) 最大流速0.2 m/s　　　　　(b) 最大流速0.6 m/s

(c) 最大流速1 m/s　　　　　(d) 最大流速1.5 m/s

图 4.21　不同涡旋流速下涡旋仿真 SAR 图像

对比度 $\Delta\sigma_e$ 和 SAR 图像 NRCS 对比度 $\Delta\sigma$ 有显著影响。雷达频率越高，SAR 图像中涡旋边缘特征越明显，涡旋成像效果越好，Ku 波段优于 X 波段、C 波段、L 波段。

极化方式对涡旋边缘和涡旋区域的亮暗特征变化没有明显影响，但是对涡旋边缘 NRCS 对比度 $\Delta\sigma_e$ 和 SAR 图像 NRCS 对比度 $\Delta\sigma$ 有显著影响。在 HH 极化下，涡旋的 SAR 成像效果最佳，在交叉极化下，涡旋的 SAR 成像效果最差。

入射角对涡旋边缘和涡旋区域的亮暗特征变化没有明显影响，但是对涡旋边缘 NRCS 对比度 $\Delta\sigma_e$ 和 SAR 图像 NRCS 对比度 $\Delta\sigma$ 有显著影响。入射角越小，涡旋边缘特征在 SAR 图像中越明显，涡旋的成像效果越好。

2）风场对涡旋 SAR 成像的影响

海面风向主要影响 SAR 图像涡旋区域整体的亮暗特征，流场方向迎着风向的一侧较亮，流场方向背着风向一侧则较暗。当风向与雷达视向夹角为 315° 时，涡旋边缘 NRCS 对比度和 SAR 图像 NRCS 对比度最大，涡旋的 SAR 成像效果最佳。

海面风速会影响 SAR 图像涡旋区域整体的亮暗特征，风速越大，涡旋区域呈现越亮特征。与此同时，涡旋边缘随着风速的增加越不明显，而涡旋 SAR 图像对比度则越明显。当风速过小时，涡旋边缘特征不够明显，当风速过大时，海表面粗糙度会趋于均一，涡旋反而不易被 SAR 探测到。在中风等速 5~7 m/s 条件下，涡旋的成像效果最佳。

3）涡旋流场对涡旋 SAR 成像的影响

涡旋流向对涡旋边缘亮暗特征和涡旋区域整体亮暗特征均有显著影响，当涡旋流场的旋转方向改变后，涡旋边缘的亮暗特征和涡旋整体区域亮暗特征会发生对调。逆时针流向下，涡旋边缘 NRCS 对比度 $\Delta\sigma_e$ 和 SAR 图像 NRCS 对比度 $\Delta\sigma_e$ 的值较大，涡旋边缘特征更为显著，涡旋的成像效果优于顺时针流向。

涡旋流速对涡旋边缘及整体区域的亮暗特征没有明显影响。但随着流速的增大，涡旋边缘 NRCS 对比度 $\Delta\sigma_e$ 和 SAR 图像 NRCS 对比度 $\Delta\sigma_i$ 的值都随之增大，涡旋边缘在 SAR 图像中越来越明显，SAR 图像的亮度对比度也越来越大，涡旋的 SAR 成像效果也更佳。

根据上述海洋涡旋 SAR 成像特征影响分析，下面对星载 SAR 海洋涡旋探测系统参数进行讨论。

首先，对于雷达频段的选取需考虑以下三方面因素：第一，低频段雷达如 P 波段、L 波段等，电磁波长越长，穿透水面能力越强，这导致 SAR 回波包含海面以下一定深度所产生的回波，不利于海表面现象的研究；高频段雷达波长较短，对海水的穿透深度较小，更适合海面现象的研究。第二，雷达频率越高，大气中的水气对电磁波传输路径上的衰减越严重，Ku 波段以上雨衰效应尤为显著，因此所选择的雷达波段不宜过高。第三，受限于卫星天线尺寸的设计，频段太低不利于卫星平台搭载。结合仿真分析结果得到的结论，雷达频率越高，涡旋的成像效果越好，Ku 波段优于 X 波段、C 波段、L 波段。综合各方面因素考虑，X 波段最为适合海洋涡旋的探测，Ku 波段和 C 波段次之。

其次，在雷达入射角方面，通过前面仿真结果的分析，可以认为小入射角的设计会为海洋涡旋的探测提供优势。小入射角下电磁波近乎垂直入射到海面，海面回波将以镜面反射能量为主，极大地提高了接收回波信噪比。目前国际上，利用近天底角（1°~15°）InSAR 探测海洋现象是热点研究方向。例如我国 2016 年发射的天宫二号实验室搭载的三维成像微波高度计，其入射角设计为 1°~8°，本书第 7 章将基于天宫二号实际涡旋数据开展涡旋海表面高度探测研究。

第5章　SAR 图像海洋涡旋检测方法

随着星载 SAR 的不断发展，SAR 数据得到快速积累，为海洋涡旋探测提供了海量的数据来源，人工检测已无法满足实时性及高效性，因此对 SAR 图像海洋涡旋自动检测方法提出了迫切需求。

SAR 图像海洋涡旋检测是根据 SAR 图像涡旋特征，研究相应的涡旋检测方法，从 SAR 图像中检测出海洋涡旋，为后续的涡旋信息提取奠定基础。本章分别从传统的自动检测和近年来新兴的机器学习两个方面进行检测方法研究，分别介绍基于分形谱的 SAR 图像海洋涡旋检测方法和基于深度学习的 SAR 图像海洋涡旋检测方法，并采用实际数据开展检测实验，验证方法的有效性。

5.1　基于分形谱的 SAR 图像海洋涡旋检测方法

SAR 图像中观测到的海洋涡旋多为"黑涡"，特别是在近海区域，因此本节研究 SAR 图像"黑涡"的检测方法。

A Platonov 等人（Platonov et al., 2007）在利用分形谱研究海面浮油时，发现涡旋 SAR 图像分形谱中存在线性区间，而大气边界层对流结构 SAR 图像分形谱中则不存在相同的线性区间，如图 5.1 所示。不过 A Platonov 等人只对 SAR 图像分形谱做了定性的分析，并未对分形谱线性区间特征及其应用做进一步的研究。

通过现有研究成果和 SAR 图像分形谱的研究和分析，本章提出了一种基于分形谱的 SAR 图像"黑涡"检测方法，利用图像分形谱差异，实现"黑涡"检测。该方法先将 SAR 图像无重叠分块，各图像块单独处理，再计算各图像块的分形谱，然后检测分形谱的线性区间，利用分形谱线性区间特征判断图像块中是否存在"黑涡"。

5.1.1　分形基本理论

在介绍涡旋检测方法前，首先介绍分形、分形维数、分形谱等相关概念。

分形（Fractal）是非线性科学的研究内容。20 世纪 70 年代，由 Mandelbrot 创立分形几何学，将分形应用到英国海岸线长度计算中，从此分形受到了大家的广泛关注，并在许多领域取得了很好的研究成果，被称为是 20 世纪数学最重要的发现之一。

5.1.1.1　分形的概念

到目前为止，分形尚无确切的定义，通常给出一系列特征来加以说明（赵健，2003；何勇，2004；于建梅，2008；张军团等，2008；赵学明，2008）：

（1）分形在任意小尺度下都具有精细的结构；

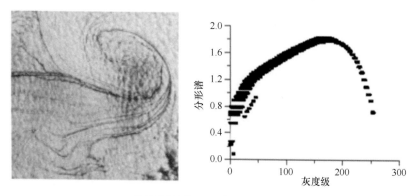

(a) 涡旋结构油膜SAR图像和对应的分形谱

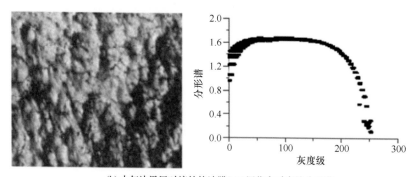

(b) 大气边界层对流结构油膜SAR图像和对应的分形谱

图5.1 SAR 图像与对应的分形谱（Platonov et al.，2007；Tarquis et al.，2014）

（2）分形集不能用传统的几何语言描述，既不是某些点的轨迹，也不是某些简单方程的解集；

（3）分形具有自相似性，可以是近似的自相似性或统计意义上的自相似性；

（4）一般分形集的维数严格大于其相应的拓扑维数；

（5）一般情况下，分形具有递归的定义。

分形最重要的特点是自相似性，这使得分形在不同尺度观测时，都具有相似的结构。随着分形研究的深入，又引入了扩展分形、多重分形等概念，以便更好刻画研究对象的分形特征。图 5.2 展示了两种分形集，分别是 Koch 曲线和 Sierpinski 三角形。

5.1.1.2　分形维数

分形特征可以用分形维数（D）来定量刻画。分形维数不同于一般的只有整数维的拓扑维数，它具有小数维。对于一个分形，只有用小数维，才能准确地刻画它。例如图 5.2（a）中的 Koch 曲线，在一维下测量，任意段长度为无穷大，二维下测量，面积为 0，故在传统的整数维下不能刻画出 Koch 曲线的性质。

分形维数 D 有多种定义和计算方法，常用的包括自相似维数和盒维数。

1）自相似维数

一个有界集合 A $\subset$ R^n，若它可以分成 b 个大小为原集 $1/a$ 倍的相似子集，则 A 的自

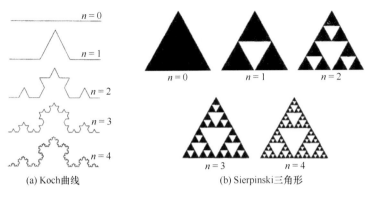

(a) Koch曲线　　　　　　　　　(b) Sierpinski三角形

图 5.2　分形集

相似维数定义为

$$D_s = \frac{\ln b}{\ln a} \tag{5.1}$$

从式（5.1）可知，自相似维数 D_s 一般不是整数。例如图 5.1 中，Koch 曲线的自相似维数为 1.261 9，Sierpinski 三角形的自相似维数为 1.585，均是小数。

2）盒维数

对于集合 $A \subset R^n$，用边长大小为 r 的盒子去覆盖，无重叠覆盖目标时所需要的盒子数为 $N(r)$，则 A 的盒维数定义为

$$D = -\lim_{r \to 0} \frac{\ln N(r)}{\ln r} \tag{5.2}$$

盒维数 D 可通过双对数坐标下计算 $\ln N - \ln r$ 的直线斜率，再取相反数得到。因盒维数非常容易计算，所以它是最常见和实用的一种维数，在各学科领域中得到了广泛的应用。本章所用的分形维数就是盒维数。

5.1.1.3　分形谱

本章研究中使用的分形谱，为灰度-分形维数曲线，由图像中不同灰度值对应的分形维数构成（Platonov et al.，2007；Tarquis et al.，2014）。计算图像的分形谱时，先生成由同一灰度值像素组成的二值图像，再计算二值图像对应的盒维数，然后遍历图像所有灰度，计算各灰度对应的分形维数，得到分形维数组成灰度-分形维数曲线，即图像的分形谱。

图像的分形谱描绘了相同灰度值像素的分布情况，反映了同一灰度值像素组成图案的形状特征，以及不同灰度值像素组成图案之间的分形特征联系，扩展了图像单一分形维数特征。分形谱作为图像特征，可以用来描述图像。

5.1.2　基于分形谱的 SAR 图像海洋涡旋检测方法

"黑涡" SAR 图像分形谱存在特有的线性区间，而其他海洋现象 SAR 图像的分形谱不存在线性区间或线性区间特征显著不同，利用分形谱的差异，提出了一种基于分形

谱的 SAR 图像"黑涡"检测方法。该方法包括四部分：①SAR 图像分块；②SAR 图像分形谱计算；③分形谱线性区间检测；④涡旋判定。该方法先将 SAR 图像无重叠分块，各图像块单独处理，再计算各图像块的分形谱，然后检测分形谱的线性区间，利用分形谱线性区间特征判断图像块中是否存在"黑涡"。该方法的流程如图 5.3 所示。

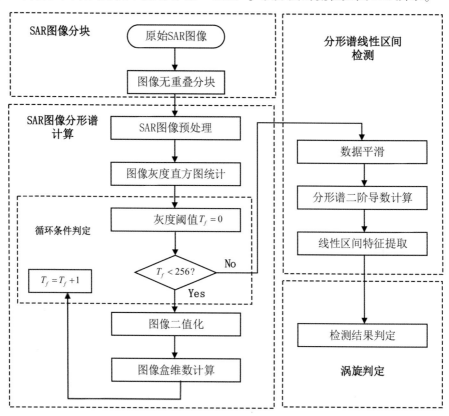

图 5.3　方法流程

本节选用一个 Sentinel-1 卫星黑海地区获取的"黑涡"SAR 图像切片作为示例，展示各步骤处理结果。原始 SAR 图像如图 5.4 所示，图像大小为 1 536×1 536。

5.1.2.1　SAR 图像分块

本节提出的"黑涡"检测方法在处理时，先将整景 SAR 图像分块，然后各图像块单独处理，以提高检测性能。

选用无重叠分块的方法，将 SAR 图像分成大小相同、不重叠的图像块，图像块大小为 1 536×1 536，对于本章使用的 Sentinel-1 卫星获取的 SAR 图像（SAR 图像像素间隔为 10 m），图像块覆盖范围约为 15.36 km×15.36 km，能包含 SAR 图像观测到的大部分"黑涡"。该图像块大小也便于图像分形谱的计算，在之后步骤中详细叙述。

图 5.4 所示涡旋切片大小与图像分块尺寸相同，分块结果就是图像本身。

图 5.4 涡旋 SAR 图像

5.1.2.2 SAR 图像分形谱计算

SAR 图像分形谱表征了图像中不同灰度像素之间的分形特征关系。分形谱计算时需要遍历图像中所有的灰度值，构造多幅由相同灰度值像素组成的二值图像，然后计算各二值图像的盒维数，组合所有计算结果得到 SAR 图像分形谱。SAR 图像分形谱计算过程包括：图像预处理、图像灰度直方图统计、循环条件判定、图像二值化、图像盒维数计算等步骤。

1）SAR 图像预处理

SAR 图像存在固有的斑点噪声干扰，模糊图像，降低了图像对比度，影响涡旋的检测。采用灰度线性拉伸和均值滤波相结合的预处理方法，增强图像对比度，降低图像噪声。

灰度线性拉伸的表达式如式（5.3）所示。式中 f_{old} 为像素点拉伸前灰度，f_{new} 为拉伸后灰度，h_{min} 和 h_{max} 为灰度线性拉伸区间的端点值，将区间 $[h_{min}, h_{max}]$ 内的像素点灰度，线性拉伸到 $[0, 255]$，增强图像的对比度。像素点灰度 f_{old} 在区间 $[h_{min}, h_{max}]$ 外的，则按照式（5.3）变换为 0 或 255。

$$f_{new} = \begin{cases} 0 & f_{old} \leqslant h_{min} \\ \dfrac{f_{old} - h_{min}}{h_{max} - h_{min}} \times 255 & h_{min} < f_{old} < h_{max} \\ 255 & f_{old} \geqslant h_{max} \end{cases} \tag{5.3}$$

灰度线性拉伸提高了图像的灰度分布范围，起到增强图像对比度的作用。

均值滤波采用邻域平均的方法，用滤波窗口内所有像素灰度的平均值来代替中心像素灰度。滤波之后图像变得更加光滑，减少了斑点噪声的干扰。本章选用窗口大小为 7×7 的滤波算子对图像进行均值滤波处理。

均值滤波使得图像的灰度分布更加均匀，避免了图像只在少数灰度值存在像素点，增强了计算得到的图像分形谱的连续性，利于体现分形维数随灰度的变化特征。

2）图像灰度直方图统计

统计图像相应灰度值像素点的个数。灰度直方图统计的目的主要是为了筛选有效灰度值，即像素点个数达到阈值要求的灰度值。如果像素点个数达不到阈值要求，则这些像素点不能很好地表现图案形状，对应二值图像盒维数就没有什么意义。

在图像分形谱计算时，只计算有效灰度值对应的盒维数，提高方法的效率。

3）循环条件判定

图像分形谱计算时需要计算多个灰度值像素对应图像的盒维数，选用循环操作实现。设定灰度阈值 T_f，用于提取相应灰度对应的像素点，T_f 初始化为 0，因为需要遍历整个灰度区间（0～255），故 T_f 的上限设定为 256，即 $T_f < 256$ 作为循环判断条件，满足判断条件，则执行图像二值化和图像盒维数计算步骤，不满足条件，则表明所有灰度对应的分形维数已经计算完毕，退出循环，下一步进入分形谱线性区间检测。

灰度阈值 T_f 的更新是在计算完当前灰度阈值对应灰度的盒维数之后，将阈值 T_f 加 1，即 $T_f = T_f + 1$，生成新的灰度阈值，参与循环条件判断。

4）图像二值化

图像二值化即获取同一灰度值像素组成的二值图像。利用设定的灰度阈值 T_f，像素点灰度等于 T_f 时，标记为 1，不等于 T_f 时，标记为 0，得到灰度值 T_f 对应的二值图像。灰度值对应的图像盒维数，就是基于二值化后图像计算得到的。

图像二值化时，需要判断灰度阈值对应的图像灰度是否是有效灰度，如果是则生成相应的二值图像，计算盒维数；如果不是，则不进行图像二值化和盒维数计算，直接将该灰度对应的盒维数置为 0。

5）图像盒维数计算

二值图像的盒维数体现了图像中标记为 1 的像素分布情况和组成图案的形状特征，计算方法流程如图 5.5 所示。

先计算输入二值图像的尺寸 f_{size}，然后计算用于盒维数计算的盒子尺寸范围，即盒子的最大尺寸 N，N 由式（5.4）计算得到，N 的最大值设为 10。

$$N = \min(floor(\log_2 f_{size}) + 1,\ 10) \tag{5.4}$$

初始化参数 $n = 0$，用于控制循环次数和盒子尺寸，当 $n < N$ 时，执行循环操作，否则跳出循环。盒子尺寸均选为 2 的指数，即 2^n，这样在对数坐标下，盒子尺寸是线性变化的。

盒子数 N_n 统计时，选定尺寸为 2^n 的盒子无重叠的覆盖图像，计算盒子内像素灰度值的和，若和大于 0，则表示该盒子内存在目标点，否则对应盒子内不存在目标点，遍历所有盒子，统计包含目标点的盒子总数 N_n。更新参数 $n = n + 1$，重新计算相应盒子尺寸下，包含目标的盒子数 N_n，直到退出循环。

由循环判断条件可知，盒子的尺寸最大为 2^9，即 512，因此对于大小为 1 536×1 536 的图像块，各个尺寸的盒子均可以无重叠地覆盖，最大化地利用了图像信息，计算得到的分形维数能够更好地反映图像的特征。

利用循环计算得到的与盒子尺寸相对应的盒子数结果，在双对数坐标下，最小二乘拟合得到 $\ln 2^n - \ln N_n$ 的直线斜率，直线斜率的相反数就是对应二值图像的盒维数。

$$D = -\frac{\ln N_n}{\ln 2^n} \tag{5.5}$$

遍历图像所有灰度，计算得到图像对应的分形谱，用于下一步分形谱线性区间检

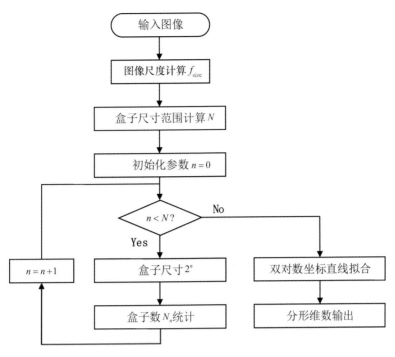

图 5.5　图像盒维数计算方法流程图

测。为了更好地体现图像分形谱的整体趋势和形状，将盒维数为 0 的数据点从分形谱中删除。

图 5.4 对应的图像分形谱如图 5.6 所示，其中横坐标为灰度，纵坐标为分形维数。从图 5.6 中可见，由于有效灰度的设置，分形谱并不是在整个灰度区间上都有值。

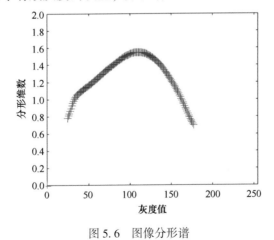

图 5.6　图像分形谱

5.1.2.3　分形谱线性区间检测

计算得到 SAR 图像分形谱之后，检测分形谱的线性区间，得到线性区间特征，用于下一步涡旋判定。

线性区间检测的原理是：线性区间内，分形谱的二阶导数为0。对于直线，其一阶导数为直线斜率，再求其二阶导数，就是0。利用导数为0的原理，还可以检测分形谱上的抛物线区间，即分形谱三阶导数为0的区间，不过此时需要从三阶导数为0的区间将线性区间去除，才能得到准确的抛物线区间。

分形谱线性区间检测过程包括：数据平滑，分形谱二阶导数计算，线性区间特征提取等步骤。

1）数据平滑

计算得到的分形谱，一般不具有标准的线性区间。为了更好地表现分形谱的变化趋势，避免部分奇异点的干扰，同时减少线性区间检测的误差，对分形谱进行数据平滑。

数据平滑的方法选用滑窗平均法，即选定平滑窗口大小，选取以待平滑数据点为中心，平滑窗口大小的邻域数据进行平均，得到的平均值作为待平滑数据点新的数据值，达到数据平滑的目的。滑窗平均法类似于低通滤波，平滑窗口越大，数据越平滑，数据的局部起伏就越小，更能反映数据的整体趋势。但窗口太大会丢失过多的信息，破坏数据。综合考虑，平滑窗口的大小选为20。

2）分形谱二阶导数计算

对平滑之后的分形谱求二阶导数，具体方法是先计算分形谱横坐标（灰度）、纵坐标（分形维数）的梯度，然后利用梯度的商作为一阶导数，再对一阶导数求导，得到二阶导数，完成分形谱二阶导数的计算。

在分形谱二阶导数计算时，也一同计算了分形谱的三阶导数，由分形谱二阶导数求导得到。三阶导数可用于抛物线区间的确定，虽然本章研究中并未用到分形谱的抛物线特征，但使用分形谱的抛物线特征可能是下一步研究工作的一个方向。

3）线性区间特征提取

分形谱线性区间特征包括：线性区间长度，线性区间位置和线性区间对应的直线斜率k。

查找分形谱二阶导数为0的连续区间，若区间的长度满足阈值T_l要求，则认为存在线性区间，记录区间的长度和位置。分形谱中可能存在多个线性区间，各线性区间之间没有交叠。选取区间内的分形谱数据点，最小二乘拟合得到线性区间对应直线的斜率k。最小二乘拟合直线斜率的表达式如式（5.6）所示：

$$k = \frac{n\sum\limits_{i=1}^{n} x_i y_i - \sum\limits_{i=1}^{n} y_i \sum\limits_{i=1}^{n} x_i}{n\sum\limits_{i=1}^{n} x_i^2 - \left(\sum\limits_{i=1}^{n} x_i\right)^2} \tag{5.6}$$

其中，n为数据点个数；x_i为第i个数据的横坐标，即线性区间对应的灰度值；y_i为第i个数据的纵坐标，即灰度值对应的分形维数。

线性区间确定时，分形谱的二阶导数一般不等于0，而是一个极小值。设定一个阈值T_z，当分形谱二阶导数的绝对值小于T_z时，则认定该处二阶导数为0，作为线性区间的候选位置。阈值T_z控制着分形谱线性区间检测的灵敏度，T_z越大，分形谱相应位置越易被判定为线性区间。选择合适的T_z，保证线性区间的检测，并提高检测到线性区间的准确性。

图 5.6 对应的分形谱检测到的线性区间如图 5.7 所示，图中红色线段即为分形谱中检测到的线性区间。

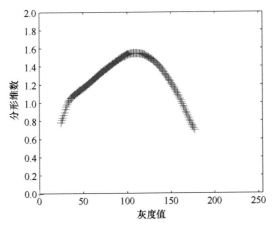

图 5.7　分形谱线性区间

图 5.7 中分形谱检测到的线性区间特征如表 5.1 所示。

表 5.1　分形谱线性特征

线性区间位置	线性区间长度	直线斜率（k）
42~97	55	0.007 6

5.1.2.4　涡旋判定

利用检测得到的分形谱线性区间特征，判断 SAR 图像中是否存在涡旋，实现"黑涡"检测。

SAR 图像中存在"黑涡"的判定标准是：

（1）分形谱存在线性区间，且区间长度满足阈值 T_l（$T_l=10$）要求；

（2）线性区间位置在灰度值 0~100 之间；

（3）线性区间对应的直线斜率 k 在 0.001~0.01 之间。

如果 SAR 图像分形谱同时满足上述 3 个条件，则认为该 SAR 图像中存在"黑涡"。当分形谱在灰度值 0~100 范围内存在多个线性区间时，需要所有线性区间均满足上述 3 个条件，才能认为该 SAR 图像中存在海洋涡旋。

涡旋判定标准中的参数，即区间长度阈值 T_l、区间位置、直线斜率 k 的大小，是通过大量低海况"黑涡" SAR 图像和其他海洋现象 SAR 图像实验，总结分析实验结果得到的。

从设计的涡旋检测判定标准中可知，本章方法不适用于 SAR 图像"白涡"的检测。这主要是因为 SAR 图像中"白涡"不明显，与海面背景对比度低，表征"白涡"特征的像素灰度与海面背景相近，难以通过像素灰度对应的分形维数来表征涡旋特征，图像分形谱与平静海面、海表面波等图像的分形谱相似，不具有区分性。

分析表5.1记录的线性区间特征可知，图5.7中分形谱检测到的线性区间特征满足涡旋判定标准，表明该分形谱对应的SAR图像中存在"黑涡"，即图5.4中存在"黑涡"，与实际情况相符合，实现了SAR图像"黑涡"检测。

本节提出的基于分形谱的SAR图像"黑涡"检测方法，通过计算相同灰度值像素构成二值图像的分形维数，得到SAR图像分形谱，再检测分形谱的线性区间，利用线性区间特征来判断SAR图像中是否存在涡旋，从而实现"黑涡"检测。

5.1.3 SAR图像海洋涡旋检测实验

本节选用Sentinel-1卫星和ERS-2卫星获取的SAR图像进行"黑涡"检测实验，实验分为两大部分：第一部分实验，选取"黑涡"和其他海洋现象典型SAR图像切片进行实验，统计分析实验结果，得到本章方法的检测率和虚警率，验证方法的可行性；第二部分实验，选取整景海洋SAR图像进行"黑涡"检测实验，验证方法的有效性。

本小节选取50个"黑涡"典型SAR图像切片和116个其他海洋现象典型SAR图像切片进行实验，用以测定方法的检测率和虚警率。这些图像切片由人工手动从数景海洋SAR图像中截取出来，图像切片中海洋现象单一，特征明确，海况低，用于方法检测性能的测定。下面分两部分介绍实验内容。

5.1.3.1 "黑涡"典型SAR图像切片实验和分析

为了测定方法的检测率，选取了50个典型"黑涡"SAR图像切片进行实验，这部分图像切片均来自Sentinel-1卫星，黑海地区，时间分布在2015年、2016年，图像切片大小为1 536×1 536，故图像分块结果就是图像切片本身。

实验结果表明，40个SAR图像切片中检测到了涡旋，检测率为80%。从40个实现涡旋检测的SAR图像切片中，选取3个作为示例，分别如图5.8（a）、图5.8（c）、图5.8（e）所示，对应的图像分形谱如图5.8（b）、图5.8（d）、图5.8（f）所示。分形谱中的红色线段表示检测到的线性区间。

图5.8中各SAR图像切片的分形谱线性区间特征如表5.2所示。

表5.2　图5.8分形谱线性区间特征

SAR图像	线性区间位置	线性区间长度	直线斜率（k）
图5.8（a）	34~91	57	0.008 7
图5.8（c）	65~94	29	0.002 7
	161~177	16	-0.017 9
图5.8（e）	65~88	23	0.006 8

由表5.2记录的SAR图像分形谱线性区间特征可知，图5.8的3个涡旋SAR图像切片对应的分形谱线性区间，区间长度、区间位置和对应的直线斜率等特征均满足涡旋检测判定标准，可以认定3个SAR图像切片中存在"黑涡"，与SAR图像的实际情况

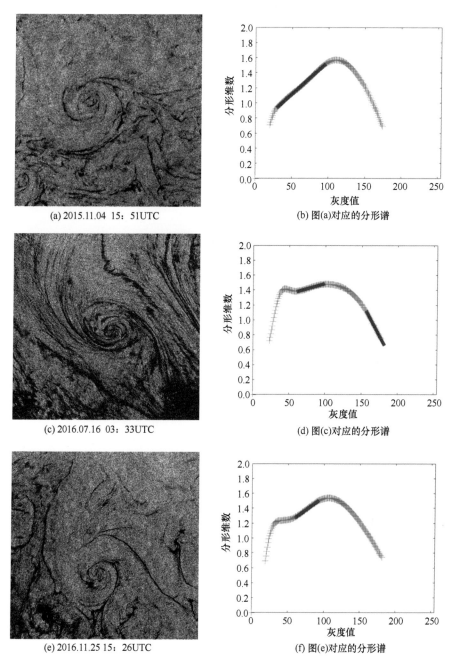

(a) 2015.11.04 15：51UTC

(b) 图(a)对应的分形谱

(c) 2016.07.16 03：33UTC

(d) 图(c)对应的分形谱

(e) 2016.11.25 15：26UTC

(f) 图(e)对应的分形谱

图 5.8　检测到涡旋的 SAR 图像切片和对应的分形谱

相符。虽然涡旋 SAR 图像［图 5.8（c）］还存在第二段线性变化区间，但区间的位置不在灰度范围 0~100 内，不影响涡旋检测结果的判断。

　　分析图 5.8 的 3 个涡旋 SAR 图像切片可知，SAR 图像中的"黑涡"明显，图像对比度较高，螺旋形状的暗曲线条纹清晰，形状较完整。虽然图像中存在部分其他海洋现象的干扰，但"黑涡"仍是 SAR 图像的主要特征。

选取图5.8（a）中灰度值在分形谱线性区间内的像素点，标记为1，构成的二值图像如图5.9所示。从图5.9中可见，灰度值在分形谱线性区间内的像素点，体现了SAR图像中涡旋的主要特征。由此可知SAR图像中的涡旋形状特征，基本是由灰度值在分形谱线性区间内的像素点来刻画，因而利用这部分灰度对应的分形维数线性变化关系，来检测SAR图像中的"黑涡"是有效的，也是可行的。

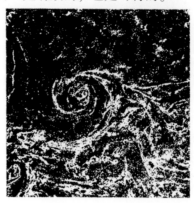

图5.9　分形谱线性区间内像素对应的二值图像

涡旋SAR图像检测实验中，有10个SAR图像切片出现了漏检，未实现涡旋的检测。选取其中两个切片，如图5.10（a）、图5.10（c）所示，对应的图像分形谱如图5.10（b）、图5.10（d）所示，图中红色线段为检测到的分形谱线性区间。

图5.10中，各SAR图像切片分形谱的线性区间特征如表5.3所示。

表5.3　图5.10分形谱线性区间特征

SAR 图像	线性区间位置	线性区间长度	直线斜率（k）
图5.10（a）	69~104	35	0.000 5
图5.10（c）	59~77	16	0.014 9
	144~159	15	−0.022 6

分析表5.3记录的SAR图像分形谱线性区间特征可知，图5.10（a）对应的分形谱线性区间，其区间位置和区间长度满足涡旋检测判定标准，但区间对应的直线斜率k太小，不在直线斜率k的限定范围内。图5.10（c）对应的分形谱线性区间位置和区间长度满足要求，但线性区间对应的直线斜率k太大，超出了限定范围，而另一段线性变化区间不在检测灰度范围内，不影响涡旋检测结果的判断。

分析实验中漏检的"黑涡"SAR图像切片，出现漏检可能有如下几个原因：

（1）涡旋SAR图像中存在较多的其他海洋现象干扰，对于"黑涡"，主要是海面其他暗色特征的干扰，例如低风速区、海面油膜等，使得涡旋并不是SAR图像的主要特征，灰度区间0~100内对应像素的形状也不是由涡旋决定，使得图像分形谱线性区间对应的直线斜率偏小，不满足涡旋检测判定标准，出现漏检。例如图5.10（a），SAR图像中存在大面积的暗色特征干扰，使得涡旋的螺旋状暗曲线条纹不清晰，影响

98

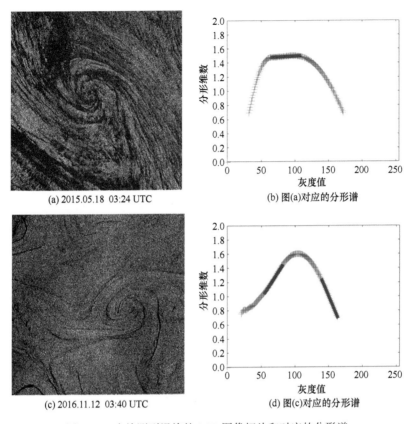

(a) 2015.05.18 03:24 UTC

(b) 图(a)对应的分形谱

(c) 2016.11.12 03:40 UTC

(d) 图(c)对应的分形谱

图 5.10　未检测到涡旋的 SAR 图像切片和对应的分形谱

了灰度区间内像素点对涡旋螺旋形状的体现，同时海面背景由于干扰而变得复杂，SAR 图像的对比度降低，因而导致了漏检。

（2）涡旋 SAR 图像中，"黑涡"本身不够明显，螺旋状的暗曲线条纹很弱，与海面的对比度低，不易从海面背景中区分出来，使得灰度区间 0~100 内涡旋对应的像素过少，不能完整地体现涡旋形状，对应的图像分形谱线性区间直线斜率偏大或不存在线性区间，出现漏检。例如图 5.10（c），涡旋的螺旋状暗曲线条纹不明显，部分位置难以与海面背景区分，导致体现出的涡旋形状不完整，进而使得计算得到的图像分形谱线性区间直线斜率过大，不满足涡旋检测标准，出现漏检。

5.1.3.2　其他海洋现象典型 SAR 图像切片实验和分析

为了测定方法的虚警率，选取了 116 个其他海洋现象典型 SAR 图像切片进行实验。这部分图像切片大小均为 1 536×1 536，故 SAR 图像分块结果为图像本身。

选取的其他海洋现象典型 SAR 图像切片包含了如下几种海洋现象，包括：平静海面（11 个）、海表面波（10 个）、内波（13 个）、海面油膜（15 个）、海洋锋（16 个）、海冰（12 个）、舰船尾迹（12 个）、雨团（12 个）、大气边界层对流结构（15 个）等，所有图像切片中均不包含海洋涡旋。实验结果表明，有 10 个 SAR 图像切片被判定为存在海洋涡旋，出现了虚警检测，虚警率为 8.62%。

对于其他海洋现象 SAR 图像检测实验，若 SAR 图像分形谱中不存在满足涡旋检测标准的线性区间，则表明判断准确，否则，判断错误，方法出现虚警检测。从判断准确的其他海洋现象 SAR 图像切片中，每种海洋现象各选取一个，作为示例，原始 SAR 图像切片和对应的分形谱如图 5.11 和图 5.12 所示。

图 5.11 展示了平静海面、海表面波、内波、海面油膜、海洋锋、舰船尾迹、雨团等现象的典型 SAR 图像切片和对应的分形谱，分形谱中检测到的线性区间用红色线段表示，若分形谱中不存在红色区间，则表明该分形谱中未检测到线性区间，绿色曲线表征分形谱中检测到的抛物线区间。

图 5.11 所示的其他海洋现象典型 SAR 图像切片中，对应的分形谱均不存在线性区间，故不满足涡旋检测判定标准，判断为不存在海洋涡旋，与 SAR 图像实际情况相符，检测结果判断准确。这部分 SAR 图像切片的分形谱形状更接近抛物线，各分形谱中均检测到了较长的抛物线区间。

图 5.12 展示了海冰和大气边界层对流结构等海洋现象的典型 SAR 图像切片和对应的分形谱，分形谱中的红色曲线为检测到的线性区间。

图 5.12 中各 SAR 图像切片分形谱对应的线性区间特征如表 5.4 所示。

表 5.4　图 5.12 分形谱线性区间特征

SAR 图像	线性区间位置	线性区间长度	直线斜率（k）
图 5.12（a）	60~146	86	−0.005 4
图 5.12（b）	70~117	47	−0.000 2
	143~156	13	−0.012 4

由表 5.4 记录的分形谱线性区间特征可知，虽然图 5.12 所示的 SAR 图像切片分形谱中存在线性区间，但线性区间的特征不满足涡旋检测标准，判定 SAR 图像中不存在"黑涡"，实现了准确的检测。

综上所述，其他海洋现象典型 SAR 图像进行涡旋检测时，其对应的图像分形谱中，大部分不存在线性区间，而存在线性区间的情况下，对应的线性区间特征不满足涡旋检测判定标准，故认为这些 SAR 图像均不存在海洋涡旋，实现了准确的检测，达到了区分海洋涡旋和其他海洋现象的目的。

实验中有 10 个图像切片出现了虚警检测，虚警率为 8.62%。这 10 个图像切片中有 5 个大气边界层对流结构图像切片，4 个内波图像切片，1 个海洋锋图像切片，选取其中的 3 个，原始 SAR 图像切片和对应的图像分形谱如图 5.13 所示。图 5.13 中分形谱对应的线性区间特征如表 5.5 所示。

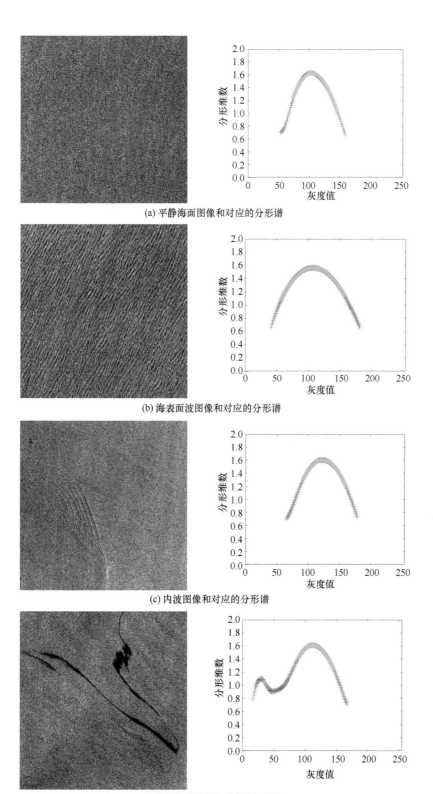

(a) 平静海面图像和对应的分形谱

(b) 海表面波图像和对应的分形谱

(c) 内波图像和对应的分形谱

(d) 海面油膜图像和对应的分形谱

图 5.11 其他海洋现象 SAR 图像切片和对应的分形谱（1）

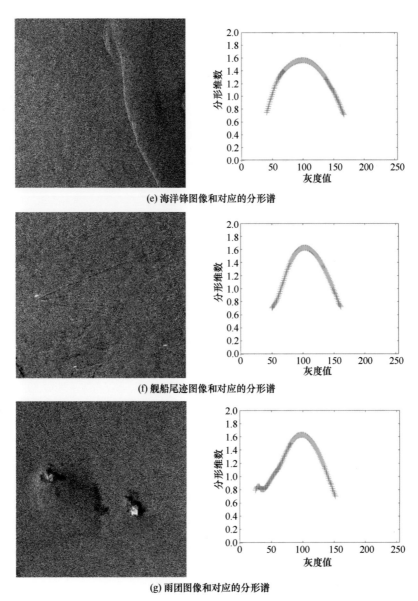

(e) 海洋锋图像和对应的分形谱

(f) 舰船尾迹图像和对应的分形谱

(g) 雨团图像和对应的分形谱

图 5.11　其他海洋现象 SAR 图像切片和对应的分形谱（1）（续）

表 5.5　图 5.13 分形谱线性区间特征

SAR 图像	线性区间位置	线性区间长度	直线斜率（k）
图 5.13（a）	59～101	42	0.005 1
图 5.13（b）	53～103	50	0.008 8
图 5.13（c）	74～103	29	0.004 3

由表 5.5 可知，图 5.13 所示的 3 个 SAR 图像切片，其分形谱的线性区间特征均满

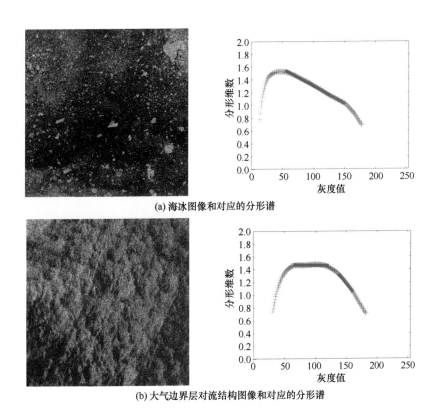

(a) 海冰图像和对应的分形谱

(b) 大气边界层对流结构图像和对应的分形谱

图 5.12　其他海洋现象 SAR 图像切片和对应的分形谱（2）

足涡旋检测标准，判定 SAR 图像中存在 "黑涡"，而这与 SAR 图像的实际情况不符，导致检测结果错误，出现虚警检测。

　　分析出现虚警检测的 SAR 图像切片和对应的分形谱，可知虚警检测结果多出现在大气边界层对流结构和内波这两类海洋现象的典型 SAR 图像切片中，这两组图像类内的虚警率分别是 33.33% 和 30.77%，远远高于整体的虚警率，而其他海洋现象 SAR 图像切片中，本章方法均实现了准确的判断，基本没有虚警检测结果出现。出现这一现象，可能有如下几个原因：

　　（1）大气边界层对流结构图像本身就存在线性区间，只是一般情况下，分形谱线性区间对应的直线斜率小，如果海面存在一定的干扰，极有可能导致其线性区间的直线斜率满足涡旋检测标准的要求，从而导致虚警检测。

　　（2）SAR 图像较复杂，存在多种海洋现象相互作用，特别是当大气边界层对流结构、内波与其他海洋现象同时存在时，可能导致图像的分形谱存在满足要求的线性区间，出现虚警检测。例如图 5.13（b）所示的内波图像，图像的海面背景较复杂，SAR 图像中除了内波外，还存在其他海面现象，它们共同作用导致内波 SAR 图像分形谱中存在满足涡旋检测标准的线性区间。而对于出现虚警检测的海洋锋图像，分析其 SAR 图像，可见图像中除了海洋锋之外，还存在一定的大气边界层对流结构，影响其分形谱的线性区间特征，导致判断错误，出现虚警。

　　通过本节实验和分析，得到了本章方法的检测率为 80%，虚警率为 8.62%，验证

103

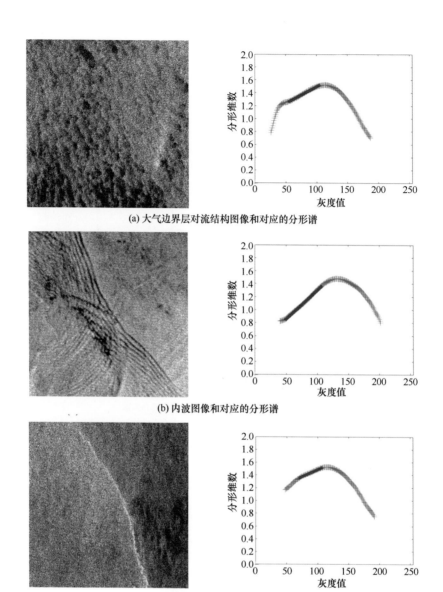

(a) 大气边界层对流结构图像和对应的分形谱

(b) 内波图像和对应的分形谱

(c) 海洋锋图像和对应的分形谱

图 5.13　虚警检测 SAR 图像切片和对应的分形谱

了涡旋检测方法设定的涡旋判定标准的有效性，同时根据实验结果，分析了"黑涡"
SAR 图像出现漏检和其他海洋现象 SAR 图像出现误检的原因。不过本小节选用了"黑
涡"和其他海洋现象的典型 SAR 图像切片，图像特征明确，条件较理想，实际整景海
洋 SAR 图像中可能出现多种海洋现象混合、图像切片截取不完整等问题，检测方法的
实际效果可能会受到一定影响。

　　本节依据"黑涡" SAR 图像分形谱特有的线性区间特征，提出了一种基于分形谱
的 SAR 图像"黑涡"检测方法。该方法先将 SAR 图像无重叠分块，各图像块单独处
理，以提高检测性能，再计算各图像块的分形谱，然后检测分形谱的线性区间，利用分
形谱线性区间特征判断图像块中是否存在"黑涡"。

本章选用来自 Sentinel-1 卫星和 ERS-2 卫星的 "黑涡" 和其他海洋现象典型 SAR 图像切片开展了实验，验证了方法的可行性，统计分析实验结果，得到了方法的检测率为 80%，虚警率为 8.62%，并分析了 "黑涡" SAR 图像出现漏检和其他海洋现象 SAR 图像出现虚警检测的原因。

5.2 基于深度学习的 SAR 图像海洋涡旋检测方法

深度学习是机器学习的一个分支，它不通过人工构建特征与数学建模的方式解决问题，而是针对相关问题设计网络结构，通过自主学习特征的方式得到解决问题的 "黑盒子"。因此对其常用的基本组成结构进行研究与分析是应用深度学习解决问题前的重要步骤。一个完整的深度学习模型通常由特征提取层、损失函数、参数优化方法等部分组成，建模者通常根据对所要解决任务的认知来完成对模型结构的设计与实现。卷积神经网络是深度学习在图像处理领域最常用的网络模型，也是本书用于 SAR 图像涡旋检测方法研究的主要网络模型。所以本节主要围绕深度学习的基本理论展开，介绍了深度学习中尤其是卷积神经网络常用的基本结构、网络训练及参数优化方法，并列举了几种经典的深度卷积神经网络结构。

5.2.1 深度学习基本理论

5.2.1.1 基本网络层结构相关理论

深度学习模型一般使用多种不同的网络层结构组成，常用的基本网络层结构有卷积层、激活层、池化层、归一化层及全连接层等。其中卷积层多用于二维数据特征的提取，激活层用于将输入数据进行非线性映射，池化层常用于对数据降维以及去除冗余信息，归一化层用于控制数据的分布，全连接层可用于构建全连接神经网络，也可在深度网络中作为末端分类结构，下面将详细介绍这几种基本结构。

1）卷积层

卷积层是卷积神经网络的重要组成部分，其作用是提取输入数据的特征，不同的卷积核可以看作是不同的特征提取器。卷积层二维的特征提取结构可以方便地运用于图像数据上，图 5.14 展示了 2×2 大小的卷积作用于一张特征图上的运算过程，可以看出卷积核对位于特征图右上角的特征进行运算后的输出结果同样位于输出特征图的右上角，这说明卷积层能够在提取特征的同时还保留相应的位置信息。

卷积层具有三个特点：稀疏连接、参数共享以及等变表示。下面分别对这三个特点进行详细介绍。

（1）稀疏连接：传统的人工神经网络通常使用全连接的形式，任一个神经元都与它前后层所有的神经元相连接，这意味着网络连接数随着层数和层内神经元数量的增长而快速增长。而卷积层采用的稀疏连接方式，可以有效避免这一问题，降低连接的数目。如图 5.15 稀疏连接示意图所示，其中输入节点为 5 个，输出节点为 3 个。在此情况下，稀疏连接方式所需的连接数是稀疏连接数与输出层神经元数目的乘积，所以这里

105

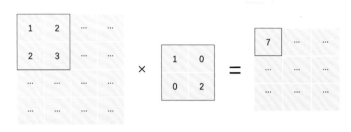

图 5.14　卷积运算示意图

的连接数为 3×3＝9。而对于全连接网络来说，其连接数是输入层与输出层神经元数目的乘积，所以在输入节点为 5 个，输出节点为 3 个的情况下需要 3×5＝15 个连接。一般来说输入层的数目要远大于稀疏连接数，所以稀疏连接需要存储的网络参数量更小，也意味着需要的计算量更少。

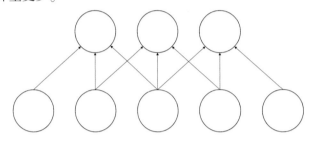

图 5.15　稀疏连接示意图

（2）参数共享：参数共享是指卷积层在学习特征时其每一个元素都作用于所有位置，不与相应的位置进行绑定，这使得卷积层针对输入图像的所有位置只需要学习一份参数，而不是对每一个位置都学习一份参数。同样以图 5.15 为例，不采用参数共享时，需要保留 3 个神经元及其各自 3 个稀疏连接的参数总计为 3×3＝9，而在使用参数共享的情况下，3 个输出神经元共享 1 份 3 个稀疏连接的参数，所以需要存储的参数总计为 1×3＝3。从中可以看出，采用参数共享后，每一层所需要存储的参数仅取决于稀疏连接数，与输入层及输出层的大小无关。

（3）等变表示：等变表示是指由于卷积层的参数共享机制使得卷积层针对图像所有位置的权重参数都是相同的，则对于一张图像而言，如果将其整体平移后输入卷积层，输出也将发生相应平移。等变表示使得卷积层运算具有一定的平移不变性。

基于这些特点，全卷积神经网络相对于全连接网络具有了自适应不同大小输入数据的优势。全连接网络由于神经元数目在网络设计时就固定了，所以需要严格限制输入和输出的维度。而对于全卷积神经网络来说，由于稀疏连接及参数共享的特性，针对不同大小数据的输入，只需重复不同次数的卷积运算。

2）激活函数层

在仅使用卷积层进行计算的情况下，即使叠加多层卷积得到的依然是线性拟合关系，这使得网络无法完成对非线性函数的拟合。神经科学的研究表明，当神经传递电流到神经元节点时，会根据电压阈值来决定后续的传播。这启发研究者们提出了激活函数

106

层，激活函数层通过激活函数对传递的输入进行变换，从而实现非线性拟合的能力。常用的激活函数有 S 型函数和整流线性单元函数（Rectified Linear Unit，ReLU）（Nair and Hinton，2010）。

a. S 型函数

S 型函数指的是一类函数图像为 S 形的函数，Logistic 函数是最早广泛使用的 S 型激活函数之一，其优点在于输出的范围在有限的（0，1）区间内，可以使得数据在网络中传递时不易发散，且函数平滑容易求导。缺点是其非饱和区间较小，所以在反向传播时易发生梯度消失的状况，从而加剧网络训练的难度。Logistic 函数可以表示为

$$\sigma(x) = \frac{1}{1 + e^{-x}} \tag{5.7}$$

其导数可以由其自身计算：

$$\sigma'(x) = \sigma(x)[1 - \sigma(x)] \tag{5.8}$$

使用 Logistic 函数激活的神经元由于输出在（0，1）区间内，所以可以将输出看作概率分布，从而将输出与统计学习模型相结合。同时也可以将该神经元看作一个软性门，用于分类任务。

由于 Logistic 函数的输出是非零中心化的，从而使得经 Logistic 函数激活后的输出易导致后一层发生偏置偏移现象，偏置偏移现象会影响梯度下降的效率，从而减慢网络训练的收敛速度。而双曲正切函数（tanh）则能避免这一问题，tanh 函数与 Logistic 函数最大的区别是将函数值域从（0，1）扩展到了（-1，1）。tanh 函数与 Logistic 函数同属于 S 型函数，其函数式可表示为

$$\tanh(x) = \frac{e^x - e^{-x}}{e^x + e^{-x}} \tag{5.9}$$

其与 Logistic 函数可以互相转换，可使用 Logistic 函数表示 tanh 函数：

$$\tanh(x) = 2\sigma(2x) - 1 \tag{5.10}$$

Logistic 函数和 tanh 函数都在以 0 值为中心的区间内不饱和并呈现近似线性状态，而两端区间呈现饱和状态，故可以用分段的线性函数来近似替代，从而减小计算消耗。通过将函数在 0 值附近进行一阶泰勒展开即可得到不饱和区域的线性替代函数。

将 Logistic 函数进行泰勒展开得到

$$\sigma_t(x) \approx 0.25x + 0.5 \tag{5.11}$$

则可以近似替代为

$$hard - \text{logistic}(x) = \begin{cases} 1 & \sigma_t \geq 1 \\ \sigma_t & 0 < \sigma_t < 1 \\ 0 & \sigma_t \leq 0 \end{cases} = \max[\min(0.25x + 0.5, 1), 0]$$

$$\tag{5.12}$$

而将 tanh 函数进行泰勒展开可以得到

$$\tanh_t(x) \approx x \tag{5.13}$$

则可以近似替代为

$$hard - \tanh(x) = \begin{cases} 1 & \tanh_t \geq 1 \\ \tanh_t & -1 < \tanh_t < 1 \\ -1 & \tanh_t \leq -1 \end{cases} = \max[\min(x,1),\ -1] \quad (5.14)$$

b. ReLU 函数

Logistic 函数和 tanh 函数由于饱和区间的问题导致网络层数深时梯度传递较难，所以目前深度神经网络中最常用的激活函数一般是 ReLU 函数，ReLU 函数参考神经元中的单边抑制特性进行设计，使得神经网络具有更强的稀疏性，其函数定义为

$$ReLU = \max(0,\ x) \quad (5.15)$$

相对于 S 型函数，ReLU 函数不需要进行非线性运算，具有更高的计算效率，且由于在 0 值右侧保持导数为 1，从而缓解了深层网络梯度传播过程中梯度消失的问题。但是由于 ReLU 函数是非零中心化的，存在着与 Logistic 函数相同的影响梯度下降的偏置偏移现象。同时，ReLU 在训练时可能会发生节点死亡现象，当节点经某次训练无法获得激活后，梯度计算值将永远是 0，从而无法实现参数的更新。为此，出现了几种对 ReLU 函数进行改进的方法，例如带泄露的 ReLU，通过在 0 值左侧加入一个小变量 λ 的方式，使得神经元在被抑制时也能提供一个极小的梯度进行更新，其被定义为

$$LReLU(x) = \max(x,\ 0) + \lambda\min(x,\ 0) \quad (5.16)$$

在带泄露的 ReLU 基础上，研究人员进一步提出了带参数的 ReLU，将带泄露的 ReLU 中加入的变量作为可训练的参数引入 ReLU 中，不再以一个固定值作为抑制时的梯度。其被定义为

$$PReLU = \max(x,\ 0) + \beta\min(x,\ 0) \quad (5.17)$$

在函数形式上与带泄露的 ReLU 相同，但是带参数的 ReLU 函数中的泄露参数 β 可以随着网络训练被更新，从而使得每一个神经元拥有更合适的泄露参数。

3）池化层

池化层按池化方式分为最大值池化、均值池化、全局池化（Lin et al.，2013）等不同结构。池化层可以简单看作不学习参数的卷积层，其通过保留一个局部区域的总体统计特征来表示该区域的特征输出。图 5.16 显示了经步长为 2 的 2×2 最大值池化计算的过程。一般情况下，池化后输出的特征信息尺度会被压缩一定的倍数，所以池化层主要用于关键信息的提取及冗余信息的去除。此外，池化层还具有局部平移不变性，例如采用最大值池化时，当图像特征输入发生少量位置平移时，在池化区域内特征值发生改变，但只要池化区域内最大值不发生变化，则池化输出同样不会发生变化。

池化层除了去除冗余信息及提高信息提取效率外，在一些任务中还起到了特殊的作用。例如在基于卷积神经网络的分类方法中，由于分类部分一般采用固定规模的全连接层，为了匹配全连接层的参数设置，输入到卷积网络的图像大小也必须固定。为了使网络能够输入不同大小的网络，可以采用金字塔池化方法将网络输出降维到固定大小，从而适配全连接层大小。

4）批归一化层

批归一化（Batch Normalization，BN）层是由 Google 于 2015 年提出的一种神经网络数据处理方法（Ioffe and Szegedy，2015）。当数据在网络内部传播时，前一层的输出数据即为后一层的输入数据。故而后一层输入数据的分布与前一层神经元有关，在网络训

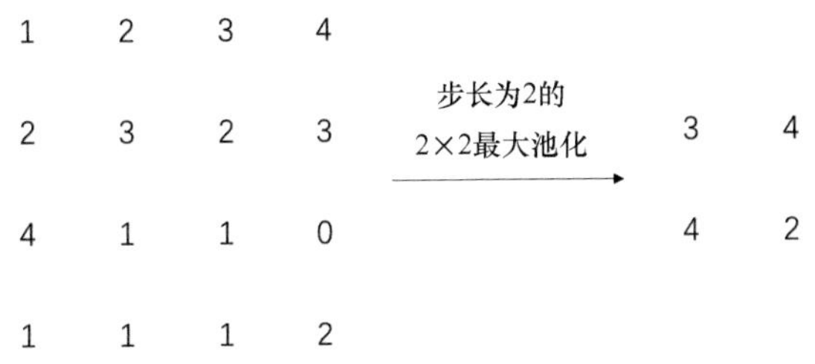

```
1    2    3    4

2    3    2    3          步长为2的              3    4
              2×2最大池化
4    1    1    0                              4    2

1    1    1    2
```

图 5.16 最大值池化示例

练的过程中，数据经过多层神经元映射，从而使得数据分布不断发生改变，导致传播数据与原始数据间分布的偏移被不断放大，使得网络对输入数据的分布情况过于敏感，从而影响网络的性能。为了解决这一问题，就要使得数据在传播过程中减少分布的改变。BN 层通过将所有层的数据分布进行规范，使得各层数据处于相近分布下，从而加快网络的收敛速度。BN 层通过两步计算将数据进行规范化，首先设输入一批数据为 x ，计算 x 的均值 μ 与方差 δ 得到

$$\mu = \frac{1}{m} \sum_{i=1}^{m} x_i \tag{5.18}$$

$$\delta = \frac{1}{m} \sum_{i=1}^{m} (x_i - \mu)^2 \tag{5.19}$$

则经第一步数据分布范围规范后的数据输出 xo 可以定义为

$$xo_i = \frac{x_i - \mu}{\sqrt{\delta^2 + \varepsilon}} \tag{5.20}$$

将数据的分布规范到了同一范围后，一定程度上降低了异常数据的影响，但是数值范围同样会影响网络的性能。所以为了降低数值在传播过程中发生的范围变化导致的特征表达的衰减，加入了两个用于实现缩放和平移的可学习参数 γ 和 β 进行第二步规范，最终输出 y_i 可以定义为

$$y_i = \gamma xo_i + \beta \tag{5.21}$$

BN 层通过对数据分布以及数值范围的规范化，提升了网络的特征的表达能力，降低了初始化权重对网络性能的影响，进而降低了网络的学习难度，提高了网络的性能。

5）全连接层

全连接（Fully Connected，FC）层是传统人工神经网络中的重要组成部分。如图 5.17 所示，全连接层的前后层所有神经元都互相连接，所以称为全连接层。由于其全连接的特性，当各层神经元数量较多时，相互间的连接会产生大量的权重参数，消耗大量的存储与计算资源，因此全连接网络的深度通常较浅。在深度卷积神经网络中，全连接层多用于分类任务中处理由多层卷积层提取的特征，进而根据特征进行最后的分类。

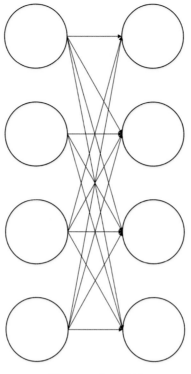

图 5.17　全连接层

5.2.1.2　网络训练及参数优化相关理论

1）损失函数

损失函数衡量了网络输出与真值之间的偏离程度，所以损失函数通常作为机器学习算法优化的目标函数。损失函数设置的优劣影响到算法能否收敛以及收敛的速度。常用的损失函数如下：

a. Zero-one loss

Zero-one loss 函数是最简单的一种损失函数，当分类结果正确时损失值结果为 0，当分类结果错误时损失值为 1。设 y 为真值，$f(x)$ 为输出值，其定义为

$$\text{loss}(y, f(x)) = \begin{cases} 0 & y_i = f(x)_i \\ 1 & y_i \neq f(x)_i \end{cases} \tag{5.22}$$

其多用于分类的问题，但是由于其非凸的特性不方便进行求导，所以很少应用于深度学习中。

b. Cross entropy loss

Cross entropy loss 是深度学习中较为常用的损失函数之一，用于度量两个概率分布间的相似性，其二分类的特例就是 logistic loss 函数，设 y 为真值，$f(x)$ 为输出值，则 cross entropy loss 定义为

$$\text{loss}(y, f(x)) = -\sum_{i=1}^{m} y_i \log[f(x)_i] \tag{5.23}$$

110

c. Softmax loss

Softmax loss 就是输出层使用 Softmax 计算时的 Cross entropy loss。Softmax loss 适用于类别间相互独立的分类任务，通过将特征向量归一化处理的方式将线性的预测结果转变为概率，再使用对数函数进行计算从而得到损失值。设 y 为真值，$f(x)$ 为输出值，则 Softmax loss 定义为

$$\text{loss}[y, f(x)] = - \sum_{i=1}^{m} y_i \log\left(\frac{e^{f(x)_i}}{\sum_j e^{f(x)_j}}\right) \tag{5.24}$$

2）梯度下降

损失函数定义了模型调优的目标，而如何更新网络的参数来最小化损失函数则需要使用参数优化方法。由于与梯度方向相反的方向是函数值下降最快的方向，所以可以利用梯度来更新参数从而最小化损失函数，这一方法被称为最速梯度下降法。利用最速梯度下降法更新参数的公式定义如下：

$$\theta' = \theta - \alpha \frac{1}{n} \nabla_\theta \sum_{i=1}^{n} \text{loss}(x) \tag{5.25}$$

其中，θ 为网络参数，$\text{loss}(x)$ 为损失函数，α 为学习率，学习率通常是一个固定大小的标量，也可根据实际情况在训练时变化。

在大规模数据集的情况下，虽然最速梯度下降法能够取得很好的效果，但是每一次迭代都要重新训练计算整个数据集后才能更新参数，导致消耗过长的时间。因此，为了提高网络训练的速度，研究人员提出了随机梯度下降法。随机梯度下降法每次只从整体数据集中抽取一个样本进行训练，提升了单位时间内参数更新的次数，从而加快收敛时间。随机梯度下降法公式定义为

$$\theta' = \theta - \alpha \nabla_\theta \text{loss}(x) \tag{5.26}$$

使用一个样本对整体数据集进行近似，得到的梯度随机性较强，参数不一定向着全局最优化的方向更新。综合考虑最速梯度下降法与随机梯度下降法的优劣，在实际应用中通常使用小批量梯度下降法进行参数优化。小批量梯度下降法的核心思想是使用小规模的训练样本近似整个样本集的分布，每次迭代中从 n 个样本中抽取 m 个样本的数据来计算更新参数，小批量梯度下降法的公式为

$$\theta' = \theta - \alpha \frac{1}{m} \nabla_\theta \sum_{i=1}^{m} \text{loss}(x) \tag{5.27}$$

为了进一步提高网络参数优化的效率，研究人员提出了带动量的梯度下降法。通过添加动量参数加快梯度下降的速度，从而进一步降低参数优化收敛时间消耗。带动量的小批量梯度下降法定义为

$$v' = \gamma v - (1 - \gamma) \frac{1}{m} \nabla_\theta \sum_{i=1}^{m} \text{loss}(x) \tag{5.28}$$

$$\theta' = \theta + \alpha v' \tag{5.29}$$

其中，v 代表动量，γ 代表动量加权超参数。

3）反向传播算法

梯度下降法需要计算神经网络中各神经元的梯度值，这一过程较为复杂，一直是神经网络训练的一大阻碍。直到 BP 算法的出现并被应用于神经网络训练，才有效缓解了

网络训练困难的问题，时至今日 BP 算法仍是最为常用的神经网络学习算法。BP 算法训练神经网络的基本思想为：首先进行正向传播，将输入数据由输入层输入，经由隐层计算后由输出层输出，通过输出层数据计算损失函数值；接着进行反向传播，将损失值通过输出层向输入层反向传播，每一层参数的梯度更新方向都由下一层传输过来的误差决定。

假设损失函数为 loss (x)，则第 l 层参数权重 w 和偏置 b 的偏导数由链式法则可得

$$\frac{\partial \text{loss}(x)}{\partial w_{ij}^{(l)}} = \frac{\partial z_i^{(l)}}{\partial w_{ij}^{(l)}} \frac{\partial \text{loss}(x)}{\partial z_i^{(l)}} \tag{5.30}$$

$$\frac{\partial \text{loss}(x)}{\partial b_i^{(l)}} = \frac{\partial z_i^{(l)}}{\partial b_i^{(l)}} \frac{\partial \text{loss}(x)}{\partial z_i^{(l)}} \tag{5.31}$$

其中，$z^{(l)}$ 为第 l 层输入，由上式可以看出权重与偏置偏导数计算公式中的第二项相同，都为损失函数对第 l 层输出的偏导数。据此通过计算 $\frac{\partial z_i^{(l)}}{\partial w_{ij}^{(l)}}$、$\frac{\partial z_i^{(l)}}{\partial b_i^{(l)}}$、$\frac{\partial \text{loss}(x)}{\partial z_i^{(l)}}$ 这三项即可计算第 l 层参数权重 w 和偏置 b 的偏导数。

首先设 $a^{(l)}$ 为第 l 层激活输出，$\sigma'(z_i^{(l)})$ 为激活函数导数，则 $\frac{\partial \text{loss}(x)}{\partial z_i^{(l)}}$ 为

$$\frac{\partial \text{loss}(x)}{\partial z_i^{(l)}} = \sum_h \left[\frac{\partial \text{loss}(x)}{\partial z_h^{(l+1)}} \frac{\partial z_h^{(l+1)}}{\partial a_i^{(l)}} \frac{a_i^{(l)}}{z_i^{(l)}} \right] = \sum_h \left[\frac{\partial \text{loss}(x)}{\partial z_h^{(l+1)}} w_{hi}^{l+1} \sigma'(z_i^{(l)}) \right] \tag{5.32}$$

设 $\delta_h^{(l+1)} = \frac{\partial \text{loss}(x)}{\partial z_h^{(l+1)}}$ 为下一层即 $l + 1$ 层传回来的误差，则可定义传到本层的误差 $\delta_i^{(l)}$ 为

$$\delta_i^{(l)} = \frac{\partial \text{loss}(x)}{\partial z_i^{(l)}} = \sum_h \left[\delta_h^{(l+1)} w_{hi}^{l+1} \sigma'(z_i^{(l)}) \right] \tag{5.33}$$

由 $z_i^{(l)} = \sum_j a_j^{(l-1)} w_{ij}^{(l)} + b_i^{(l)}$ 可得

$$\frac{\partial z_i^{(l)}}{\partial w_{ij}^{(l)}} = a_j^{(l-1)} \tag{5.34}$$

$$\frac{\partial z_i^{(l)}}{\partial b_i^{(l)}} = 1 \tag{5.35}$$

将式（5.33）、（5.34）、（5.35）代入式（5.30）、（5.31）中可得所求用于梯度下降的偏导数：

$$\frac{\partial \text{loss}(x)}{\partial w_{ij}^{(l)}} = \delta_i^{(l)} a_j^{(l-1)} \tag{5.36}$$

$$\frac{\partial \text{loss}(x)}{\partial b_i^{(l)}} = \delta_i^{(l)} \tag{5.37}$$

5.2.1.3　典型卷积神经网络

1）AlexNet

AlexNet（Krizhevsky et al.，2012）是第三次深度学习热潮开端的代表性卷积网络模

型，其使用了众多先进的深度学习技术，在多处网络结构上进行了创新性的改动，从而在 2010 年的 ImageNet 比赛中取得了极为优异的成绩。AlexNet 抛弃了当时标准的 tanh 函数，使用了 ReLU 函数作为激活函数，非饱和的非线性函数极大地提升了梯度下降的速度，从而加快了网络的收敛。为了解决参数数量以及计算量过大的问题，AlexNet 使用了双路 GPU 并行训练的方式提高计算效率。为了限制经 ReLU 激活后输出数据的值域范围，AlexNet 提出了局部响应归一化，使得网络更加稳定。最后，为了提高网络的抗过拟合能力，AlexNet 还采用了重叠池化以及 dropout 技术。AlexNet 的具体网络结构如图 5.18 所示。

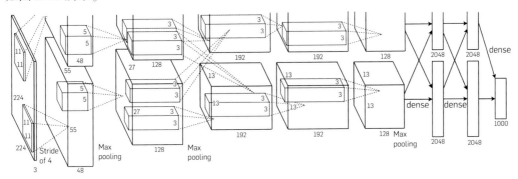

图 5.18　AlexNet 网络结构（Krizhevsky et al.，2012）

2）VGG

VGG（Simonyan and Zisserman，2014）是由牛津大学 Visual Geometry Group 提出的一种深度卷积神经网络结构，其命名源于这个小组名称的首字母缩写。由于使用多个小卷积核代替一个大卷积核能带来更多次的非线性映射，提取更丰富的特征，所以如表 5.6 所示，VGG 使用了多层 3×3 的小卷积核来替代以往网络设计中常用的 5×5、7×7 大小的大卷积核。这一改动在加深网络并保证感受野大小不变的同时降低了网络的总参数量。为了加快训练速度，VGG 在特定层使用了预训练数据进行参数初始化，从而降低了网络收敛所需的时间。特别的是，VGG 在测试阶段提出了全连接转卷积的处理方式，这使得网络在测试阶段不会受到全连接层的限制，可以处理任意大小的输入。VGG 在证明增加网络深度会提高网络性能方面具有重要的意义，使得后来的研究者开始更加重视网络深度加深对网络性能提升的帮助，将神经网络的研究向发展更深层网络方向推动。

表 5.6　VGG 参数设置（Simonyan and Zisserman，2014）

ConvNet Configuration					
A	A-LRN	B	C	D	E
11 weight layers	11 weight layers	13 weight layers	16 weight layers	16 weight layers	19 weight layers
Input（224×224 RGB image）					
conv3-64	conv3-64	conv3-64	conv3-64	conv3-64	conv3-64
	LRN	**conv3-64**	conv3-64	conv3-64	conv3-64

113

ConvNet Configuration					
A	A-LRN	B	C	D	E
maxpool					
conv3-128	conv3-128	conv3-128 **conv3-128**	conv3-128 conv3-128	conv3-128 conv3-128	conv3-128 conv3-128
maxpool					
conv3-256 conv3-256	conv3-256 conv3-256	conv3-256 conv3-256	conv3-256 conv3-256 **conv1-256**	conv3-256 conv3-256 **conv3-256**	conv3-256 conv3-256 conv3-256 **conv3-256**
maxpool					
conv3-512 conv3-512	conv3-512 conv3-512	conv3-512 conv3-512	conv3-512 conv3-512 **conv1-512**	conv3-512 conv3-512 **conv3-512**	conv3-512 conv3-512 conv3-512 **conv3-512**
maxpool					
conv3-512 conv3-512	conv3-512 conv3-512	conv3-512 conv3-512	conv3-512 conv3-512 **conv1-512**	conv3-512 conv3-512 **conv3-512**	conv3-512 conv3-512 conv3-512 **conv3-512**
maxpool					
FC-4096					
FC-4096					
FC-1000					
soft-max					

3）ResNet

研究者们意识到提升网络深度可以有效提升网络的性能，但深度神经网络存在着训练难和网络退化的问题，当网络深度增加时，单纯堆叠网络深度，性能反而会下降。虽然通过批归一化等技术可以缓解梯度消失和梯度爆炸的问题，可是也只能在有限程度上加深网络的深度。针对这一问题，何恺明等人另辟蹊径从特征图之间的连接方式入手于2015年提出了 ResNet（He et al.，2016），将网络深度提升到了 152 层，远超 VGG 达到的 19 层。

ResNet 是一种层数深且过拟合风险小的卷积神经网络。ResNet 在 VGG19 的基础上进行修改，由如图 5.19 所示的多个残差模块连接而成，通过残差机制抑制梯度消失的问题，从而能够构建更深层次的网络，提取更深层次的特征。

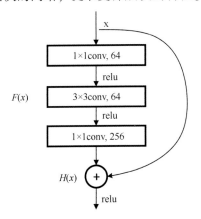

图 5.19　ResNet 中的残差模块示意图
（He et al.，2016）

图 5.19 中 $H(x)$ 表示特征映射 $F(x)$ 与原始输入 x 的组合，将残差连接的原理表现为数学形式：

$$H(x) = F(x) + x \tag{5.38}$$

ResNet 的具体参数设置如表 5.7 所示，在提升网络深度的同时，为了降低网络的参数存储与运算，ResNet 没有像 VGG 一样设置多层全连接层，而是使用全局平均池化的方式将经多次卷积特征提取后的特征降维后，连接到含有 1 000 个神经元的全连接层输出结果。

表 5.7　ResNet 参数设置（He et al., 2016）

layer name	output size	18-layer	34-layer	50-layer	101-layer	152-layer
conv1	112 × 112	7 × 7, 64, stride 2				
		3×3, max pool, stride 2				
conv2_x	56 × 56	$\begin{bmatrix} 3\times3, & 64 \\ 3\times3, & 64 \end{bmatrix} \times 2$	$\begin{bmatrix} 3\times3, & 64 \\ 3\times3, & 64 \end{bmatrix} \times 3$	$\begin{bmatrix} 1\times1 & 64 \\ 3\times3 & 64 \\ 1\times1 & 256 \end{bmatrix} \times 3$	$\begin{bmatrix} 1\times1 & 64 \\ 3\times3 & 64 \\ 1\times1 & 256 \end{bmatrix} \times 3$	$\begin{bmatrix} 1\times1 & 64 \\ 3\times3 & 64 \\ 1\times1 & 256 \end{bmatrix} \times 3$
conv3_x	28 × 28	$\begin{bmatrix} 3\times3, & 128 \\ 3\times3 & 128 \end{bmatrix} \times 2$	$\begin{bmatrix} 3\times3, & 128 \\ 3\times3 & 128 \end{bmatrix} \times 4$	$\begin{bmatrix} 1\times1 & 128 \\ 3\times3 & 128 \\ 1\times1 & 512 \end{bmatrix} \times 4$	$\begin{bmatrix} 1\times1 & 128 \\ 3\times3 & 128 \\ 1\times1 & 512 \end{bmatrix} \times 4$	$\begin{bmatrix} 1\times1 & 128 \\ 3\times3 & 128 \\ 1\times1 & 512 \end{bmatrix} \times 8$
conv4_x	14 × 14	$\begin{bmatrix} 3\times3, & 256 \\ 3\times3 & 256 \end{bmatrix} \times 2$	$\begin{bmatrix} 3\times3, & 256 \\ 3\times3 & 256 \end{bmatrix} \times 6$	$\begin{bmatrix} 1\times1 & 256 \\ 3\times3 & 256 \\ 1\times1 & 1024 \end{bmatrix} \times 6$	$\begin{bmatrix} 1\times1 & 256 \\ 3\times3 & 256 \\ 1\times1 & 1024 \end{bmatrix} \times 23$	$\begin{bmatrix} 1\times1 & 256 \\ 3\times3 & 256 \\ 1\times1 & 1024 \end{bmatrix} \times 36$
conv5_x	7 × 7	$\begin{bmatrix} 3\times3, & 512 \\ 3\times3 & 512 \end{bmatrix} \times 2$	$\begin{bmatrix} 3\times3, & 512 \\ 3\times3 & 512 \end{bmatrix} \times 3$	$\begin{bmatrix} 1\times1 & 512 \\ 3\times3 & 512 \\ 1\times1 & 2048 \end{bmatrix} \times 3$	$\begin{bmatrix} 1\times1 & 512 \\ 3\times3 & 512 \\ 1\times1 & 2048 \end{bmatrix} \times 3$	$\begin{bmatrix} 1\times1 & 512 \\ 3\times3 & 512 \\ 1\times1 & 2048 \end{bmatrix} \times 3$
	1 × 1	average pool, 1 000d fc, softmax				

本节围绕深度学习尤其是卷积神经网络的基本理论展开，介绍了深度学习方法中的常用的基本结构，这些结构是本书后续工作中方法设计的重要基础。同时，还介绍了参数优化方法，其中交叉熵损失函数及小批量梯度下降算法等都是本书设计网络时将要用到的方法。此外，为了更好地开展研究，学习前人对深度学习模型设计的宝贵经验，本章还对几个历史上有着重要意义的经典网络结构进行了介绍。

5.2.2 数据集构建

对于基于深度学习的海洋现象检测方法研究来说，数据集有着十分重要的作用。一个好的数据集需要提供足够多样的特征以供深度学习网络模型进行学习，从而使其获得良好的检测能力。由于将深度学习应用于 SAR 图像海洋现象检测的研究还相对较少，缺少公开的相关数据集资源，为此需自主构建相关数据集。

本节首先基于 2015—2018 年 Sentinel-1 的 SAR 图像数据构建了一个 SAR 图像海洋现象初始数据集。其次，由于制作一个大规模数据集需要高昂的人工成本与数据获取成本，而一个充足多样的数据集又是使网络表现出优异性能的关键，所以为了在提高数据集多样性和完备性的同时降低成本，使用数据扩充方法对初始数据集进行了扩充。最后，将扩充后的数据集进行人工标注和整理，作为后续海洋现象检测方法研究的训练与测试数据集。

5.2.2.1 初始数据集建立

深度学习方法由数据驱动，自动学习目标相关的特征，从而避免了人工干预设计检测特征带来的局限性。这一特质使得深度学习方法在检测领域取得了比传统方法更加优越的性能，但是也使其性能一定程度上依赖于训练数据集的质量。本书选择 SAR 图像中可以观测到的涡旋、雨团、锋面、内波和油膜等 5 类海洋现象作为主要检测对象。因此，本节将建立包含这 5 类海洋现象的 SAR 图像初始数据集。

由于 Sentinel-1 卫星数据具有开源、易获取以及分辨率较高的特点，本书选择利用 Sentinel-1 卫星获取的 SAR 图像构建初始数据集。Sentinel-1 卫星是由欧洲航天局于 2014 年在法国圭亚那库鲁发射场发射的两颗地球观测卫星组成，上面搭载了 C 波段的 SAR，可以全天时、全天候地获取地球表面的遥感影像。它每两周就可以覆盖世界上大部分的陆地与海洋，较短的重访时间大大提高了其数据的获取能力，为陆地与海洋监测、应急响应、气候变化等研究提供了有利数据。Sentinel-1 详细工作模式参数如表 5.8 所示。

表 5.8　Sentinel-1 详细参数

工作模式名称	空间分辨率（m）	刈幅（km）	极化方式
干涉宽幅（IW）	5 × 20	250	HH，VV，HH+HV，VV+VH
波模式（WV）	5 × 5	20	HH，VV
条带模式（SM）	5 × 5	80	HH，VV，HH+HV，VV+VH
超宽幅模式（EM）	20 × 40	400	HH，VV，HH+HV，VV+VH

Sentinel-1 在 4 种模式下的实际天线工作方式如图 5.20 所示,作为主要工作模式的干涉宽幅模式使用了 TOPSAR 技术,除了像 ScanSAR 一样能够在一定的范围内控制波束外,对于每个脉冲串,波束还会沿方位向从后向前转向,从而有效避免了扇贝效应,在整个条带上获取高质量图像。由于干涉宽幅模式具有图像质量高、数据量大、图像范围广、分辨率较高等优点,所以本章选取 Sentinel-1 在干涉宽幅模式下获取的图像作为数据集构建的原始数据。

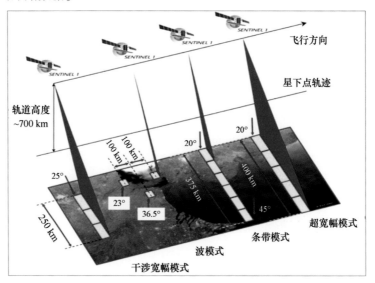

图 5.20 Sentinel-1 在 4 种模式下的天线工作方式

(https://sentinel.esa.int/web/sentinel/user-guides/sentinel-1-sar/acquisition-modes/interferometric-wide-swath)

从 2015—2018 年 Sentinel-1 卫星获取的部分 SAR 图像中,筛选出了包含相应 5 类海洋现象的 SAR 图像。为了更好地区分图像内容,提高海洋现象数据集制作的准确性,本书在获取数据集图像时增强了原始图像的对比度并调整了图像的灰度级,从而提高海洋现象的目视判别准确率。最后,将各原始 SAR 全景图像中确认的海洋现象截取为 SAR 切片图像,图 5.21 展示了从 SAR 图像中截取涡旋的示例。为了在得到的 SAR 切片图像中保留更多的特征信息,在裁剪过程中不对 SAR 图像进行滤波、校正等预处理操作。由此获得了总计 336 张包含 5 类海洋现象的初始数据集。由于海洋现象尺度都相对较大,所以数据集中的图像像素大小一般在 1 500×1 500 左右,考虑到计算资源的限制及对图像信息的保留,将数据集中所有图像调整为 512×512 像素大小。

5.2.2.2 数据集扩充

对于基于深度学习的检测方法来说,数据集的规模关系到方法的泛化能力。充足、多样的训练数据集是深度学习方法在图像检测领域取得优异成绩的关键。但是由于海洋覆盖范围广阔,SAR 海洋图像中观测到的海洋现象生成机制复杂且具有显著时空差异性等问题,导致了构建 SAR 图像海洋现象数据集的成本高、难度大,所以使得可用于检测方法学习特征的数据集规模非常有限,增加了检测方法产生过拟合结果的风险。深

118

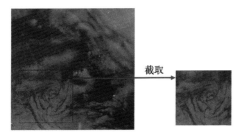

图 5.21　从 SAR 图像中截取涡旋示例

度学习领域常用数据扩充的方法来提升数据集的规模，且通过数据扩充的数据集能够有效增强深度学习方法的性能并抑制过拟合的发生（Krizhevsky et al.，2012；Takahashi et al.，2016；Salamon and Bello，2017）。常见的图像数据扩充方法如表 5.9 所示，其中平移变换方法可以模拟图像中现象的随机分布，以改善平移不变性；旋转变换可以更改图像姿态信息，以学习到更多的角度相关特征。因此本书使用数据扩充方法增加数据集规模，以为后续研究提供充足的数据支持。

表 5.9　图像数据扩充常用方法（许强和李伟，2018）

名称	主要操作
旋转变换	将图像旋转一定角度
翻转变换	沿水平或垂直方向翻转图像
平移变换	在图像平面上对图像进行平移
尺度变换	按照指定的尺度因子缩放，改变图像大小
反射变换	对称变换，包括轴反射变换及镜面反射变换
噪声扰动	在图像内增加噪声，如指数噪声、高斯噪声等

因为 SAR 图像中所包含的噪声主要是相干斑噪声，所以为了更好地学习到真实图像中所包含的噪声特征，本书不对数据集进行滤波处理，同样也没有在数据集图像中添加其他类型噪声。

为了对初始数据集进行扩充，本书对图像在一定范围内进行截取，从而得到多个相对于原图发生平移的新图像数据。为了降低图像因平移变换而损失的信息，截取区域大小的下限设为原图的 4/5。将截取后的图像通过尺度变换缩放回原图大小，增加数据集所包含的多尺度特征。接着对图像进行旋转变换，以模拟多方位多视角下获取的 SAR 图像，从而使得数据包含更多的方位特征（图 5.22）。

通过平移、缩放、旋转等变换扩充初始数据集后，获得了包含 1 840 张图像的数据集，其中有 500 张涡旋图像，400 张锋面图像，400 张油膜图像，400 张雨团图像以及 140 张内波图像。

 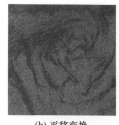 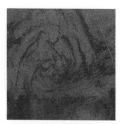

(a) 原图   (b) 平移变换   (c) 旋转变换

图 5.22　平移变换及旋转变换的示例

5.2.2.3　数据集标注

在得到包含 5 类海洋现象的 SAR 图像数据集后，需要对数据集中每个 SAR 图像中包含的海洋现象进行手工标注以获取标签图像。在标注时，考虑到海洋现象具有弱边界性的特点，所以仅对海洋现象的核心部分进行标注，尽量避免因标注而引入影响检测准确度的噪声。如图 5.23 所示，涡旋标注为绿色，雨团标注为深蓝色，锋面标注为红色，油膜标注为黄色，内波标注为靛蓝色，由此获得了每个切片图像的标签图像。将海洋现象的切片图像和标注结果进行整理，从而得到了可用于 SAR 图像海洋现象检测方法研究的数据集。

本节介绍了 SAR 图像海洋现象数据集的建立。针对 SAR 图像中海洋现象复杂多变的特征，本章首先从大量 sentinel-1 数据中通过人工筛选采集海洋现象图像并制作为一个较为完备的初始数据集，接着使用旋转变换、平移变换、尺度变换等数据扩充方法对数据进行扩充，最后将所有数据基于其核心区域进行标注，得到相应的标签图像。将切片图像与标签图像进行整理，最终实现了用于 SAR 图像海洋现象检测方法研究的数据集的构建。

5.2.3　基于深度学习的 SAR 图像海洋涡旋检测方法

海洋现象对人类的渔业生产、军事行动及海洋科研等社会经济活动存在着不可忽视的影响。而 SAR 不仅具有全天时、全天候、覆盖范围广的特点，同时对海面粗糙度的变化也相对敏感，能将海面上的海洋现象有效记录下来，从而为海洋现象的检测提供了海量的图像数据支持。所以，利用 SAR 图像对海洋现象进行检测有着重要的意义。传统的 SAR 图像海洋现象检测方法多基于人工设计的特征模型和检测阈值来实现，存在着泛化性能较差的问题。现有研究表明基于深度学习的检测方法泛化性能更佳，但相关研究结果都局限于对单一现象或单一信息的检测。而日益增长的对海洋现象信息的获取需求以及快速积累的 SAR 图像数据，都凸显出高效检测多类海洋现象并获取多种海洋现象信息的检测方法的重要性。本章从海洋现象的特性出发，针对海洋现象在 SAR 图像中的特征表现，基于深度学习提出高效的检测方法，实现对涡旋、雨团、锋面、内波和油膜的类别和位置信息的检测，同时在结果图中勾勒出海洋现象的形状。

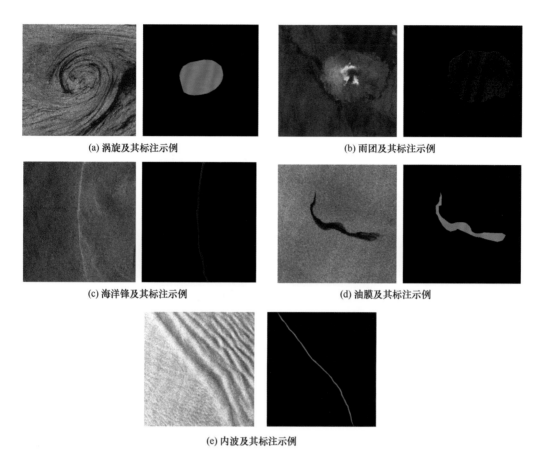

(a) 涡旋及其标注示例　　　　　　　　(b) 雨团及其标注示例

(c) 海洋锋及其标注示例　　　　　　　(d) 油膜及其标注示例

(e) 内波及其标注示例

图 5.23　海洋现象及其标注示例

5.2.3.1　检测方法网络结构

本章以涡旋、雨团、锋面、内波以及油膜等 5 类海洋现象的检测展开研究，其中涡旋、雨团为各向均匀分布的面目标，锋面、内波等为线形目标，油膜则同时存在以上两种形态。各类海洋现象在 SAR 图像中表现出如尺度差异性、特征相似性等特性，这些特性对海洋现象检测有着重要影响，在研究 SAR 图像海洋现象检测方法时需要充分考虑这些特性。

针对 SAR 图像海洋现象表现出的特征相似性以及异质性等特性，本章通过提取并融合多层级特征，综合利用多个层级的特征信息来提高检测性能。若只提取信息抽象层级不高的浅层特征，则不易在检测中区分特征相似的海洋现象。若只利用抽象层级高的深层特征进行检测，则不仅会损失细节信息，甚至会导致尺度较小的海洋现象在特征提取的降采样过程中被淹没于背景噪声，所以需要对图像进行多层级的特征提取，综合利用深层特征和浅层特征。

针对 SAR 图像海洋现象的尺度与几何差异性以及存在现象叠加的情况，本章通过提取多尺度特征，综合利用不同尺度下的局部与全局特征的方式来解决这些特性带来的问题。只使用单尺度特征不足以对尺度存在较大差异的多种现象同时进行检测，且无法应对海洋现象叠加的问题。同时，海洋现象作为在 SAR 图像中特征不明显的分布式目标，易出现检测结果不连通的情况。通过对多尺度特征进行提取，可以从整体信息出发对现象进行检测，避免因局部信息被干扰而出现将一个现象检测为多个现象的错误。

基于上述原因，参考在图像处理领域效果显著的深度学习网络结构（Chen et al.，2014；Ronneberger et al.，2015；Chen et al.，2017；Zhao et al.，2017；Chen et al.，2018a；Chen et al.，2018b）提出了通过融合多层级特征与多尺度特征的方式从 SAR 图像中检测海洋现象的方法——多特征融合神经网络（Multifeature Fusion Neural Network，MFNN）。MFNN 主要包含多层级特征提取部分、多尺度特征提取部分、融合检测部分以及参数优化方法。MFNN 的网络结构如图 5.24 所示。

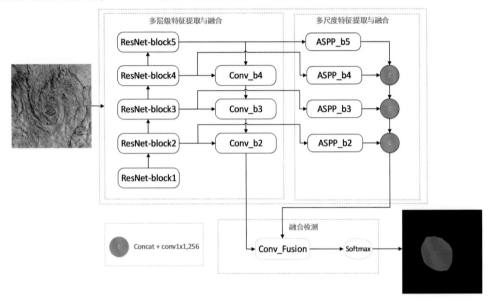

图 5.24 MFNN 网络结构

MFNN 的多层级特征提取部分基于 ResNet-101（He et al.，2016）对图像特征进行提取，并通过多路卷积将 ResNet-101 提取的特征逐层融合，从而有效地集成多层级特征信息。多尺度特征提取部分基于空洞卷积金字塔结构（He et al.，2015）（Atrous Spatial Pyramid Pooling，ASPP）对多尺度特征进行提取，使用空洞卷积（Yu and Koltun，2015）可以在获取多尺度特征的同时减少信息的损失，并保证得到的多通道特征图分辨率大小相同。融合检测部分使用多重卷积对得到的多层级特征和多尺度特征进行融合，将融合结果经过 softmax 函数计算后输出检测结果。同时 MFNN 的网络权重参数还需要经过训练调优才能应用于检测，所以使用加权交叉熵损失函数以及小批量梯度下降法对 MFNN 参数进行迭代优化。以下将分节详细介绍网络中的各部分内容。

5.2.3.2 多层级特征提取与融合

多层级特征提取部分采用 ResNet-101 作为主要特征提取网络，与原始的 ResNet-101 不同，本书去除了其原始架构中末端的全局平均池化层和全连接层。同时将原始架构中 block1 的步长为 2 的 7×7 卷积核变成 3 个串联的 3×3 卷积核，在保证感受野不变的同时增加了非线性映射的次数。具体参数设置如表 5.10 所示，其中除了 block2 和 block3 中的最后一个 bottleneck 的 3×3 卷积核的步长设置为 2 以外，其余所有的 3×3 卷积核的步长都设置为 1。

表 5.10　改进后的 ResNet-101 网络架构参数设置

网络层	参数		输出尺度
block1	3 × 3 conv, stride 2, 64 3 × 3 conv, stride 1, 64 3 × 3 conv, stride 1, 128 3 × 3 max pool, stride2		128×h/4×w/4
block2	1 × 1 conv, stride 1, 64 3 × 3 conv, 64 1 × 1 conv, stride 1, 256	× 3	256×h/8×w/8
block3	1 × 1 conv, stride 1, 128 3 × 3 conv, 128 1 × 1 conv, stride 1, 512	× 4	512×h/16×w/16
block4	1 × 1 conv, stride 1, 256 3 × 3 conv, stride 1, 256 1 × 1 conv, stride 1, 1 024	× 23	1 024×h/16×w/16
block5	1 × 1 conv, stride 1, 512 3 × 3 conv, stride 1, 512 1 × 1 conv, stride 1, 2 048	× 3	2 048×h/16×w/16

在海洋现象检测过程中，线形现象及小尺度现象的特征往往会随着网络的加深逐渐消失在降采样过程中，使得检测结果会出现不连续甚至消失的情况，导致网络检测性能大大降低。为了解决这一问题，MFNN 在多层级特征提取出来后，将其通过 Conv_b2、Conv_b3 以及 Conv_b4 做初步融合。融合时以 block5 提取的特征为基础，自上而下通过上采样向下融合 block4、block3 及 block2 中提取的多层级特征信息，从而减少特征的丢失。Conv_b2、Conv_b3 以及 Conv_b4 采用如图 5.25 所示的多层级特征融合卷积模块实现。

多层级特征融合模块首先使用 1×1 卷积调整特征输入通道数，均衡各层信息占比。然后通过 3×3 卷积对特征进行融合，并添加了 1×3 和 3×1 大小的两个支路卷积融合模块以提高对线形现象的敏感度，使结果中保留更多的线形现象的特征，支路卷积可以在不增加网络深度的情况下增加网络的宽度，提高了网络对特征的提取能力。

123

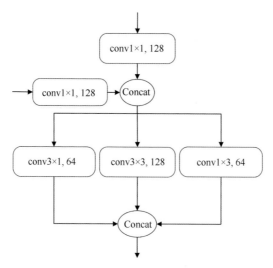

图 5.25　MFNN 中多层级特征融合卷积模块结构

5.2.3.3　多尺度特征提取与融合

多尺度特征提取部分采用 ASPP 对多尺度特征进行提取，ASPP 与传统空间金字塔结构不同的地方在于使用了空洞卷积进行特征提取。空洞卷积在标准的卷积核的基础上加入了空洞来提高卷积核内部各单元之间的距离，这个距离由空洞率决定，所以空洞率可以认为是空洞卷积的采样距离参数，它能改变空洞卷积核感受野的范围。由于空洞率参数的存在，使得空洞卷积与同样大小的标准卷积核相比感受野更大。一般而言，在 SAME 填充模式下，相同图像通过不同空洞率的空洞卷积输出的特征图分辨率是相同的（文宏雕，2018）。

通常的 ASPP 结构利用并联形式排列的不同空洞率参数的空洞卷积来实现多尺度特征信息提取。通过改变每一通道的空洞率，来得到不同尺度下的感受野与输出特征图。且由于通过不同通道的空洞卷积输出的特征图尺寸相同，所以可以将得到的特征图直接在通道维度联接到一起。同时为了避免补零区域的干扰，在网络中增加了一路全局图像平均池化通道分支的方式来保证有效图像信息的分布。

在本章的应用场景下，ASPP 中的正方形卷积核能够很好地提取近似各向均匀分布的雨团、涡旋等现象的特征，但是却不能更有效地提取内波与锋面等线形现象的特征。为了解决这一问题，对 ASPP 进行改进，加入两个长方形空洞卷积核模块，从而加强对线形现象的特征提取，改进后的 ASPP 结构如图 5.26 所示。改进的结构能够很好地提高内波与锋面现象的检测准确率，同时降低了检测线形现象时出现不连通情况的概率。

由于多层级特征提取部分加入了多层级特征融合结构对多层级特征进行了有效的提取与利用，所以 ASPP 可以使用较大的空洞率参数来专注于对多尺度语义信息的获取。为了选取 ASPP 在本书数据集下的最佳空洞率参数，分别针对不同空洞率参数下的正方形空洞卷积和长方形空洞卷积组合进行测试。最终将 ASPP_b5 的空洞率参数设置为 $\{(4，8，16)，9×1，1×9，256\}$，即将 ASPP_b5 中 3 个正方形空洞卷积的空洞率 rate1、

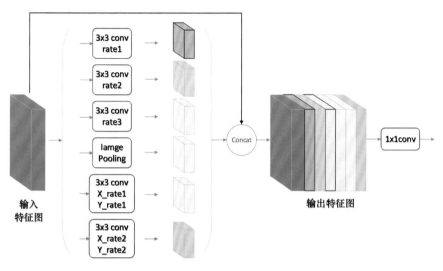

图 5.26　改进后的 ASPP 结构

rate2、rate3 的值分别设置为 4、8、16，将水平方向长方形卷积核的空洞率 X_ rate1 设为 9、Y_ rate1 设为 1，另一个垂直长方形卷积核的空洞率 X_ rate2 设为 1、空洞率 Y_rate2 设为 9，将 ASPP_ b5 中所有卷积核输出通道设为 256。应用于其他层的 ASPP_b4 参数设置为 ｛(4，8，16)，9×1，1×9，48｝，ASPP_b3 参数设置为 ｛(8，16，32)，18×1，1×18，16｝，ASPP_ b2 参数设置为 ｛ (16，32，64)，18×1，1×18，16｝。经多层 ASPP 处理后的特征在通道维度连接后使用 1×1 卷积进行初步融合，以此来获得更多样的特征信息。

5.2.3.4　多特征融合检测

通过 ResNet-101 和多层 ASPP 得到多层级融合特征与多尺度融合特征后，需将特征信息进一步融合起来进行决策以得到检测结果。融合过程如图 5.27 中所示，先将由 ResNet-101 获取的多层级融合特征经过 1×1 卷积将通道数进行调整，以平衡不同层次特征信息的比重，避免因为底层信息占比过多而引入噪声。然后将通道调整后的特征图在通道维度连接起来，接着使用两个大小为 3×3 通道数为 256 的卷积核，以及一个大小为 1×1 通道数根据检测类别数量决定的卷积核将得到的特征图进行融合与局部信息调整，最后通过双线性插值恢复特征图到原始输入图像大小。

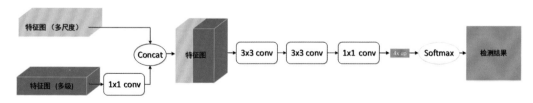

图 5.27　融合检测网络结构

将上采样后的特征图使用 Softmax 函数进行计算以获得最终的检测结果。假设共检

测 K 个类别，设原始图像输入为 x，网络权重参数为 $\theta = (\theta_0, \theta_1, \cdots, \theta_n)$，则上采样后的特征图坐标 (i, j) 处的值可用长度为 K 的矢量 $f(x|\theta)_{i,j}$ 表示，设输出的最终检测结果相应位置的像素属于第 k 类的概率定义为 $p_{i,j,k}$，使用 Softmax 函数计算得到

$$p_{i,j,k} = \frac{e^{f(x|\theta)_{i,j,k}}}{\sum_{k=1}^{K} e^{f(x|\theta)_{i,j,k}}} \tag{5.39}$$

5.2.3.5 网络参数优化

MFNN 网络结构确定后，使用 SAR 图像海洋现象训练集对 MFNN 的参数进行训练优化。网络训练需要定义一个损失函数作为优化的目标函数，通过损失函数来描述网络映射输出和真值之间的差距，以此来确定参数优化的目标形式。由于设计的检测方法是逐像素检测的，而在图像中像素占比较少的海洋现象对网络输出损失值的计算影响偏小，这导致训练时参数不能根据得到的损失值有效计算优化的方向，进而导致针对像素占比较少的现象的检测性能始终得不到改善。为此，本章使用了加权交叉熵损失函数计算损失值，通过加权的方式来提高像素数量占比较少的海洋现象对损失值的影响，从而解决类别像素占比不均衡的问题。

设检测输出图有 $Q = I \times J$ 个像素点，$Y_{i,j}$ 为检测输出图中坐标 (i, j) 处像素的真实标签值，设共有 K 个类别进行检测，则交叉熵损失函数可以定义为

$$C(Y, p) = -\frac{1}{Q} \sum_{i=1, j=1}^{I, J} \sum_{k=1}^{K} Y_{i,j,k} \log(p_{i,j,k}) \tag{5.40}$$

为了维持不同类别海洋现象间的均衡，加强像素占比较小的类别对损失值的影响，所以对各个类别进行加权处理，可得到加权交叉熵损失函数为

$$C(Y, p) = -\frac{1}{Q} \sum_{i=1, j=1}^{I, J} \sum_{k=1}^{K} w_k Y_{i,j,k} \log(p_{i,j,k}) \tag{5.41}$$

其中，权重 w_k 定义为训练集中包含的总体像素数目之和 $\sum Q_{\text{train}}$ 与训练集中第 k 类像素之和 $\sum Q_{\text{train}\_k}$ 的比值，它的计算公式为

$$w_k = \frac{\sum Q_{\text{train}}}{\sum Q_{\text{train}\_k}} \tag{5.42}$$

在确定好目标函数后，需要先将网络权重参数 $\theta_n (n = 1, 2, \cdots, N)$ 进行初始化，然后通过梯度下降的方式对参数进行迭代优化。由于使用全体样本数据计算损失值进行参数更新的数据量较大，对计算资源的要求也较高，所以采用小批量梯度下降算法作为参数优化算法。小批量梯度下降算法只依据随机选取的部分样本数据进行参数更新，可以有效减少计算量。假设每次小批量梯度下降训练样本数量都保持为 M，学习率为 η，那么小批量梯度下降的参数更新公式定义为

$$\theta_n' = \theta_n - \eta \nabla_\theta \frac{1}{M} \sum_{m=1}^{M} C_m(Y, p) \tag{5.43}$$

5.2.4 SAR 图像海洋涡旋检测实验

接下来通过对实际数据的检测来对本章提出的 MFNN 的有效性进行验证。硬件环境使用 Tesla P100-16GB 显卡，网络使用预训练 ResNet-101 权重进行初始化，训练时初始学习率设置为 0.001，总学习步长为 40 000 步，梯度下降的批次大小设为 4。由于在数据标注时着重针对海洋现象明显的核心部分进行标注，因此，在测试时也根据图像内的海洋现象核心部分是否被检测到作为检测结果是否正确的依据。同时为了提高对比度，将检测结果的背景设为白色。

通过 MFNN 检测输出的 SAR 图像中涡旋现象的部分正确检测结果示例如图 5.28 所示，证明了 MFNN 能够实现对 SAR 图像中涡旋现象的检测，并能在结果图中准确描绘出涡旋核心区域所在的位置。测试使用的 100 张涡旋图像中有 98 张图像被准确检测。

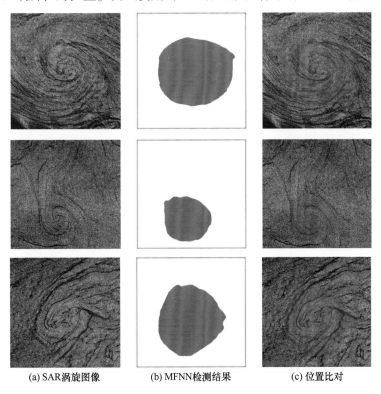

(a) SAR 涡旋图像   (b) MFNN 检测结果   (c) 位置比对

图 5.28　涡旋检测结果示例

通过 MFNN 检测输出的 SAR 图像中雨团现象的部分正确检测结果示例如图 5.29 所示，证明了 MFNN 能够实现对 SAR 图像中雨团现象的检测，并能在结果图中准确描绘出雨团核心区域所在的位置。测试使用的 100 张雨团图像中有 95 张图像被准确检测。

通过 MFNN 检测输出的 SAR 图像中内波现象的部分正确检测结果示例如图 5.30 所示，证明了 MFNN 能够实现对 SAR 图像中内波现象的检测，并能在结果图中准确描绘出图像中主波所在的位置。测试使用的 40 张内波图像中有 29 张图像被准确检测。由于

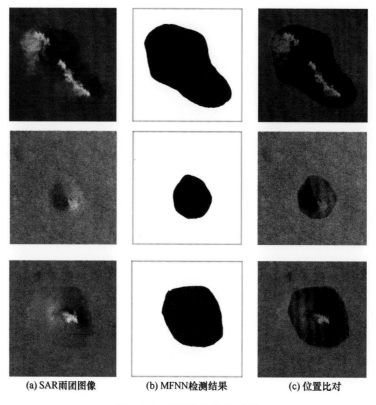

(a) SAR雨团图像   (b) MFNN检测结果   (c) 位置比对

图 5.29　雨团检测结果示例

内波研究中采用描点方式标注检测内波时，通常只标注出主波代表一个内波群，所以在针对内波的检测设计上，也使用只标出主波的方式尝试学习使用主波代表一个内波群，从部分检测结果上看，网络充分学习了这一模式。但由于当前内波的训练数据较少，所以在检测准确率数据上表现不佳。

　　通过 MFNN 检测输出的 SAR 图像中锋面现象的部分正确检测结果示例如图 5.31 所示，证明了 MFNN 能够实现对 SAR 图像中锋面现象的检测，并能在结果图中准确描绘出图像中锋面所在的位置。测试使用的 100 张锋面图像中有 93 张图像被准确检测。

　　通过 MFNN 检测输出的 SAR 图像中油膜现象的部分正确检测结果示例如图 5.32 所示，证明了 MFNN 能够实现对 SAR 图像中油膜现象的检测，并能在结果图中准确描绘出图像中油膜所在的位置。测试使用的 100 张油膜图像中有 87 张图像被准确检测。虽然针对油膜的检测效果较好，但描绘出的轮廓对于边缘较为确定的油膜区域来说还相对不够精细，对油膜的检测在细化结果轮廓方面仍然还有进一步改善的空间。

　　最后，将各类海洋现象的检测结果进行统计并计算其检测结果准确率，可以得到如表 5.11 所示结果：

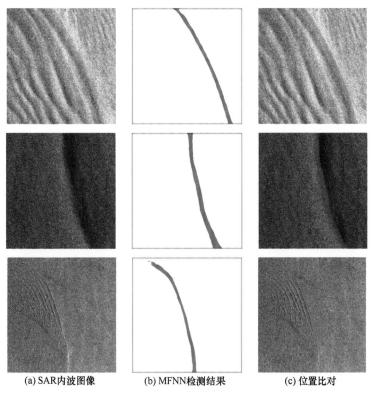

(a) SAR内波图像 (b) MFNN检测结果 (c) 位置比对

图 5.30 内波检测结果示例

表 5.11 检测结果统计

类别	训练数量	测试数量	正确数量	准确率
涡旋	400	100	98	98%
雨团	300	100	95	95%
内波	100	40	29	72.5%
锋面	300	100	93	93%
油膜	300	100	87	87%
合计	1 400	440	402	91.36%

从表 5.11 中可以看出，MFNN 对 SAR 图像海洋现象的平均检测准确率达到了 91.36%。其中，由于涡旋和雨团为面积较大的均匀分布面目标，所以特征学习比较充分，检测准确度相对较高。在针对其他几类现象的检测中，针对内波的检测效果最差，这是由于当前内波训练数据相对较少造成的。

本节针对面向 SAR 切片图像的海洋现象检测方法展开研究，提出了基于深度学习的 SAR 切片图像海洋现象检测方法 MFNN。MFNN 首先针对 SAR 图像中海洋现象表现出的特征相似性等特性，使用 ResNet-101 来提取 SAR 图像的多层级特征，并在此基础

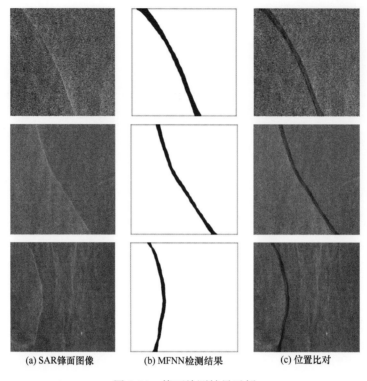

(a) SAR锋面图像　　　　　(b) MFNN检测结果　　　　　(c) 位置比对

图 5.31　锋面检测结果示例

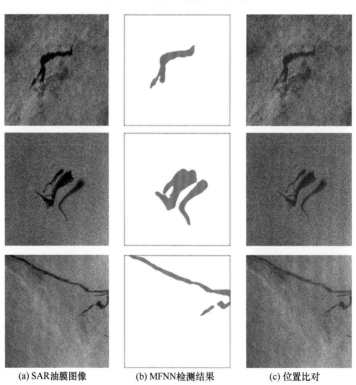

(a) SAR油膜图像　　　　　(b) MFNN检测结果　　　　　(c) 位置比对

图 5.32　油膜检测结果示例

上设计了多层级特征融合结构来加强对各层级特征的利用；接着针对 SAR 图像中海洋现象尺度差异大等问题，使用多层 ASPP 对多尺度特征进行提取与融合；最后，使用多重卷积将得到的多层级融合特征与多尺度融合特征进行融合，进而实现检测。针对训练集中存在的数据不均衡问题，使用加权交叉熵损失函数作为 MFNN 的目标函数来缓解类别数量不均造成的不利影响，从而优化 MFNN 的训练过程。利用构建的数据集开展了 SAR 切片图像海洋现象检测实验，验证了 MFNN 的有效性和准确性。

第6章 SAR图像海洋涡旋信息提取方法

本章以海洋涡旋SAR成像机理与成像特征研究为基础,开展SAR图像海洋涡旋信息提取研究。分别介绍了基于对数螺旋线边缘拟合的SAR图像涡旋信息提取方法、基于多尺度边缘检测的SAR图像涡旋信息提取方法、基于成像理论模型的SAR图像涡旋信息提取方法,并对三种方法的适用性进行分析和讨论。

6.1 基于对数螺旋线边缘拟合的SAR图像涡旋信息提取方法

通常涡旋在SAR图像中可以观测到几条涡旋边缘线,如图6.1所示。可以看出,SAR图像上涡旋的边缘形状类似于螺旋线。因此,可以利用螺旋线对涡旋的边缘进行拟合,并根据拟合结果提取涡旋信息。

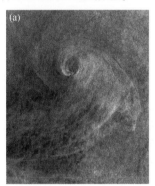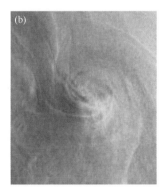

图 6.1 ERS-2 获取的螺旋形涡旋 SAR 图像示例

常见的螺旋线方程包括阿基米德螺旋线、对数螺旋线和幂指数螺旋线。由于对数螺旋线与涡旋边缘形状较为接近,故选用对数螺旋线对涡旋边缘进行拟合。

6.1.1 基于对数螺旋线的SAR图像涡旋边缘拟合

对数螺旋线的极坐标方程为:

$$r = ae^{\theta\cot\alpha} = ae^{b\theta} \tag{6.1}$$

其中,r 为极径,θ 为极角,a 为 $\theta = 0°$ 时的 r 值,α 为极径与切线间的夹角,$b = \cot\alpha$,b 的大小影响着螺旋线的弯曲程度,对数螺旋线方程各参数的含义如图 6.2 所示。

由于对数螺旋线是一条非闭合曲线,不能简单地按照传统的闭合曲线拟合算法来对

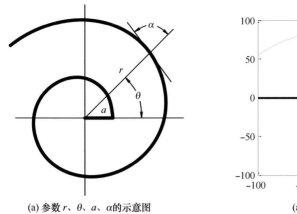

(a) 参数 r、θ、a、α 的示意图

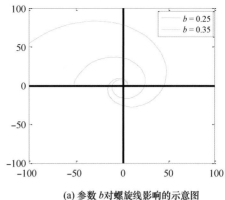

(a) 参数 b 对螺旋线影响的示意图

图 6.2　对数螺旋线方程中各参数的示意图

其进行拟合。可以通过将对数螺旋线的极坐标方程 $r = ae^{b\theta}$ 变换为 $\ln r = b\theta + \ln a$ 的形式，即将局部的对数螺旋线上各点坐标在 $(\theta, \ln r)$ 极坐标系下进行变换，使其成为能最佳地满足直线方程的形式，以便通过最小二乘法来求得该直线方程的系数 b 和 $\ln a$，进而得到最佳逼近涡旋边缘的对数螺旋线参数 b 和 a（孔秀梅，2003；蒲平，2011）。

　　由于从已知图像中获得的数据点坐标为直角坐标系下的值，因此需要先将直角坐标系下的点 (x, y) 变换到 $(\theta, \ln r)$ 坐标系下。在进行坐标变换时，需要确定坐标原点，即需要知道涡旋的中心点，事实上我们并不知道明确的涡旋中心点。在此，借鉴文献（张铭和李崇银，1986）中台风眼的概念，这里将涡旋几条边缘线所包围区域中一个近似圆形的区域称为涡旋眼区，如图 6.3 中 S 所指区域，图 6.3 中，A、B、C 指涡旋的三条边缘。涡旋眼区可以通过人眼判断出来，一般是在涡旋几条边缘线所包围区域中寻找到一个近似圆形的区域。根据涡旋眼区确定涡旋中心点的一个大体范围，然后通过遍历的方法对每条涡旋边缘求取一个最佳中心点位置，并得到每条边缘的最佳拟合结果。

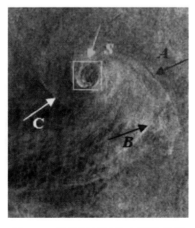

图 6.3　涡旋眼区以及边缘示意图

以图 6.3 中具有 A，B，C 三条边缘线的涡旋为例，具体拟合步骤如下：

（1）根据涡旋眼区确定涡旋中心点的大致范围 S，如图 6.3 中绿框所示区域；

（2）将 S 内左上角第 1 个点 (x_s, y_s) 作为涡旋的中心点 (x_0, y_0)，即坐标原点；

（3）以涡旋边缘 A 为例，边缘 A 对应的对数螺旋线方程为

$$r_A = a_A e^{b_A \theta_A} \tag{6.2}$$

对式（6.2）两边取对数，并令 $u_A = \ln r_A$，得到关于 b_A 和 $\ln a_A$ 的线性方程为

$$u_A = b_A \theta_A + \ln a_A \tag{6.3}$$

（4）在涡旋边缘 A 上选取 30 个点，A_1，A_2，$\cdots$，A_{30}；

（5）分别求出 $A_i (1 \leq i \leq 30)$ 到涡旋中心点 (x_0, y_0) 的角度 θ_{A_i} 和距离 r_{A_i}，即

$$\theta_{A_i} = \tan^{-1}\left(\frac{y_{A_i} - y_0}{x_{A_i} - x_0}\right) \tag{6.4}$$

$$r_{A_i} = \sqrt{(y_{A_i} - y_0)^2 + (x_{A_i} - x_0)^2} \tag{6.5}$$

由 r_{A_i} 得到 u_{A_i} 为

$$u_{A_i} = \ln r_{A_i} = \ln\left[\sqrt{(y_{A_i} - y_0)^2 + (x_{A_i} - x_0)^2}\right] \tag{6.6}$$

（6）将 θ_{A_i}，u_{A_i} $(1 \leq i \leq 30)$ 代入式（6.3），得到关于 b_A 和 $\ln a_A$ 的线性超定方程组，用最小二乘法解该方程组，便得到参数 b_A 和 $\ln a_A$，从而得到边缘 A 的拟合结果。b_A 和 $\ln a_A$ 最小二乘解的表达式为

$$b_A = \frac{\sum_1^{30} u_{A_i} \sum_1^{30} \theta_{A_i} - 30 \sum_1^{30} \theta_{A_i} u_{A_i}}{\left(\sum_1^{30} \theta_{A_i}\right)^2 - 30 \sum_1^{30} \theta_{A_i}^2} \tag{6.7}$$

$$\ln a_A = \frac{\sum_1^{30} \theta_{A_i} \sum_1^{30} \theta_{A_i} u_{A_i} - \sum_1^{30} u_{A_i} \sum_1^{30} \theta_{A_i}^2}{\left(\sum_1^{30} \theta_{A_i}\right)^2 - 30 \sum_1^{30} \theta_{A_i}^2} \tag{6.8}$$

（7）求 (θ_{A_i}, r_{A_i}) $(1 \leq i \leq 30)$ 在满足螺旋线方程 $r_A = a_A e^{b_A \theta}$ 的条件下，与中心点距离的理论值，即把各点角度 θ_{A_i} 代入方程 $r_A = a_A e^{b_A \theta}$ 中所得到的 r_A 值，记为 r_{A_i}'；

（8）用拟合出的螺旋线与原始数据的均方差 MSE_A 来评价拟合效果，即

$$\text{MSE}_A = \frac{\sum_1^{30} (r_{A_i}' - r_{A_i})^2}{30} \tag{6.9}$$

（9）将假定的中心点位置移动到 S 内另外一点，重复上述步骤（5）、（6）、（7）、（8），直到找到一个最小的 MSE_A，则相应的中心点 (x_a, y_a) 为边缘 A 的最佳中心点位置，如图 6.4 中"+"所示，相应的拟合结果为边缘 A 的最佳拟合结果；

（10）同样地，可以求得边缘 B 和 C 的最佳中心点位置分别为 (x_b, y_b)，(x_c, y_c)，如图 6.4 中"Δ"，"o"所示，并得到边缘 B 和 C 的最佳拟合结果。

涡旋各个边缘的最佳拟合结果如图 6.4 所示。

从图 6.4 可以看出，涡旋的每条边缘都得到了较为理想的拟合结果。同样地，可以对图 6.1（b）所示的涡旋进行边缘拟合，得到的拟合结果如图 6.5 所示。

图 6.4　涡旋边缘的最佳拟合结果（"+"
"Δ""o"分别为三条边缘的最佳中心点
位置）

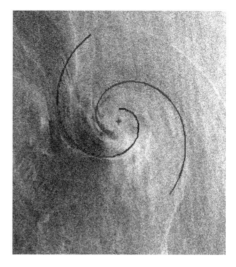

图 6.5　图 6.1（b）涡旋边缘拟合结果

6.1.2　SAR 图像涡旋信息提取

在对涡旋边缘拟合的基础上，可以进行 SAR 图像涡旋信息提取。

1）涡旋中心点位置的提取

这里将几条螺旋线最佳中心点位置的平均值作为涡旋中心点位置。以图 6.4 为例，三条涡旋边缘的最佳中心位置分别为 (x_a, y_a)、(x_b, y_b)、(x_c, y_c)，则涡旋中心点位置为

$$(x_0,\ y_0) = (\frac{x_a + x_b + x_c}{3},\ \frac{y_a + y_b + y_c}{3}) \tag{6.10}$$

其中，$(x_a,\ y_a) = (1031,\ 923)$，$(x_b,\ y_b) = (1083,\ 873)$，$(x_c,\ y_c) = (1015,\ 807)$，将其代入式（6.10）得到 $(x_0,\ y_0) = (1043,\ 868)$，如图 6.6 中"＊"所示。

2）涡旋直径的提取

为了对涡旋的空间尺度进行衡量，这里定义涡旋直径为穿过涡旋中心的到达涡旋边缘最长的一条直线的距离。在此以图 6.6 所示涡旋为例，对涡旋的直径进行估计。

具体计算步骤如下：

（1）求取涡旋边缘的终点，即拟合出的对数螺旋线的终点。以涡旋边缘 A 为例，利用对数螺旋线对其进行拟合时，终点的判断是通过求取该点后向散射值 σ_0 与左右邻近 5 个点后向散射值平均值 σ_{mean} 的对比值 $I = \dfrac{\sigma_0}{\sigma_{\text{mean}}}$，其中，$\sigma_{\text{mean}} = \dfrac{\sum_{i=-5,\ i\neq 0}^{i=5} \sigma_i}{10}$，当 $I <$ $I_{\text{阈值}}$ 时，该点 $M_A(x_A, y_A)$ 即是拟合出的对数螺旋线的终点，同样地，求取边缘 B 和边缘 C 的终点分别为 $M_B(x_B, y_B)$，$M_C(x_C, y_C)$，三条边缘的终点如图 6.7（a）所示；

图 6.6 涡旋中心点位置示意图

（2）求取通过 M_A 以及涡旋中心点 (x_0, y_0) 的直线为

$$y = \frac{y_A - y_0}{x_A - x_0}(x + \frac{x_A - x_0}{y_A - y_0}y_A - x_A) \tag{6.11}$$

（3）求取该直线与边缘线 C 的交点，即求解方程组

$$\begin{cases} y = \dfrac{y_A - y_0}{x_A - x_0}(x + \dfrac{x_A - x_0}{y_A - y_0}y_A - x_A) \\ r_C = a_C e^{b_C \theta_C} \end{cases} \tag{6.12}$$

方程组（6.12）的解为 $M_{AA}(x_{AA}, y_{AA})$，即直线与边缘线 C 的交点为 $M_{AA}(x_{AA}, y_{AA})$；

（4）穿过涡旋中心到达边缘 A 的直径为 $R_A = \sqrt{(x_{AA} - x_A)^2 + (y_{AA} - y_A)^2}$，如图 6.7（a）中红色直线所示；

（5）同样地，求取穿过涡旋中心到达边缘 B 和 C 的直径分别为 R_B、R_C，分别如图 6.7（a）中蓝色、黄色直线所示；

（6）则涡旋直径为 $R = \max(R_A, R_B, R_C)$。

图 6.7 所示 SAR 图像像素间隔为 $w = 12.5$ m，则图 6.7 所示涡旋直径的测量值为 $R_r = R \times 12.5$（m），如图 6.7（b）所示。

3）涡旋边缘尺寸的提取

为了对涡旋旋转幅度有一个定量估计，可以对各个涡旋边缘的尺寸信息进行计算，计算步骤如下：

（1）假设涡旋边缘起点的极坐标为 (θ_b, r_b)，终点的极坐标为 (θ_e, r_e)；

（2）涡旋边缘对应的螺旋线方程为 $r = ae^{b\theta}$，将其转换为直角坐标系下的方程为

$$\begin{cases} x = r\cos\theta = ae^{b\theta}\cos\theta \\ y = r\sin\theta = ae^{b\theta}\sin\theta \end{cases} \tag{6.13}$$

（3）则涡旋边缘的长度为

136

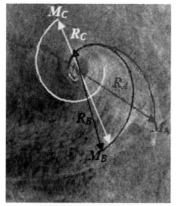 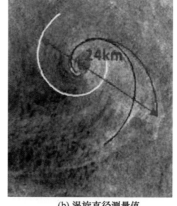

(a) 涡旋三个直径示意图　　　(b) 涡旋直径测量值

图 6.7　涡旋直径示意图

$$l = \int_{\theta_b}^{\theta_e} \sqrt{\left(\frac{\mathrm{d}x}{\mathrm{d}\theta}\right)^2 + \left(\frac{\mathrm{d}y}{\mathrm{d}\theta}\right)^2} \tag{6.14}$$

（4）涡旋 SAR 图像的像素间隔为 w，从而得到涡旋边缘的实际尺寸为

$$L = l \cdot w \tag{6.15}$$

对图 6.6 涡旋每个边缘的尺寸进行计算，图 6.6 中 $w = 12.5$ m，计算结果如图 6.8 所示。

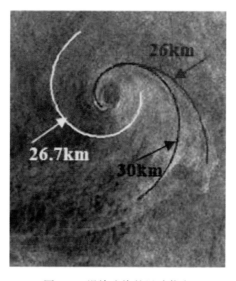

图 6.8　涡旋边缘的尺寸信息

6.1.3　SAR 图像涡旋信息提取实验

本节利用 ENVISAT ASAR 和 ERS-2 获取的 SAR 图像分别进行涡旋信息提取。欧空

局在 2005 年发射的 ERS-2 和 2002 年发射的 ENVISAT 卫星，具有几乎完全相同的飞行
轨道，ERS-2 随 ENVISAT 之后大约 28 min，并且具有相同的分辨率，图 6.9、图 6.10
分别是 ENVISAT ASAR 和 ERS-2 获得的同一海域的 SAR 图像。在这些图像中可以看到
两个白色涡旋（涡旋 P 和涡旋 Q）。

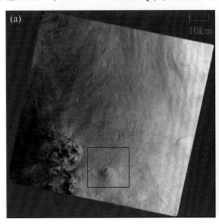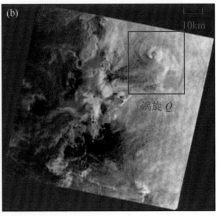

图 6.9　ENVISAT ASAR 涡旋图像（连续二景）

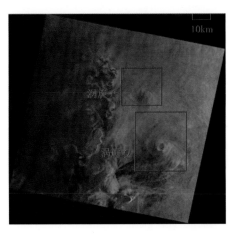

图 6.10　ERS-2 SAR 涡旋图像

　　图 6.9（a）和图 6.9（b）是 ENVISAT ASAR 时间上连续的前后二景图像（每景图
像 100 km×100 km），图 6.10 的覆盖区域位于图 6.9（a）的下半部分和图 6.9（b）的
上半部分，故而先将两景 ENVISAT ASAR 图像拼接起来，然后取其中与 ERS-2 图像具
有相同四角经纬度的区域，如图 6.11 所示。

　　分别对图 6.10 和图 6.11 中的涡旋 P 和涡旋 Q 进行基于对数螺旋线的边缘拟合，
得到的结果分别如图 6.12、图 6.13 所示。

　　根据拟合结果，对两个涡旋信息进行提取，分别如下：

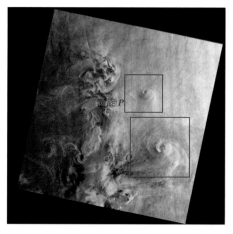

图 6.11　拼接并与 ERS 覆盖区域相同的 ENVISAT ASAR 图像

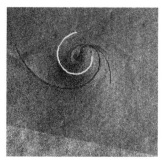

(a) ENVISAT ASAR图像　　　　　　(b) ERS-2图像

图 6.12　涡旋 P 的拟合结果

(a) ENVISAT ASAR图像　　　　　　(b) ERS-2图像

图 6.13　涡旋 Q 的拟合结果

1）涡旋中心位置

由表 6.1 可以看出，经过 28 min 后，涡旋 P 和涡旋 Q 的中心位置都发生了移动，由于图像像素间隔为 12.5 m，可以得出涡旋 P 的实际移动距离为 1.5 km，涡旋 Q 的实际移动距离为 950 m。

表 6.1 涡旋中心位置

涡旋	ENVISAT ASAR	ERS-2	涡旋中心移动距离
P	(860，578)	(755，523)	119 像素
Q	(1095，923)	(1043，868)	76 像素

2）涡旋直径

由表 6.2 可以看出，经过 28 min 后，涡旋 P 的直径减小了 400 m，涡旋 Q 的直径增大了 1 km。

表 6.2 涡旋直径

涡旋	ENVISAT ASAR	ERS-2	涡旋直径变化
P	11.6 km	11.2 km	−400 m
Q	23 km	24 km	1 km

3）涡旋边缘尺寸

从表 6.3 可以看出，经过 28 min 后，涡旋 P 和涡旋 Q 的边缘尺寸都发生了改变，并且涡旋 P 的边缘尺寸改变程度大于涡旋 Q 的边缘尺寸改变程度。

表 6.3 涡旋边缘尺寸

涡旋	边缘	ENVISAT ASAR	ERS-2	涡旋边缘尺寸变化
P	A_1（红线）	12.7 km	11.4 km	−1.3 km
	B_1（蓝线）	22.7 km	24.3 km	1.6 km
	C_1（黄线）	12.9 km	12.2 km	−700 m
Q	A_2（红线）	27.1 km	26 km	−1.1 km
	B_2（蓝线）	30.3 km	30 km	−300 m
	C_2（黄线）	26.7 km	26.7 km	0

为了直观地了解涡旋 28 min 前后的变化情况，将 ENVISAT ASAR 和 ERS-2 获得涡旋的拟合结果展示在同一张图（ERS-2 获得的 SAR 图像）上进行比较，如图 6.14 所示。

分别提取出涡旋 P 和涡旋 Q 区域，如图 6.15（a）、（b）所示。

从图 6.15 可以直观地看出，经过 28 min 后，涡旋整体向左上方（即西北方向）移动，并且涡旋的形状也发生了变化，为了对其进行验证，可以将其与涡旋伪彩色合成的结果进行对比。

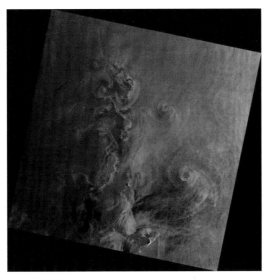

图 6.14　涡旋拟合结果对比图

红线代表 ENVISAT ASAR 获得涡旋的拟合结果，绿线代表 ERS-2 获得涡旋的拟合结果

(a) 涡旋 P

(b) 涡旋 Q

图 6.15　两个涡旋拟合结果的对比图

　　将 ENVISAT ASAR 和 ERS-2 的序列涡旋 SAR 图像进行伪彩色合成，如图 6.16 所示。

　　分别放大图 6.16 中的涡旋 P 和涡旋 Q 区域，并将其与图 6.15（a）、（b）两幅图像进行对比，分别如图 6.17、图 6.18 所示。

　　从图 6.17、图 6.18 可以看出，经过 28 min 后，涡旋 P 和涡旋 Q 都整体向左上方移动，并且涡旋边缘的形状发生了改变，这与基于涡旋边缘拟合的方法反映出的涡旋变化趋势是一致的；相对于伪彩色合成结果，基于涡旋边缘拟合的方法，可以更加直观地看出涡旋的变化趋势，并且能够定量化分析涡旋的变化趋势，如涡旋的位移、涡旋直径的改变等。

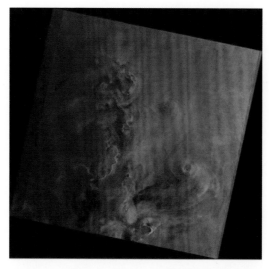

图 6.16　ENVISAT 和 ERS-2 构成的序列图像的伪彩色合成效果图
红色分量为 ENVISAT ASAR 获得的部分，绿色分量为 ERS-2 获得的部分

(a) 拟合结果

(b) 伪彩色合成结果

图 6.17　涡旋 P 的拟合结果与伪彩色合成结果的对比

(a) 拟合结果

(b) 伪彩色合成结果

图 6.18　涡旋 Q 的拟合结果与伪彩色合成结果的对比

6.2 基于骨架化的 SAR 图像海洋涡旋信息自动提取方法

在利用 SAR 图像进行涡旋统计性研究时, 需要提取涡旋中心位置、涡旋半径等信息分析涡旋时空分布、尺度分布的情况, 以往的工作中, 涡旋信息多由人工手动提取, 存在一定的主观判断差异, 而且随着涡旋 SAR 图像的积累, 从海量数据中人工提取信息费时费力, 因此十分需要 SAR 图像涡旋信息的自动提取方法。

由于显现机制大不相同, "白涡" 和 "黑涡" 在 SAR 图像中存在显著差异, 相应的信息提取方法也不同, 本节介绍 SAR 图像 "黑涡" 的信息自动提取方法。

本节针对 SAR 图像中 "黑涡" 的特点, 提出了一种基于骨架化的 SAR 图像 "黑涡" 信息自动提取方法。该方法先对 SAR 图像骨架化, 再基于骨架图像自动描绘 SAR 图像中 "黑涡" 的螺旋形状, 然后利用形状描绘结果提取涡旋中心位置、涡旋半径等信息, 从而实现 SAR 图像 "黑涡" 信息的自动提取。

6.2.1 SAR 图像 "黑涡" 信息提取难点

典型的 "黑涡" SAR 图像如图 6.19 所示, 其特点如本书绪论部分所述。

(a) Sentinel-1图像   (b) Sentinel-1图像

图 6.19   "黑涡" SAR 图像

"黑涡" SAR 图像的特点对 "黑涡" 信息自动提取方法提出了相应要求, 也是信息提取的难点所在, 主要体现在 "黑涡" 形状的准确描绘上。

(1) "黑涡" 存在不同数目的暗曲线条纹, 要求涡旋形状描绘方法能够自动辨别 "黑涡" 的暗曲线条纹数目, 使用相应数目的曲线来描绘涡旋形状;

(2) 涡旋暗曲线条纹不连续要求涡旋形状描绘方法对间断情况有较好的鲁棒性, 能完整地描绘涡旋形状;

(3) "黑涡" 个体之间形状存在一定的差异, 要求涡旋形状描绘方法能够实现多种螺旋形状涡旋的描绘;

(4) SAR 图像中存在其他暗色特征的干扰, 不能直接用图像的暗色特征来描绘涡旋形状, 需要排除干扰, 才能准确地描绘涡旋形状。

6.2.2 SAR 图像涡旋信息提取

根据 SAR 图像"黑涡"的特点，提出了一种基于骨架化的 SAR 图像"黑涡"信息自动提取方法，该方法包括三部分：骨架化、形状自动描绘、涡旋信息提取。该方法先将 SAR 图像骨架化，保持图像中暗曲线条纹的位置和形状不变，再基于骨架图像，利用涡旋的螺旋形状特征，自动描绘涡旋形状，然后利用形状描绘结果提取涡旋中心位置、涡旋半径等信息，该方法流程如图 6.20 所示。

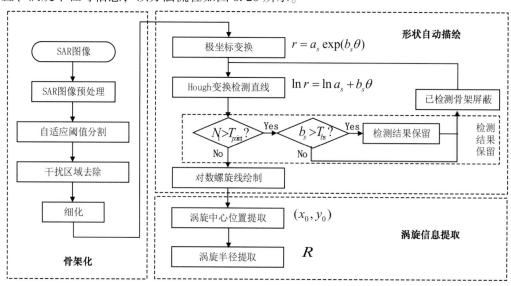

图 6.20   方法流程

6.2.2.1   骨架化

骨架化是常用的图像处理方法，可以大大减少图像域的数据量，并保持图像中区域的形状和位置不变。在 SAR 图像涡旋形状描绘时，只关注涡旋的形状，以及其在图像中的位置，为此对 SAR 图像先进行骨架化。

骨架化过程包括：SAR 图像预处理、自适应阈值分割、干扰区域去除、细化等步骤。本小节选用一张 Sentinel-1 卫星黑海地区的"黑涡"SAR 图像（图 6.21）作为示例，展示各步骤处理结果。

1）SAR 图像预处理

为了增强 SAR 图像中的涡旋，便于下一步实现阈值分割，同时滤除一定的斑点噪声，选用统计滤波的方法对图像进行预处理（Chaudhuri et al.，2012）。具体步骤如下：

（1）选取图像中一点 m，其灰度值为 f_m，提取点 m 大小为 $n \times n$ 的邻域，记为 W（n，n）；

（2）计算邻域 W（n，n）内灰度的均值 μ 和方差 σ；

（3）构建点 m 的灰度均匀集合 A，A 内元素满足

图 6.21   "黑涡" SAR 图像

$$A = \{f: \mu - \sigma \leqslant f \leqslant \mu + \sigma, \ \forall f \in W\} \tag{6.16}$$

（4）选取集合 A 内的最小值，替换点 m 的灰度值，即

$$f(m) = \min(A) \tag{6.17}$$

（5）遍历图像中的所有点，重复步骤（1）至步骤（4），完成统计滤波。

统计滤波选取了像素点邻域范围内的像素灰度均值和方差，构建灰度均匀集合，然后选取集合的最小值进行灰度替换，达到了增强 SAR 图像 "黑涡" 的目的，同时可以滤除一定的斑点噪声，减少噪声干扰。

统计滤波之后，为了保持 SAR 图像涡旋边缘，对图像进行高提升滤波（Gonzalez et al., 2013），并通过灰度线性拉升提高图像对比度。

高提升滤波先用模糊算子得到原图像的模糊版本，再利用原图像减去模糊图像得到增强模板，然后以一定的比例将增强模板添加到原图像上，达到增强图像边缘的目的。本章使用的模糊算子如下所示：

9	19	9
19	137	19
9	19	9

设原始图像为 $f(x, y)$，$\bar{f}(x, y)$ 为原图像的模糊版本，则滤波后图像为 $g(x, y)$，如式（6.18）所示：

$$g(x, y) = (1 + k)f(x, y) - k\bar{f}(x, y), \ k = 1.5 \tag{6.18}$$

高提升滤波后对图像进行灰度线性拉伸，拉伸前后灰度值关系如式（6.19）所示：

$$f_{\text{new}} = a \times f_{\text{old}} \tag{6.19}$$

其中，a 为灰度拉伸倍数，a 大于 1，可以达到增强图像对比度的目的。

SAR 图像预处理结果图 6.22 所示。由图 6.22 中可知，经过 SAR 图像预处理，SAR 图像中的"黑涡"更加明显，图像的对比度高。图 6.22 中海面背景大部分变成白色，主要是因为图像灰度区间为 0～255，在灰度线性拉伸时，如果拉伸后像素灰度值大于 255，则会被置为 255，这样进一步增加了 SAR 图像中黑涡与海面背景的对比度，有利于之后的处理。

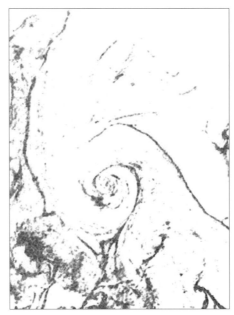

图 6.22　SAR 图像预处理结果

2）自适应阈值分割

选用 Otsu 方法自适应确定分割阈值（Otsu，1979），分割得到 SAR 图像涡旋对应区域。为了避免图像不同位置亮度差异影响分割结果，对图像进行分块，各图像块单独进行阈值分割，然后拼接分割结果得到海洋涡旋对应的二值图像。基于 SAR 图像中涡旋对应区域占图像面积较少的原理（Chaudhuri et al.，2012），自适应阈值分割方法如下：

（1）对 SAR 图像分块，得到分块图像 F_n（n = 1，2，3，…，N）；

（2）选取一图像块 F_n，初始化参数，初始区域 $R_0 = F_n$，分割阈值 $t_0 = 255$，初始面积比 $p_0 = 1$，循环次数 $i = 1$；

（3）利用 Otsu 方法确定区域 R_{i-1} 的分割阈值 t_i，分割得到 R_i；

（4）计算面积比 p_i：

$$p_i = \frac{R_i}{R_{i-1}} \tag{6.20}$$

（5）若面积比 p_i 满足条件：

$$p_i > p_{i-1} \text{或} |p_i - p_{i-1}| \leqslant \varepsilon \tag{6.21}$$

则结束循环，转到 6，否则 $i = i+1$，转到 3；

（6）选取 t_{i-1} 作为分割阈值，分割图像；

（7）遍历所有图像块，重复步骤 2～6，得到各图像块分割结果，拼接分割结果，得到涡旋对应的二值图像。

自适应阈值分割方法认为 SAR 图像中的暗色特征占图像的面积较少，利用分割得到区域的面积比来表征，当面积比 p_i 最小时，得到的分割阈值最优。因此若 SAR 图像中存在大面积的暗区域，则自适应阈值分割方法的效果较差。

自适应阈值分割的结果如图 6.23 所示，图中白色区域对应 SAR 图像中的海洋涡旋，黑色区域为海面背景。由图 6.23 可知，自适应阈值分割得到的涡旋二值图像，将 SAR 图像中"黑涡"对应的暗曲线条纹从海面背景中分离出来，较好地体现了"黑涡"的形状特性。

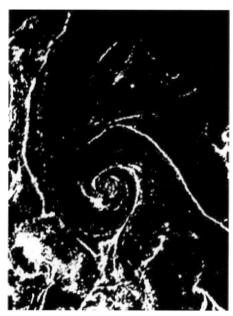

图 6.23　自适应阈值分割结果

3）干扰区域去除

噪声等因素使得涡旋二值图像中存在一定的干扰区域，如图 6.23 所示，在白色区域内部表现为小面积空洞，外部为小面积区域。设定面积阈值 T_a，去除这部分干扰区域。

（1）小面积区域去除：计算二值图像中白色区域的面积，即各区域内标记为 1 的像素点个数。当区域面积大于阈值 T_a，则保留该区域；当区域面积小于阈值 T_a，则认定该区域为干扰，将该区域内点全标记为 0，转换为背景，达到去除该区域的目的。

（2）小面积空洞填补：将二值图像点的标记取反，得到新的二值图像，即

$$f_n = 1 - f \tag{6.22}$$

其中，f 为原始二值图像，f_n 为取反后的二值图像。f 中所有标记为 0 的点，在 f_n 中被标记为 1，这将 f 中白色区域内部的空洞转换为 f_n 中的白色区域。然后选用小面积区域去除方法，去除 f_n 中的小面积区域，再将二值图像 f_n 中所有点的标记取反，实现二值图像 f 的小面积空洞填补。

干扰区域去除的结果如图 6.24 所示。对比图 6.23 和图 6.24 可知，经过干扰区域

去除，涡旋二值图像中，保留了SAR图像涡旋较明显的主要特征，而面积较小的白色区域和空洞被有效去除了，避免了干扰，减少了对之后处理的影响。

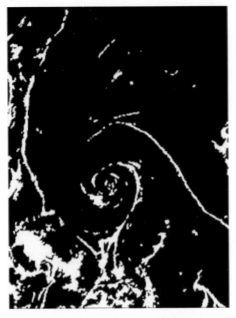

图6.24 干扰区域去除结果

4）细化

细化是将图像内区域转化为单像素宽度曲线的过程，细化得到的曲线称为骨架。对于涡旋二值图像，细化就是去除白色区域上点，得到单像素宽度曲线，表征涡旋的形状和位置。选用文献（Lam et al.，2002）的细化方法，获取涡旋二值图像对应的骨架。

噪声等因素使得细化得到的骨架上存在毛刺干扰。为了去除毛刺，将骨架上点分为叶子节点、中间节点和连接节点三类（Raney，1971）。叶子节点的8邻域内只有一个骨架上点，中间节点的8邻域内存在两个骨架上点，连接节点的8邻域内存在至少三个骨架上点。去除毛刺的方法如下：

（1）根据骨架上点8邻域内其他骨架点的数目，将骨架上点分为叶子节点、中间节点和连接节点三类；

（2）计算叶子节点到连接节点的骨架长度 l，即叶子节点到连接节点经过的骨架点数目；

（3）设定长度阈值 T_l，当 $l < T_l$ 时，则该段骨架认定为毛刺，从骨架图中去除；

（4）遍历所有叶子节点，重复步骤（2）~（3），完成骨架上毛刺的去除。

对于多层嵌套的毛刺结构，选用多次循环，逐步增大阈值 T_l 的方法来去除。

"黑涡"暗曲线条纹的不连续现象会导致骨架出现断裂，选用基于接近度和方向的曲线连接方法（Mukherjee et al.，1996）连接骨架。曲线连接方法的示意图如图6.25所示。其中 A、B 为两段骨架 $C1$ 和 $C2$ 的叶子节点，θ_1 和 θ_2 是叶子节点处曲线的方向，d（A，B）为 A、B 两点间的距离，θ_0 为线段 AB 的方向。

当满足如下连接判断条件时，我们将二骨架段连接：

148

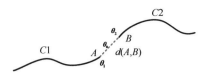

图 6.25　曲线连接示意图

（1）θ_1 和 $-\theta_2$ 的差小于阈值 ε；

（2）θ_1 和 θ_0 的差小于阈值 ε；

（3）θ_0 和 $-\theta_2$ 的差小于阈值 ε；

（4）距离 d（A，B）小于阈值 T_d。

细化的结果如图 6.26 所示。图 6.26（a）为细化后得到的 SAR 图像骨架，图中骨架进行了加粗处理；为了方便观察，将骨架描绘在 SAR 图像上，如图 6.26（b）中的红色曲线所示。由图 6.26 可知，SAR 图像骨架较好地表现了涡旋的形状和位置，但骨架图仍存在一定的不连续，并且除了包含涡旋对应的特征外，还有其他海洋现象对应的骨架。

(a) SAR 图像细化结果

(b) SAR 图像描绘细化结果

图 6.26　细化结果

6.2.2.2　形状自动描绘

分析图 6.26 可知，骨架图中除了涡旋外，还有其他海面特征，所以不能直接用 SAR 图像骨架描绘涡旋形状。SAR 图像中"黑涡"多为螺旋状，而海面其他特征一般不具有螺旋形状，因此应用涡旋的螺旋形状特征，从骨架中检测螺旋线，用于涡旋形状描绘。螺旋线有很多种，其中对数螺旋线与 SAR 图像中涡旋形状相近，常用其描绘涡旋形状（Liu et al.，1997；Marmorino et al.，2013；杨敏和种劲松，2013）。极坐标对数螺旋线方程如下：

$$r = a_s \exp(b_s \theta) \tag{6.23}$$

其中，r 为极径，θ 为极角，a_s、b_s 为对数螺旋线参数，决定了对数螺旋形状。

形状自动描绘过程包括：极坐标变换、Hough 变换检测直线、检测结果筛选、已检测骨架屏蔽、对数螺旋线绘制等步骤。通过循环检测的方法，实现具有多条暗曲线条纹"黑涡"形状的描绘。

1）极坐标变换

骨架图中点均在直角坐标系下，为了应用式（6.23）检测对数螺旋线，对骨架上点进行极坐标变换。极坐标系坐标原点为（x_0，y_0）时，直角坐标系下任一点（x，y）的极坐标变换公式如式（6.24）所示：

$$\theta = \arctan \frac{y - y_0}{x - x_0}$$
$$r = \sqrt{(x - x_0)^2 + (y - y_0)^2} \tag{6.24}$$

坐标原点（x_0，y_0）就是对数螺旋线的中心点，对应涡旋的中心位置。目前我们并不知道涡旋确切的中心位置，参照台风眼区的概念（张铭，李崇银，1986），选取 SAR 图像中涡旋螺旋状条纹交汇围成的区域作为涡旋中心区域。遍历中心区域内各点，作为极坐标系原点，对骨架上点进行极坐标变换，得到多组变换结果。

为了提高方法效率，在遍历中心区域，选取极坐标系原点时，设定适当的间隔 s_t，跳跃式地搜索中心点，粗略地估计对数螺旋线中心。在得到粗略中心后，再遍历粗略中心点，大小为 $s_t \times s_t$ 的邻域，筛选出对数螺旋线中心的精确位置。

由式（6.24）可知，对于多圈结构的对数螺旋线，螺旋线上点极坐标变换得到的极角值 θ 会存在 $2n\pi$ 的角度模糊，如图 6.27 所示，A、B 均为同一对数螺旋线上两点，极坐标变换时，两点的极角值 θ_A 和 θ_B 相同，但根据对数螺旋线特征，A、B 两点的极角值相差 2π，否则它们不会在同一条对数螺旋线上。

为了避免角度模糊的影响，对极坐标变换后点的角度值进行修正。极角修正方法如下：

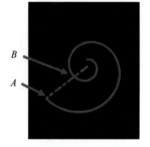

图 6.27 极坐标变换角度模糊示意图

（1）设置内圈半径 r_0，将坐标原点 r_0 范围内的所有骨架上点极角值减去 2π；

（2）设定搜索半径 d_r，提取坐标原点，$r_0 + d_r$ 范围内的骨架，构造新的骨架图像 f_n；

（3）计算图像 f_n 中各骨架曲线段上点的极角差 $theta_d$；

$$theta_d = \max(\theta) - \min(\theta) \tag{6.25}$$

（4）如果 $theta_d > 2\pi$，则标记该段骨架；

（5）判断所有标记了的骨架是否跨越角度起始分界线（实验中设定为 -0.5π），若跨越分界线，去除该骨架段上点的极径值小于分界线上点极径的标记；

（6）将所有标记的骨架上点的极角值加 2π，完成角度修正。

角度修正的原理是将内圈半径内，骨架上点的极角值与外圈的骨架上点进行区分，统一减去 2π，之后的角度再修正主要是为了保持同一骨架上点极角值的连续性。方法中提到的角度起始分界线是在极坐标变化时，能得到的角度最小值，本章中设定为 -0.5π，即极坐标变换后，点的极角值范围是 $[-0.5\pi, 1.5\pi]$。

本章所用的极角修正方法适用于具有二圈结构的对数螺旋线，SAR 图像中"黑涡"一般具有二圈螺旋结构，故该极角修正方法能够满足骨架上点角度修正的需要。经过角度修正，消除了同一对数螺旋线上内外圈点的角度模糊，有利于对数螺旋检测时内外端点的确定，以得到较完整的对数螺旋线，用于涡旋形状描绘。

2）Hough 变换检测直线

Hough 变换（Hough，1962）是图像处理中一种常用的曲线检测方法，利用图像域曲线和参数域点的对应关系，将图像域的曲线检测问题转换为参数域累加器局部峰值的统计问题（Duda，1972）。由于 Hough 变换是根据局部度量来计算全局描述参数，其对干扰导致的间断情况有较好的鲁棒性和容错性，因此选用 Hough 变换检测对数螺旋线，可以避免由于"黑涡"暗曲线条纹不连续导致的骨架间断对检测结果的影响。

式（6.23）两边取对数得到：

$$\ln r = \ln a_s + b_s \theta \qquad (6.26)$$

对数螺旋线方程转换为直线方程，而 Hough 变换检测直线是易于实现的。因此 Hough 变换检测对数螺旋线时，先将点的极径取对数，再在（θ，$\ln r$）坐标系下用 Hough 变换检测直线，然后将直线参数转化为对数螺旋线参数，实现对数螺旋线的检测。

Hough 变换检测直线时，图像域直线和参数域点的对应关系如图 6.28 所示，图像域直线 L_1 上点对应参数域的同一点（ρ，θ）。

利用 Hough 变换检测直线的方法如下：

（1）构建参数域累加矩阵，矩阵初始值设定为 0，矩阵的横纵坐标分别表示距离 ρ 和角度 θ，累加矩阵大小由 ρ 和 θ 的范围及量化间隔决定；

（2）对图像域每一个特征点（x_i, y_i），将角度 θ 的所有量化值代入式（6.27），计算得到相应的距离值，经过量化，在累加矩阵相应位置点（ρ，θ），将累加矩阵值加 1；

$$\rho = x\cos\theta + y\sin\theta \qquad (6.27)$$

（3）遍历图像域所有特征点后，查找累加矩阵的局部峰值，峰值点对应的矩阵坐标（ρ，θ）就是检测到的直线参数；

（4）将累加矩阵坐标转为直线参数，转换公式如式（6.28）所示，实现直线检测。

$$y = -\frac{\cos\theta}{\sin\theta}x + \frac{\rho}{\sin\theta} \qquad (6.28)$$

Hough 变换检测直线的数目在检测前由人工设定，如果需要检测多条直线，则需要查找累加矩阵的多个局部峰值。在选出一个局部峰值后，需要对该峰值处的累加矩阵进行局部抑制，避免局部峰值扩散对其他局部峰值查找的影响。Hough 变换的时间复杂度主要是由图像域数据量和角度 θ 的量化间隔决定，空间复杂度，即累加矩阵的大小，由角度 θ 和距离 ρ 的量化间隔决定。为了提高方法效率，降低时间和空间复杂度，Hough 检测时，选取较大的角度、距离量化间隔。

SAR 图像骨架上点极坐标变换得到多组结果，每组点的极径值取对数，均利用 Hough 变换检测直线。一组变换结果只检测得到一条直线参数，多组变换结果检测得到多条直线参数。为了选出最佳的检测结果，计算各检测直线上骨架点的数目。直线上点的示意图如图 6.29 所示，当点到直线的距离小于 d，则认为该点在直线上，例如图中的黑点，否则点不在直线上，例如图中的红点。选取直线上骨架点数目最多的一组参数输出，完成 Hough 变换检测。

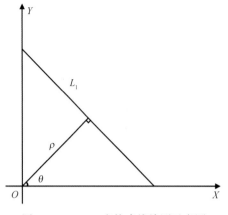
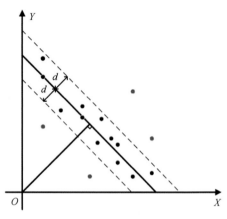

图 6.28　Hough 变换直线检测示意图　　　　图 6.29　直线上点示意图

Hough 变换检测时，由于累加矩阵较大的量化间隔，降低了检测到参数的精度，为了提高精度，选用检测直线上点，最小二乘拟合得到直线参数。最小二乘拟合得到直线参数的表达式如式（6.29）所示：

$$
b_s = \frac{n \sum\limits_{i=1}^{n} \theta_i \ln r_i - \sum\limits_{i=1}^{n} \ln r_i \sum\limits_{i=1}^{n} \theta_i}{n \sum\limits_{i=1}^{n} \theta_i^2 - \left(\sum\limits_{i=1}^{n} \theta_i \right)^2}
$$

$$
\ln a_s = \frac{\sum\limits_{i=1}^{n} \ln r_i \sum\limits_{i=1}^{n} \theta_i^2 - \sum\limits_{i=1}^{n} \theta_i \sum\limits_{i=1}^{n} \theta_i \ln r_i}{n \sum\limits_{i=1}^{n} \theta_i^2 - \left(\sum\limits_{i=1}^{n} \theta_i \right)^2}
$$

（6.29）

其中，n 为参与拟合的直线上点数目。为了避免部分大偏离点对拟合结果的影响，选用 p-最小二乘法（郭斯羽等，2012）。设定点数比例 p，每次拟合后，去除拟合直线两侧距离最远的两个点，再对剩下点进行直线拟合，直到剩下点数目占原有点数的比例小于 p，输出此时拟合得到的直线参数。

本章设计的 Hough 变换检测直线方法，每次只检测得到一条直线参数，对应一条对数螺旋线参数，若要检测多条对数螺旋线，则需要通过循环检测来实现。

3）检测结果筛选

通过直线上点数阈值 T_{point} 和参数 b_s 的阈值 T_{bs} 筛选检测结果，保留满足阈值要求的结果。

（1）直线上点数阈值 T_{point}：为了避免短直线检测结果的干扰，设定直线上点数阈值 T_{point}，T_{point} 由式（6.30）自适应确定。

$$
T_{point} = \max(T_0, p_d \times N_s)
$$

（6.30）

其中，T_0 为点数阈值下限，N_s 为骨架上总点数，p_d 为倍数，当骨架上点数较多时，对应的点数阈值 T_{point} 也较大。当直线上点数 $N_l > T_{point}$ 时，保留检测结果，进入下一步阈值判断，否则认为无法从骨架中检测到包含足够点数的直线，退出检测循环。直线上点数阈值 T_{point} 作为循环检测判断条件，决定了骨架图中可被检测直线所包含的最少点数，控制着骨架图中检测到的直线数目。

（2）参数 b_s 阈值 T_{bs}：SAR 图像中其他海面特征也可能被 Hough 变换检测到，且满足直线上点数阈值要求，不过它们一般不具有螺旋形状，对应的参数 b_s 较小，而涡旋对应的参数 b_s 则较大。为了排除其他海面特征导致的虚警检测结果，设定参数阈值 T_{bs}，当 $b_s > T_{bs}$ 时，认为该检测结果对应涡旋的暗曲线条纹，保留该组检测结果，用于涡旋形状的描绘，否则丢弃检测结果。

通过检测结果筛选，排除了其他海面特征的干扰，保留了符合涡旋特征的检测参数，应用这些参数能更好地描绘涡旋形状。

4）已检测骨架屏蔽

本章为了实现对数螺旋线中心定位，设计的 Hough 变换直线检测方法，不具备检测多条直线的能力，而 SAR 图像"黑涡"形状描绘时，可能需要从骨架图中检测多条直线，为此设计了循环检测的方法。循环检测中，为了避免重复检测，将检测直线对应的部分骨架，即已检测骨架，从骨架图中屏蔽，这样每次循环就能检测到对应不同骨架的直线，从而实现多条直线的检测。

通过循环检测和骨架屏蔽结合的方法，实现多条直线检测，还能避免其他海面特征可能导致的参数域累加矩阵峰值，破坏原本的峰值分布，影响有效直线参数的检测。虽然本章方法相较于利用 Hough 变换一次检测多条直线降低了效率，但提高了检测参数的可靠性，并较好地实现了对数螺旋线中心定位。

5）对数螺旋线绘制

将检测到的直线参数转换为对数螺旋线参数，转换公式如式（6.31）所示。

$$b_s = b_s; \quad a_s = \exp(\ln a_s) \tag{6.31}$$

对数螺旋线中心是检测直线对应的极坐标系原点，对数螺旋线角度范围由检测直线上点的角度范围决定。

在 SAR 图像上绘制检测到的对数螺旋线，直观地描绘涡旋形状。对数螺旋线绘制结果如图 6.30 所示，图中红色曲线为检测到的对数螺旋线，红色方点为对数螺旋线中心。由图 6.30 可知，图 6.21 "黑涡" SAR 图像中只检测到了一条满足要求的对数螺旋线，与涡旋的实际情况相符，将对数螺旋线绘制在"黑涡" SAR 图像上，直观地描绘了涡旋的形状。

图 6.30 对数螺旋线绘制结果

6.2.2.3 涡旋信息提取

涡旋信息反映了海洋中涡旋的特征，主要用于涡旋的统计性研究。涡旋形状反映了 SAR 图像中涡旋的几何特征，可从中提取涡旋信息。本章基于涡旋形状描绘结果，提取了涡旋中心位置、涡旋半径等信息。

1）涡旋中心位置提取

涡旋中心位置表征涡旋所在的地理位置，用于涡旋定位。利用检测到对数螺旋线中心坐标的加权和，作为涡旋中心位置 (x_0, y_0)，计算表达式如式（6.32）所示。

$$x_0 = \sum_{i=1}^{N} \frac{n_i}{n} x_i; \qquad y_0 = \sum_{i=1}^{N} \frac{n_i}{n} y_i \qquad (6.32)$$

其中，N 为检测到的对数螺旋线数目，n 为 N 条检测对数螺旋线对应直线上点的总数，n_i 为第 i 条检测对数螺旋线对应直线上点的数目，(x_i, y_i) 为第 i 条检测对数螺旋线的中心坐标。

选用中心坐标加权和来计算涡旋中心位置，主要是为了区分不同暗曲线条纹对涡旋信息的影响程度。对数螺旋线上点数越多，表明对应的涡旋暗曲线条纹越明显，对涡旋信息的影响程度就越大，涡旋中心位置就应该更偏向该对数螺旋线的中心。

2）涡旋半径提取

通常用涡旋半径表征涡旋尺寸，反映涡旋的作用范围。选取涡旋中心到对数螺旋线外侧端点的连线长度为涡旋半径 R。当存在 N 条对数螺旋线，得到 N 个半径参数时，选取其中的最大值作为涡旋半径，即涡旋半径 R 由式（6.33）确定：

$$R = \max(R_1, R_2, \cdots, R_N) \qquad (6.33)$$

从 SAR 图像中获取的涡旋半径为图像上距离，需要乘以 SAR 图像像素间隔，换算得到涡旋的实际半径。

涡旋半径提取需要预先知道涡旋中心位置，因此提取涡旋信息时，先提取涡旋的中心位置，再利用涡旋中心位置提取涡旋半径。

基于图 6.30 的涡旋形状描绘结果，提取的涡旋信息如图 6.31 所示，图中红色方点为涡旋中心位置，红色虚线为涡旋半径。由于图 6.30 中只有一条对数螺旋线，因此对数螺旋线中心即为涡旋中心位置，得到的一个涡旋半径参数即为涡旋半径 R。

图 6.31　涡旋新提取结果

提取的涡旋信息具体参数如表 6.4 所示。涡旋中心位置（515，928）对应 SAR 图像中坐标，坐标原点为图像左上角，涡旋半径 R 在图像中长度为 366 像素，选取的 Sentinel-1 卫星 SAR 图像的像素间隔为 10 m，所以涡旋半径实际值为 3.66 km。

表 6.4　提取的涡旋信息

SAR 图像	涡旋中心位置 (x_0, y_0)	涡旋半径 R（km）
图 6.31	（515，928）	3.66

6.2.3　SAR 图像涡旋信息提取实验

本节选取了 Sentinel-1 卫星黑海地区"黑涡"SAR 图像进行实验，实验分为两部分，先使用本章方法自动提取了"黑涡"SAR 图像的涡旋信息，验证方法的有效性，再选用一幅 SAR 图像，利用文献（杨敏和种劲松，2013）提出的涡旋信息手动提取方法，获取涡旋参考信息，与本章方法提取的涡旋信息进行对比，验证本章方法提取信息的准确性。下面分别介绍这两方面实验内容。

6.2.3.1 海洋涡旋信息自动提取实验

本小节选取了 3 幅"黑涡" SAR 图像作为示例，进行 SAR 图像"黑涡"信息自动提取实验，原始 SAR 图像如图 6.32 所示。

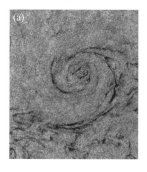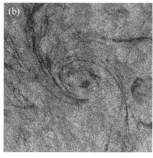

图 6.32 "黑涡" SAR 图像

本章提出的 SAR 图像"黑涡"信息自动提取方法，需要先描绘 SAR 图像中的涡旋形状，再基于形状描绘结果提取涡旋信息，因此先对图 6.32 的中"黑涡"进行涡旋形状描绘。分析图 6.32 可知，图 6.32（a）中"黑涡"只存在单条螺旋状暗曲线条纹，为单臂涡旋，需要一条对数螺旋线描绘形状；图 6.32（b）和图 6.32（c）中"黑涡"存在多条螺旋状条纹，为多臂涡旋，需要多条对数螺旋线描绘形状。图 6.32 各 SAR 图像涡旋的形状描绘结果如图 6.33 所示，图中曲线为检测到的对数螺旋线，不同颜色曲线表示不同的对数螺旋线。

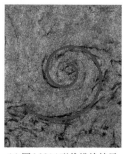

(a) 图6.32(a)形状描绘结果　　　(b) 图6.32(b)形状描绘结果　　　(c) 图6.32(c)形状描绘结果

图 6.33 "黑涡"形状描绘结果

分析图 6.33 可知：①本章方法通过单条或多条对数螺旋线的检测，实现了 SAR 图像中单臂和多臂"黑涡"的形状描绘；②本章方法描绘的"黑涡"涡旋形状与 SAR 图像中涡旋的实际形状相符，通过在 SAR 图像中绘制检测到的对数螺旋线，直观地表现了涡旋的螺旋形状特征；③本章方法通过曲线连接和 Hough 变换检测，避免了涡旋本身不连续的影响，得到较完整的涡旋形状；④本章方法通过检测参数阈值的设置，能排除海面其他特征对涡旋形状描绘的干扰。综上所述，本章方法能够完整、准确地实现

SAR 图像"黑涡"形状的描绘，为涡旋信息的准确提取提供了保证。

利用涡旋形状描绘结果，提取 SAR 图像"黑涡"信息，提取结果如图 6.34 所示，图中红色方点为涡旋中心位置，虚线为检测到的涡旋半径参数。

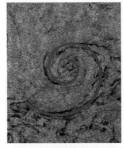
(a) 图6.32(a)涡旋信息提取结果

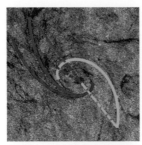
(b) 图6.32(b)涡旋信息提取结果

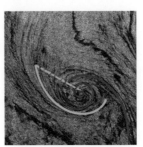
(c) 图6.32(c)涡旋信息提取结果

图 6.34   "黑涡"信息提取结果

提取的涡旋中心位置和涡旋半径具体参数如表 6.5 所示，表中数据颜色对应图 6.34 中相同颜色的对数螺旋线，表示该数据是由对应颜色的对数螺旋线获取。

表 6.5   涡旋信息提取结果

SAR 图像	对数螺旋线中心 (x_i, y_i)	涡旋中心位置 (x_0, y_0)	半径参数 R_i (km)	涡旋半径 R (km)
图 6.34 (a)	(530, 570)	(530, 570)	4.61	4.61
图 6.34 (b)	(566, 539)	(508, 508)	5.63	5.63
	(388, 477)		3.88	
	(571, 508)		5.52	
图 6.34 (c)	(606, 733)	(707, 722)	5.82	5.82
	(846, 705)		4.88	
	(694, 727)		2.30	

注：表中数据的颜色表明该数据是由图 6.34 中相应颜色的对数螺旋线获取的。

由表 6.5 可知，对于只用一条对数螺旋线描绘形状的单臂涡旋，其涡旋中心位置和涡旋半径由一条对数螺旋线决定，对于需要用多条对数螺旋线描绘形状的多臂涡旋，其涡旋中心位置为多条对数螺旋线中心的加权和，涡旋半径为半径参数的最大值。

通过本小节实验和分析，验证了本章提出的基于骨架化的 SAR 图像"黑涡"信息自动提取方法的有效性。该方法能够克服海面其他特征和涡旋本身不连续的干扰，利用一条或多条对数螺旋线描绘涡旋形状，描绘结果与 SAR 图像中涡旋实际形状相符，然后利用涡旋形状描绘结果提取涡旋中心位置、涡旋半径等信息。

6.2.3.2 信息提取对比实验

为了验证本章方法提取涡旋信息的准确性，以文献（杨敏和种劲松，2013）方法提取的涡旋信息作为参考，计算两方法提取涡旋信息之间的差异。

文献（杨敏和种劲松，2013）采用手动描点，边缘拟合的方法得到对数螺旋线，然后基于拟合对数螺旋线提取涡旋信息。该方法也是通过涡旋形状描绘来实现涡旋信息提取，只是在涡旋形状描述时，通过人工手动描点，获取涡旋的形状信息，再拟合得到对数螺旋线，自动化程度较低。

选用图6.32（c）的"黑涡"SAR图像作为示例，以文献（杨敏和种劲松，2013）方法提取涡旋参考信息，手动选取的数据点和涡旋信息提取结果如图6.35所示，图（a）中不同颜色的数据点用于拟合不同的对数螺旋线，图（b）中绿色方点为涡旋中心位置，虚线为涡旋半径参数。

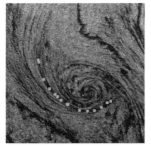 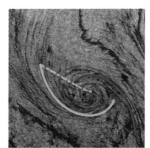

(a) 手动选取的拟合数据点   (b) 涡旋信息提取结果

图 6.35 文献（杨敏和种劲松，2013）方法提取的涡旋信息

文献（杨敏和种劲松，2013）方法提取的涡旋中心位置和涡旋半径具体参数，以及与本章提取信息的对比结果如表6.6所示。

表 6.6 涡旋参考信息及对比结果

	涡旋中心位置 (x_0, y_0)	涡旋中心位置误差（km）	涡旋半径 R（km）	涡旋半径误差（km）
文献（杨敏和种劲松，2013）	(717，715)	0.12	5.56	0.26
本章方法	(707，722)		5.82	

由表6.6可知，本章方法提取的涡旋中心位置与手动提取的涡旋参考中心位置相差0.12 km，涡旋半径相差0.26 km，为涡旋半径的4.7%，两种方法提取的涡旋信息差异小，基本一致。

为了更直观地体现两种方法提取涡旋信息的差异，将两种方法得到的对数螺旋线绘制在同一幅SAR图像中，如图6.36所示，图中红色曲线为本章方法检测得到的对数螺旋线，绿色曲线为文献（杨敏和种劲松，2013）方法拟合得到的对数螺旋线。

从图6.36可知，两种方法得到的对数螺旋线相互覆盖，基本贴合在一起，而两种

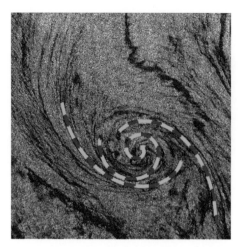

图 6.36 涡旋信息对比

方法都是基于对数螺旋线来提取涡旋信息，因此提取的涡旋信息也相近，与表 6.6 对比结果得到的结论相同。

通过本小节的实验和分析，验证了本章提出的基于骨架化的 SAR 图像"黑涡"信息自动提取方法提取涡旋信息的准确性。该方法提取的涡旋中心位置和涡旋半径与手动提取的涡旋参考信息基本相同，但自动化程度高，将为 SAR 图像涡旋统计性研究带来极大的方便。

本节依据"黑涡"SAR 图像的特点，提出了一种基于骨架化的 SAR 图像"黑涡"信息自动提取方法，利用涡旋形状的自动描绘实现涡旋信息自动提取。该方法先对 SAR 图像骨架化，减少图像域数据量，保持图像中涡旋的形状和位置不变，再基于骨架图像，利用涡旋的螺旋形状特征，检测满足要求的对数螺旋线，并在 SAR 图像中绘制螺旋线，直观地描绘涡旋形状，然后基于涡旋形状描绘结果，提取涡旋中心位置、涡旋半径等信息。

本节选取 Sentinel-1 卫星黑海地区"黑涡"SAR 图像开展了涡旋信息自动提取实验，实验结果表明，本节提出的方法能够通过涡旋形状的准确描述，实现涡旋信息的自动提取，验证了方法的有效性。通过涡旋信息提取对比实验和分析，表明本节方法提取的涡旋信息与手动提取的涡旋参考信息一致，验证了本节方法提取涡旋信息的准确性。

6.3 基于多尺度边缘检测的 SAR 图像涡旋信息提取方法

针对波-流交互作用机制涡旋在 SAR 图像中的特征，本节提出一种基于多尺度边缘检测的 SAR 图像涡旋信息自动提取方法。该方法先利用 SAR 图像的多尺度边缘检测，提取涡旋的形状特征，再基于多尺度边缘，检测满足要求的对数螺旋线，绘制在 SAR 图像上，直观地描绘涡旋形状，然后根据形状描绘结果提取涡旋中心位置、涡旋半径等信息，实现 SAR 图像涡旋信息的自动提取。

6.3.1　多尺度边缘基本理论

在介绍基于多尺度边缘检测的 SAR 图像涡旋信息自动提取方法前，先介绍多尺度边缘相关概念和图像多尺度边缘检测方法。

6.3.1.1　多尺度边缘的概念

图像边缘是指图像局部区域亮度显著变化的点，位于一个区域与另一个区域的交界处，在垂直边缘的剖面上，可以看到图像灰度的阶跃变化，且边缘位置的灰度梯度会出现峰值。图像边缘包含了大量的图像信息，是图像最基本的特征。

多尺度边缘是指图像在不同尺度下，获取的边缘信息，对应不同尺度大小的区域边界（Rosenfeld and Thurston，1971；Marr and Hildreth，1980；Witkin，1983）。不同尺度的边缘由于尺度关系存在一定的差异，在图像较小尺度下，边缘的定位比较准确，但易出现由噪声和纹理导致的误检，在图像大尺度下，常能有效地消除误检，获取较准确的边缘点，但是边缘的定位准确性会下降。

图像的边缘特征会在多个尺度上传递，但超过一定的尺度后，边缘信息会消失。利用这个特点，获取图像在多个有效尺度下均存在的边缘，作为图像多尺度边缘，表征图像的边缘信息。

6.3.1.2　基于二维小波变换的多尺度边缘检测

由于图像边缘位置会出现灰度梯度的峰值，因此常通过计算图像灰度梯度矢量的局部模极大值来实现图像边缘检测。对于多尺度边缘，需要对图像进行多尺度分析，检测得到不同尺度下的图像边缘。二维小波变换具有多尺度特性，能分解得到图像不同尺度的信息，常用于图像多尺度边缘检测（Mallat，1989；Mallat and Zhong，1992；张德丰，2012）。

设图像信号为 $f(x, y)$，对应的灰度梯度矢量由图像信号沿 x、y 两个方向的偏导数构成，如式（6.34）所示：

$$\Delta f = \left\{ \frac{\partial f}{\partial x},\ \frac{\partial f}{\partial y} \right\} \tag{6.34}$$

为了计算图像灰度梯度，需要获取图像信号两个方向的偏导数，因此设计两个有方向的二维小波，小波变换得到的两个分量，等价于图像灰度梯度矢量的两个分量。两个二维小波设定为二维平滑函数 $\theta(x, y)$ 的偏导数，如式（6.35）所示：

$$\psi^1(x,\ y) = \frac{\partial \theta(x,\ y)}{\partial x},\ \psi^2(x,\ y) = \frac{\partial \theta(x,\ y)}{\partial y} \tag{6.35}$$

利用式（6.35）所示母小波，获得不同尺度下的二进小波如式（6.36）所示：

$$\psi_j^1(x,\ y) = 2^{-j}\psi^1(2^{-j}x,\ 2^{-j}y),\ \psi^2(x,\ y) = 2^{-j}\psi^2(2^{-j}x,\ 2^{-j}y) \tag{6.36}$$

然后定义图像的二维二进小波变换如式（6.37）所示：

$$W^k f(2^j,\ x,\ y) = f \cdot \psi_{2^j}^k(x,\ y),\ k = 1,\ 2 \tag{6.37}$$

二维小波变换得到的两个分量与灰度梯度的对应关系如式（6.38）所示：

$$\left.\begin{cases} W^1 f(2^j,\ x,\ y) \\ W^2 f(2^j,\ x,\ y) \end{cases}\right\} = 2^j \left(\begin{matrix} \dfrac{\partial}{\partial x}(f \cdot \theta_{2^j})\ (x,\ y) \\ \dfrac{\partial}{\partial y}(f \cdot \theta_{2^j})\ (x,\ y) \end{matrix}\right) = 2^j\ \vec{\nabla}(f \cdot \theta_{2^j})\ (x,\ y) \qquad (6.38)$$

因此，可用图像二维二进小波变换得到的两个分量来计算图像灰度梯度矢量的模值 Mf $(2j,\ x,\ y)$ 和方向 Af $(2j,\ x,\ y)$，计算表达式如式（6.39）和式（6.40）所示：

$$Mf(2^j,\ x,\ y) = \sqrt{|W^1 f(2^j,\ x,\ y)|^2 + |W^2 f(2^j,\ x,\ y)|^2} \qquad (6.39)$$

$$Af(2^j,\ x,\ y) = \mathrm{acrtan}\left(\frac{W^1 f(2^j,\ x,\ y)}{W^2 f(2^j,\ x,\ y)}\right) \qquad (6.40)$$

在得到相应尺度下，图像灰度梯度矢量的模值和方向后，需要对梯度模值进行非极大值抑制，即判断相应点的灰度梯度模值是否是对应梯度方向上的极大值，如果是，则该点为边缘点，在边缘二值图像中保留，如果不是，则该点不是边缘点，在边缘二值图像中置为 0，然后得到图像单像素宽度的边缘，实现图像边缘检测。得到图像各尺度边缘二值图像后，判断有效尺度内图像边缘点是否在各尺度均存在，且对应的灰度梯度模值相近，若满足条件，则该点为图像的多尺度边缘点，所有边缘点判断完成后得到图像的多尺度边缘，完成图像多尺度边缘检测。

通过多尺度边缘检测得到的图像多尺度边缘，既实现了小尺度下边缘的准确定位，又利用大尺度边缘消除了噪声等因素导致的误检结果，能较好地反映图像的边缘信息，因此选用图像多尺度边缘来表征 SAR 图像涡旋的形状特征，用于涡旋信息提取。

6.3.2　涡旋形状特征提取

基于多尺度边缘检测的 SAR 图像涡旋信息自动提取方法，该方法包括三部分：形状特征提取、形状自动描绘、涡旋信息提取。该方法先利用多尺度边缘检测，提取 SAR 图像的涡旋形状特征，再基于获取的涡旋形状特征，检测对数螺旋线，用于 SAR 图像涡旋形状描绘，然后基于形状描绘结果，提取涡旋信息。该方法的流程图如图 6.37 所示。

本节选用一张 ERS-2 卫星获取的吕宋海峡涡旋 SAR 图像作为示例，展示各步骤处理结果，原始 SAR 图像如图 6.38 所示。

SAR 图像中涡旋不明显，对比度低，不易于从图像中分割出来，不过涡旋在 SAR 图像中呈亮色曲线，与海面背景存在灰度差异，可通过亮色曲线的边缘，来表征涡旋的形状。但是 SAR 图像由于噪声等因素的干扰，检测到的边缘点存在较大的误检，无法准确地体现涡旋的形状特征，为此选用 SAR 图像的多尺度边缘来表征涡旋形状。多尺度边缘结合了小尺度边缘定位准确、大尺度边缘误检少的特点，能较好地体现 SAR 图像涡旋的形状特征。

形状特征提取过程包括：图像池化、图像滤波、多尺度边缘检测、涡旋特征分离、涡旋特征增强等步骤。下面具体介绍各步骤处理过程。

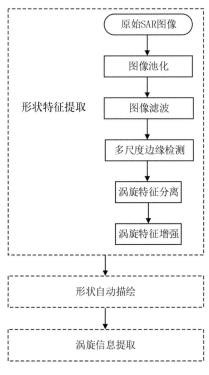

图 6.37　方法流程图

图 6.38　涡旋 SAR 图像

6.3.2.1　图像池化

图像池化方法多应用在卷积神经网络中（Chan et al.，2015；龙贺兆，2015；李彦冬等，2016），一般出现在卷积层之后的池化层内，用于降低图像尺寸，减少权重参数数目，降低计算成本，同时避免过拟合现象的出现，不过图像经过池化后，分辨率会下降。常用的图像池化方法包括最大值池化和均值池化（Zeiler and Fergus，2014）。

本书方法中使用图像池化的主要目的是降低图像的尺寸，从而减小涡旋边缘特征的有效尺度，减少在图像多尺度灰度梯度矢量计算时的尺度数，降低计算量，提升方法的效率。

本书选用的图像池化方法是均值池化，具体的步骤如下：

（1）选取大小为 $n×n$ 的池化窗口，无重叠地覆盖图像 f；

（2）计算池化窗口内像素点的灰度均值 m_f；

（3）将池化窗口看作池化后图像 f_c 的一点，灰度均值 m_f 为该点的灰度值；

（4）遍历图像所有池化窗口后，得到池化后图像 f_c，完成图像池化。

池化前后图像尺寸比例如式（6.41）所示，即池化后图像的长宽变为原来的图像的 $1/n$。

$$\frac{\text{size}(f)}{\text{size}(f_c)} = n \tag{6.41}$$

图像池化的示意图如图 6.39 所示。原始图像 f，池化窗口大小 2×2，如 f 内的黄色

161

区域所示，池化后图像为 f_c，f_c 内的黄色区域对应图 f 池化窗口的池化结果。由图 6.39 可见，经过图像池化，原图的一个区域变为池化后图像的一点，图像尺寸变为原来的 1/2，即池化前后图像尺寸比例与池化窗口大小相同。

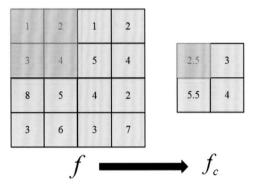

图 6.39　图像池化示意图

本书选用均值池化的方法，能起到噪声滤除的效果，减少 SAR 图像中斑点噪声的干扰。

图像池化结果如图 6.40 所示，为了观察方便，并未按照图像的真实尺寸展示，所以不能很好地观察出图像尺寸的变化，不过与图 6.38 对比可知，经过图像池化，SAR 图像变得更加光滑，减少了斑点噪声的干扰。

6.3.2.2　图像滤波

为了进一步去除图像的噪声，对图像进行滤波。选用均值滤波，先滤除图像的噪声，平滑图像，再选用高提升滤波，保持图像的边缘。

图像均值滤波是常用的图像滤波方法，选用滤波窗口的灰度均值替换窗口中心像素点灰度，达到滤波的效果。均值滤波的具体步骤如下：

（1）设定滤波窗口大小为 $n×n$，n 一般为奇数，便于确定窗口中心；

（2）选定图像中一点 m，提取以 m 为中心，滤波窗口大小的邻域 $W_m(n, n)$；

（3）计算 $W_m(n, n)$ 的灰度均值 μ；

（4）利用灰度均值 μ 替换点 m 的灰度；

（5）遍历图像所有点，完成步骤（2）~（4），实现图像均值滤波。

均值滤波与图像池化都是选用窗口均值进行灰度替换，但均值滤波不改变图像大小。

图像均值滤波在平滑图像的同时，也平滑了图像边缘，为了增强图像边缘，对图像进行高提升滤波。高提升滤波的具体实现方法如第 3.2.1 节中所述，不再赘述。

图像滤波的结果如图 6.41 所示。由图 6.41 可见，经过图像滤波，SAR 图像更加平滑，斑点噪声的影响更弱，突出了图像中主要区域特征的边缘信息。分析图 6.38、图 6.40 可知，示例涡旋 SAR 图像中除了固有的斑点噪声外，还有海浪干扰，而在图 6.41 中，经过图像滤波，基本消除了海浪的干扰，避免了其对图像多尺度边缘检测的影响。

图 6.40　图像池化结果　　　　　　图 6.41　图像滤波结果

6.3.2.3　多尺度边缘检测

图像多尺度边缘，表征了图像在有效尺度内传递的边缘信息，结合了小尺度边缘定位准确、大尺度边缘误检少的优点，能更好地描绘图像的边缘特征。图像多尺度边缘检测方法的具体步骤如下：

（1）二维小波变换获取图像的多尺度梯度矢量。本书选用的平滑函数为三次样条函数，两个具有方向性的小波是图像平滑函数 $\theta(x, y)$ 沿 x、y 方向的偏导数，即二次样条函数。关于小波变换的尺度，通过观察和初步实验分析，可知对于池化后的 SAR 图像涡旋边缘特征只能传递到尺度 2^4，尺度再增加，获取的图像边缘已经无法表现涡旋的形状特征，不具有使用价值，因此小波变换的尺度范围设定为 $2^1 \sim 2^4$，而由于尺度 2^1 太小，获取的边缘点存在较多由噪声、纹理导致的误检，所以有效尺度范围选取为 $2^2 \sim 2^4$。

（2）非极大值抑制获取图像单像素宽度边缘。对于二维小波变换获取的各尺度梯度矢量，计算梯度矢量的模值和方向，若图像中一点的梯度模值是梯度方向上的局部极大值，则该点为图像边缘点，遍历图像所有点，得到各尺度图像对应的单像素宽度边缘图像。

（3）判定边缘点是否在有效尺寸内传递，来获取图像多尺度边缘。得到各尺度对应的边缘图像后，判断图像相应点在各尺度中是否均为边缘点，且对应的梯度模值相近。选出那些满足要求的图像点，作为图像的多尺度边缘点，形成图像的多尺度边缘图像。

在实际的处理中，由于噪声等因素的影响，使得经过极大值抑制后获取的各尺度单像素宽度边缘很少有重合的部分，进而检测得到的图像多尺度边缘，点数少，不完整，不能很好地刻画图像特征。因此实际处理中，先对有效尺度内传递的特征点进行判断，再对这部分点对应的梯度模值进行非极大值抑制。

有效尺度内传递特征点判断，即判断相应点的灰度梯度模值在各尺度是否相近，通

过阈值 T_m 来衡量。阈值 T_m 由相应点在有效尺度内，各尺度梯度模值的平均值确定，计算表达式如式（6.42）所示，j 对应有效尺度，本书中是 2~4，p 为比例，用于调整阈值的大小。

$$T_m = p \times \mathrm{mean}\left[\sum_j Mf(2^j, x, y)\right], \ j = 2, 3, 4 \quad\quad (6.42)$$

若点在各尺度间梯度模值差的绝对值均小于阈值 T_m，则表明该点的特征在有效尺度内进行了传递，是多尺度边缘的候选点，在图像多尺度边缘图像中将该点置为 1，否则该点置为 0。然后计算多尺度边缘图像中标记为 1 的点，在有效尺度内的梯度矢量均值，作为多尺度边缘图像对应的灰度梯度矢量，计算时通过各尺度 x、y 方向梯度分量的平均得到。然后利用平均梯度矢量，非极大值抑制，得到图像对应的单像素宽度多尺度边缘图像。

多尺度边缘检测的结果如图 6.42 所示，图中边缘进行了加粗处理，从图中可知，在 SAR 图像涡旋不明显、对比度低的情况下，多尺度边缘仍较好地反映了图像的边缘特征，克服了单一尺度误检低和定位准确相矛盾的问题。

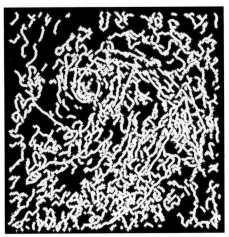

图 6.42　多尺度边缘检测结果

6.3.2.4　涡旋特征分离

由图 6.42 可知，图像多尺度边缘中，除了涡旋亮色曲线导致的边缘外，还存在噪声或者其他海面现象导致的边缘，因此需要从多尺度边缘中分离出涡旋对应的边缘。

在涡旋 SAR 图像中，"白涡"的亮色曲线属于相对明显的特征，其边缘对应的梯度模值较大，基于这个原理，构建多尺度边缘梯度模值直方图，利用直方图选取分离阈值 T_w，从多尺度边缘中分离出梯度模值大于 T_w 的边缘，作为 SAR 图像涡旋的边缘特征。具体步骤如下：

（1）计算多尺度梯度图像边缘链的梯度模值平均，作为该边缘的梯度模值参数，用于直方图构建；

（2）遍历所有边缘链，计算得到对应的梯度模值平均，构建梯度模值直方图，横坐标为梯度模值，纵坐标为边缘链数目；

（3）利用梯度模值直方图，选用 p 参数法（靳梅，2008）计算得到阈值 T_w；

（4）选取平均梯度模值大于 T_w 的边缘链，作为涡旋的边缘特征，完成涡旋特征分离。

在计算边缘链平均梯度模值时，为了便于直方图统计，对平均模值进行量化，本书选用的方法是向下取整。p 参数法中的参数 p 是比例，本小结对应的是平均模值大于 T_w 的边缘链数目占所有边缘链的比例，即涡旋对应的边缘链数目占的比例。

图 6.42 对应的梯度模值直方图如图 6.43 所示，从图中可知，边缘链的梯度模值较小，大部分小于 20，这反映出了涡旋 SAR 图像边缘特征不明显的特点。

涡旋特征分离结果如图 6.44 所示，图中边缘进行了加粗处理，p 参数法中的参数 $p=0.2$，计算得到的分割阈值 $T_w=7$，从图中可见，经过涡旋特征分离，去除了 SAR 图像多尺度边缘中大量的干扰边缘，保留了涡旋亮色曲线对应的边缘特征。

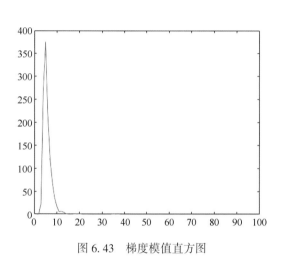

图 6.43　梯度模值直方图　　　　　　图 6.44　涡旋特征分离结果

6.3.2.5　涡旋特征增强

由图 6.44 可见，分离得到的涡旋边缘特征中，存在毛刺的影响，同时还有短边缘链的干扰，为了更好地表征 SAR 图像涡旋形状，需要去除毛刺和短边缘链，达到增强涡旋特征的目的。

将边缘链上的毛刺去除时，把边缘链上的点分为叶子节点、中间节点和连接节点。设定长度阈值 T_l，计算叶子节点到连接节点的边缘链长度 l，若 $l<T_l$，则去除该段边缘链。对于嵌套结构的毛刺，则选用多次循环，逐步增大阈值的方法来去除。

将短边缘链去除时，设定短边缘链阈值 T_{lb}，计算各边缘链的长度 lb，即边缘链包含的点数，去除长度 lb 小于阈值 T_{lb} 的边缘链，完成短边缘链的去除。

涡旋特征增强的结果如图 6.45 所示。图 6.45（a）为涡旋特征增强的结果，图中边缘进行了加粗处理，从图中可见，经过涡旋特征增强，去除了短边缘链的影响，避免了边缘链上毛刺的干扰，获取的图像边缘对涡旋形状特征的表现更加准确。为了方便观察，将涡旋特征对应的图像多尺度边缘绘制在 SAR 图像上，如图 6.45（b）所示，从图中可见，涡旋特征对应的图像边缘较好地描绘了 SAR 图像涡旋的位置和形状，实现了 SAR 图像涡旋形状特征的提取，不过图像边缘存在明显的不连续，对涡旋形状的描绘存在一定的影响。

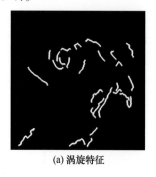 

(a) 涡旋特征　　　　　　　　(b) SAR图像描绘涡旋特征

图 6.45　涡旋特征增强结果

6.3.3　涡旋形状自动描绘

形状自动描绘方法主要基于 SAR 图像涡旋的螺旋形状特征实现。涡旋在 SAR 图像中呈螺旋状，选用对数螺旋线来描绘。基于提取的 SAR 图像涡旋形状特征，即图像多尺度边缘，检测相应的对数螺旋线，绘制在 SAR 图像中，实现涡旋形状的自动描绘。

（1）为了检测对数螺旋线，对图像多尺度边缘点进行极坐标变换。

（2）利用 Hough 变换检测对数螺旋线。由于 Hough 变换检测时选用局部度量来计算全面描绘参数，对间断情况有较好的鲁棒性，能够较好地克服图像多尺度边缘间断的影响。

（3）选用涡旋螺旋状特征对检测参数进行筛选，避免海面其他特征导致的虚警检测。

（4）设计的 Hough 变换检测方法单次只得到一条对数螺旋线参数，为了满足不同涡旋形状描绘的需要，通过循环检测的方法，实现多条对数螺旋线的检测。循环检测中为了避免重复检测，将已检测边缘，从图像多尺度边缘中去除。

（5）将检测得到的对数螺旋线绘制在 SAR 图像中，直观地描绘涡旋形状。

图 6.38 涡旋 SAR 图像对应的形状自动描绘结果如图 6.46 所示，图中背景为经过图像滤波后的涡旋 SAR 图像，图像尺寸小于原始 SAR 图像，图中曲线表示检测到的对数螺旋线，不同颜色代表不同的对数螺旋线。从图中可见，形状自动描绘方法能实现 SAR 图像涡旋形状的描绘，克服了提取涡旋特征中不连续的影响，得到了较完整的涡旋形状。

6.3.4　SAR 图像涡旋信息提取

基于涡旋形状描绘结果，提取 SAR 图像涡旋信息。提取的涡旋信息包括涡旋中心位置、涡旋半径等。

涡旋中心位置（x_0，y_0）由各检测对数螺旋线中心的加权和估计得到，表征涡旋所在的地理位置。涡旋半径 R 选为涡旋中心位置与对数螺旋线外侧端点的连线长度，如果存在多条对数螺旋线，会获取多条半径参数 R_i，选用其中的最大值作为涡旋半径 R。由于涡旋半径提取时需要使用涡旋中心位置，故先提取涡旋的中心位置，再提取涡旋半径。

基于图 6.46 的形状描绘结果，提取的涡旋信息如图 6.47 所示，图中心红色点为涡旋中心位置，虚线为涡旋半径参数。

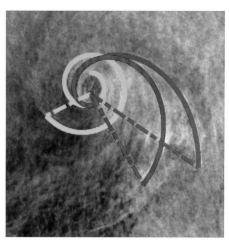

图 6.46　涡旋形状自动描绘结果　　　　　图 6.47　涡旋信息提取结果

图 6.47 所示的涡旋信息具体参数记录在表 6.7 中，数据颜色对应不同颜色的对数螺旋线，表中涡旋中心位置为池化后 SAR 图像的坐标，不是原始 SAR 图像对应的坐标位置，涡旋半径 R 在图像中长度为 378.9 像素，原始 ERS-2 卫星 SAR 图像的像素间隔为 12.5 m，经过窗口大小为 4×4 的图像池化后，分辨率下降，SAR 图像的像素间隔变为原来的 4 倍，即 50 m，所以涡旋半径的实际值为 18.95 km。

表 6.7　涡旋信息提取结果

SAR 图像	对数螺旋线中心 $(x_i，y_i)$	涡旋中心位置 $(x_0，y_0)$	半径参数 R_i（km）	涡旋半径 R（km）
图 6.47	(249，249)	(252，238)	18.95	18.95
	(245，220)		7.23	
	(255，239)		14.98	

注：表中数据的颜色表明该数据是由图 6.47 中相应颜色的对数螺旋线获取的。

6.3.5　SAR 图像涡旋信息提取实验

本节选用 ENVISAT 卫星和 ERS-2 卫星获取的吕宋海峡涡旋 SAR 图像进行实验，实验分为两部分，第一部分进行了涡旋 SAR 图像涡旋信息自动提取实验，验证本书提出的涡旋信息自动提取方法的有效性；第二部分选取同一涡旋的时序 SAR 图像，提取涡旋信息，利用涡旋信息随时间变化的特点来研究涡旋的变化趋势，并与文献（杨敏和种劲松，2013）得到的结果进行对比，验证本书方法提取涡旋信息的准确性。

6.3.5.1　涡旋信息自动提取实验

本小节选用 ENVISAT 卫星的两幅 SAR 图像，进行涡旋信息自动提取实验，原始 SAR 图像如图 6.48 所示，两幅涡旋 SAR 图像的获取海域均在吕宋海峡，分别从 ENVI-SAT 卫星拍摄该区域的前后两景 SAR 图像中截取得到。

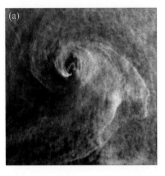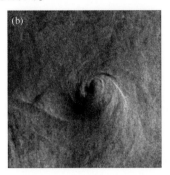

图 6.48　涡旋 SAR 图像

本章提出的 SAR 图像涡旋信息自动提取方法，需要先描绘 SAR 图像涡旋的形状，再基于形状描绘结果提取涡旋信息，因此先对图 6.48 中的涡旋进行形状描绘。涡旋形状描绘利用多尺度边缘检测，提取 SAR 图像涡旋的形状特征，再利用涡旋的螺旋形状，从提取的形状特征中检测满足要求的对数螺旋线，用于涡旋形状描绘。分析图 6.48 可知，两幅涡旋 SAR 图像中，涡旋都有多条亮色曲线，为多臂涡旋，需要多条对数螺旋线来描绘涡旋形状。图 6.48 涡旋形状描绘结果如图 6.49 所示，图中曲线为检测到的对数螺旋线，不同颜色表示不同的对数螺旋线。

(a) 图6.48(a)形状描绘结果　　　　　(b) 图6.48(b)形状描绘结果

图 6.49　涡旋形状描绘结果

分析图 6.49 可知：①本章通过形状特征提取、形状自动描绘，实现了 SAR 图像涡旋螺旋形状的描绘；②利用图像多尺度边缘检测的方法，解决了 SAR 图像涡旋不明显、对比度低导致的形状特征难以提取的问题；③通过对数螺旋线检测，避免了多尺度边缘不连续的影响，得到了较完整的涡旋形状，并在 SAR 图像中绘制对数螺旋线，直观地描绘涡旋形状；④涡旋形状描绘结果与 SAR 图像中涡旋的实际形状相符，保证了涡旋信息的准确提取。

基于图 6.49 所示的 SAR 图像涡旋形状描绘结果，提取的涡旋信息如图 6.50 所示，图中红色方点为涡旋中心位置 (x_0, y_0)，虚线为涡旋半径参数 R_i。

 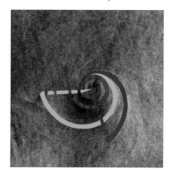

(a) 图6.48(a)涡旋信息提取结果　　　　　(b) 图6.48(b)涡旋信息提取结果

图 6.50　涡旋信息提取结果

图 6.50 所示的涡旋信息具体参数记录在表 6.8 中，表中数据的颜色表明该数据是由图 6.50 中相应颜色的对数螺旋线获取的。涡旋中心位置是池化后图像中的坐标，ENVISAT 卫星 SAR 图像的像素间隔为 12.5 m，经过 4×4 窗口的图像池化后，像素间隔变为 50 m，涡旋半径通过图像内长度乘以像素间隔得到。

表 6.8　涡旋信息提取结果

SAR 图像	对数螺旋线中心 (x_i, y_i)	涡旋中心位置 (x_0, y_0)	半径参数 R_i（km）	涡旋半径 R（km）
图 6.50（a）	(278, 260)	(270, 251)	18.49	18.49
	(270, 250)		15.61	
	(269, 244)		6.49	
图 6.50（b）	(274, 266)	(274, 264)	8.52	8.52
	(274, 264)		8.51	
	(274, 258)		3.29	

注：表中数据的颜色表明该数据是由图 6.50 中相应颜色的对数螺旋线获取的。

通过本小节的实验和分析，验证了本章提出的基于多尺度边缘检测的 SAR 图像涡旋信息自动提取方法的有效性。该方法通过多尺度边缘检测提取 SAR 图像涡旋的形状特征，再利用涡旋特有的螺旋形状，检测满足要求的对数螺旋线，用于涡旋形状描绘，然后基于形状描绘结果，提取涡旋中心位置、涡旋半径等信息。实验结果表明，本书方法描绘的涡旋形状与 SAR 图像涡旋实际形状一致，提取的涡旋信息有效。

6.3.5.2 涡旋变化趋势实验

ERS-2 和 ENVISAT 两颗卫星有几乎相同的轨道，过境同一地点的时间相差 28 min，因此两颗卫星可能获取同一涡旋不同时刻的 SAR 图像，从中提取涡旋信息，可用于研究海洋涡旋随时间的变化趋势，增进对涡旋时空变化的了解。

图 6.51 和图 6.52 分别是 ERS-2 卫星和 ENVISAT 卫星获取的同一地点 SAR 图像，ENVISAT 卫星的两幅 SAR 图像观测的区域与 ERS-2 一幅 SAR 图像观测区域重叠，且都观测到了"白涡"，由 SAR 图像获取时间可知，ERS-2 卫星的过境时间比 ENVISAT 卫星晚 28 min。

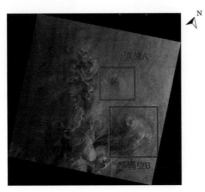

图 6.51　ERS-2 卫星 SAR 图像

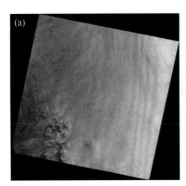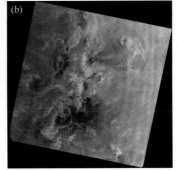

图 6.52　ENVISAT 卫星 SAR 图像

为了研究"白涡"的变化趋势，对 SAR 图像进行经纬度对准。将两幅 ENVISAT 卫星 SAR 图像拼接起来，获取与 ERS-2 图像四角经纬度相同的图像，拼接结果如图 6.53 所示。由图 6.51 和图 6.53 可知，两幅 SAR 图像中均存在两个"白涡"，分别记为涡旋 A 和涡旋 B。

分别从 ERS-2 图像和 ENVISAT 图像中截取涡旋 A 和涡旋 B 对应的图像，如图 6.54 所示，同一涡旋 SAR 图像的左上角点对应同一经纬度，以保证可通过图像坐标表示的涡旋中心位置变化来研究涡旋的运动趋势。

选用本章提出的 SAR 图像涡旋信息自动提取方法，分别提取 4 幅 SAR 图像中涡旋

170

的信息。涡旋 A 和涡旋 B 的信息提取结果分别如图 6.55 和图 6.56 所示。

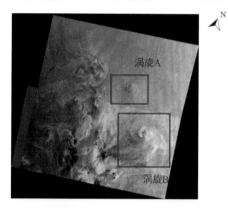

图 6.53　ENISAT 卫星经纬对准后 SAR 图像

(a) ENVISAT 涡旋A

(b) ENVISAT 涡旋B

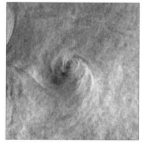

(c) ERS-2 涡旋A

(d) ERS-2 涡旋B

图 6.54　涡旋 SAR 图像

(a) ENVISAT

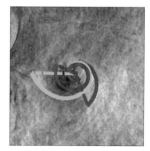

(b) ERS-2

图 6.55　涡旋 A 信息提取结果

171

涡旋 A 信息的具体参数记录在表 6.9，表中还记录了涡旋中心位置偏移和涡旋半径变化的情况，半径变化参数的符号为负，表示半径减小。

表 6.9　涡旋 A 信息提取结果

	涡旋中心位置 (x_0, y_0)	中心偏移（km）	涡旋半径 R（km）	半径变化（km）
ENVISAT	(274, 264)		8.52	
ERS-2	(248, 248)	1.53	8.23	-0.29

由表 6.9 记录的涡旋信息可知，经过 28 min，涡旋 A 的中心位置发生了移动，移动的距离为 1.53 km，移动方向为向图像左上方，依据 SAR 图像的方位，实际涡旋向西北方向移动；涡旋半径减少了 0.29 km，表明涡旋尺寸缩小了。

(a) ENVISAT　　　　　　　　　　　(b) ERS-2

图 6.56　涡旋 B 信息提取结果

涡旋 B 信息的具体参数记录在表 6.10 中，表中记录了涡旋 B 的中心位置偏移和涡旋半径变化，半径变化参数的符号为正，表示半径增大。

表 6.10　涡旋 B 信息提取结果

	涡旋中心位置 (x_0, y_0)	中心偏移（km）	涡旋半径 R（km）	半径变化（km）
ENVISAT	(270, 251)		18.49	
ERS-2	(252, 238)	1.11	18.95	0.46

由表 6.10 记录的涡旋信息可知，经过 28 min，涡旋 B 的中心位置发生了移动，移动的距离为 1.11 km，移动方向为向图像左上方，实际涡旋向西北方向移动；涡旋半径增加了 0.46 km，表明涡旋尺寸增大了。

为了更直观地观测涡旋 A 和涡旋 B 的空间变化趋势，将涡旋形状描绘结果绘制在一张 SAR 图像中，如图 6.57 所示，图中 SAR 图像为 ENVISAT 图像，红色曲线 ENVISAT 图像涡旋形状描绘结果，绿色曲线为 ERS-2 图像涡旋形状描绘结果。

从图 6.57 中可以较明显地观察到涡旋的变化趋势。经过 28 min，涡旋 A 和涡旋 B 均向图像左上方，即西北方向移动了，与表 6.9 和表 6.10 中记录的涡旋中心位置偏移情况相同；涡旋尺寸变化不明显，从图像中不能明确地观测到具体的变化情况，这主要

(a) 涡旋A   (b) 涡旋B

图 6.57　涡旋空间变化趋势对比图

是由于本身涡旋半径的变化程度不大，涡旋 A 的半径减小了 3.4%，涡旋 B 的半径增大了 2.5%，只能从图中粗略地判断，涡旋 A 的尺寸变小了，涡旋 B 的尺寸增大了。

通过本小节实验，研究了 SAR 图像涡旋随时间的变化趋势，包括中心位置偏移和涡旋尺寸变化情况。通过同一涡旋不同时刻 SAR 图像涡旋信息的提取，得到涡旋中心位置偏移和涡旋半径变化情况，并与已有研究成果进行比较，得到了相同的结论，验证了本方法提取涡旋信息的准确性。

本节依据涡旋 SAR 图像的特点，提出了一种基于多尺度边缘检测的 SAR 图像涡旋信息自动提取方法。该方法先利用图像多尺度边缘检测提取 SAR 图像涡旋的形状特征，再基于多尺度边缘，检测满足要求的对数螺旋线，用于涡旋形状的描绘，然后利用形状描绘结果，提取涡旋中心位置、涡旋半径等信息。

选取 ENVISAT 卫星吕宋海峡获取的涡旋 SAR 图像开展了涡旋信息自动提取实验，实验结果表明，本节提出的 SAR 图像涡旋信息自动提取方法，能够通过形状特征提取、形状自动描绘和涡旋信息提取，实现 SAR 图像涡旋信息的自动提取，验证了方法的有效性。选用 ERS-2 卫星和 ENVISAT 卫星，在吕宋海峡观测到的同一涡旋不同时刻 SAR 图像，开展了涡旋变化趋势研究，通过 SAR 图像涡旋信息提取，得到了涡旋中心位置偏移和涡旋半径变化情况。

6.4　基于水动力模型的 SAR 图像涡旋信息提取方法

目前比较常用的 SAR 图像涡旋现象参数反演方法为曲线拟合法。曲线拟合法可以根据 SAR 图像后向散射系数拟合出涡旋强度变化曲线并提取涡旋信息。但是曲线拟合法仅考虑了加性随机噪声的影响，而 SAR 图像中乘性相干斑噪声的影响也尤为严重。因此基于曲线拟合法反演 SAR 图像涡旋参数，由于模型噪声不匹配导致涡旋信息提取精度较差。

本节以海洋涡旋水动力模型和 SAR 成像机理为基础，开展 SAR 图像海洋涡旋信息提取研究。基于海浪-雷达调制传递函数和海洋涡旋水动力模型，构建 SAR 图像涡旋动力参数反演模型。基于反演模型给出一种 SAR 海洋涡旋动力参数反演方法，通过构建海面散射值联合概率密度函数，结合最大似然估计理论和牛顿迭代法，从 SAR 图像中提取海洋涡旋的中心位置、最大旋转速度半径、涡旋角速度、传播速度、脱落频率、生存周期等物理参数。反演方法流程如图 6.58 所示。

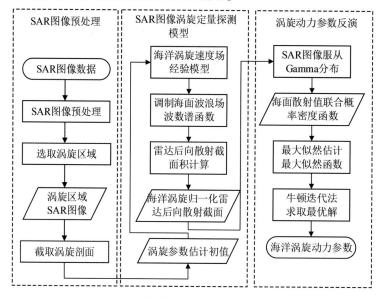

图 6.58　SAR 图像海洋涡旋动力参数反演方法流程

6.4.1　海洋涡旋 SAR 成像理论模型

海洋涡旋在旋转和移动过程中会引起海表面流场发生辐聚和辐散的变化，SAR 将海面较光滑的辐散区和较粗糙的辐聚区分别成像为偏暗和偏亮的条带特征。因此，SAR 图像中海洋涡旋表现出的雷达后向散射系数变化与涡旋水动力过程有着密切关系，利用雷达海面后向散射系数变化与涡旋 SAR 图像变化的联系能够定量反演涡旋水动力过程参数。

SAR 图像可认为是雷达回波信号强度的二维显示，回波信号强度取决于海表面的粗糙度变化。满足布拉格共振散射条件的海表面波浪场的二维波数谱密度，可用于参数化涡旋引起的海面粗糙度变化。为了建立雷达信号和海洋波谱密度间的解析关系（即海浪–雷达调制传递函数），前人已发展了诸多理论模型，尽管形式上各不相同，但都是建立在 Bragg 共振散射机制的基础之上。下面将结合海浪–雷达调制传递函数和涡旋速度场模型，推导 SAR 图像海洋涡旋定量反演模型。

6.4.1.1　海浪–雷达调制传递函数

根据 Bragg 共振散射理论，海洋的雷达回波信号强度用单位雷达后向散射截面来表征，表达形式如式（2.13）~（2.15）所示。这表明对于给定的雷达波数 k_0 和入射角 θ，雷达回波信号的强度仅取决于海面波浪场的二维波数谱密度 ψ。ψ 的空间变化引起雷达图像的强度变化，即所谓的图像模式或图像特征。例如，在 SAR 图像上，涡旋边缘会呈现亮暗交替变化特征和螺旋形态。因而，定量解译 SAR 图像中涡旋特征的关键

是确定受到涡旋流场调制后的 ψ 函数形式。在波数空间内波数谱的成长过程可用波数谱平衡方程描述，形式为

$$\frac{\partial \psi(k)}{\partial t} + (U + C_g)\nabla\psi(k) = S_{\text{in}}(k) + S_{\text{nl}}(k) + S_{\text{ds}}(k) + S_{\text{cn}}(k) \tag{6.43}$$

式中，U 为平均流速，C_g 为群速度，$k = 2\pi/\lambda$ 为海面波的波数，右侧的项 $S_{\text{in}}(k)$、$S_{\text{nl}}(k)$、$S_{\text{ds}}(k)$ 和 $S_{\text{cn}}(k)$ 分别代表风输入源函数、波-波非线性相互作用源函数、耗散源函数以及波-流相互作用源函数。假定波浪谱的高频段处于平衡状态，则波浪谱不随时间变化且空间均匀。因而，波数谱的平衡方程（6.43）可表示为

$$S_{\text{in}}(k) + S_{\text{nl}}(k) + S_{\text{ds}}(k) + S_{\text{cn}}(k) = 0 \tag{6.44}$$

文献（Mcgoldrick，1965；Plant and Wright，1977；Phillips and Weyl，1980；Plant，1982）分别给出了风输入源函数、耗散源函数和波-流交互作用源函数的表达式，这里不再进行介绍。将各源函数表达式代入式（6.44）中，得到毛细重力波段波数谱表达式为

$$\psi_g(k) = m_3^{-1}\left[m\left(\frac{u_*}{c}\right)^2 - 4\gamma k^2\omega^{-1} - \left(S_{\alpha\beta}\frac{\partial U_\beta}{\partial x_\alpha}\right)\omega^{-1} \right]k^{-4} \tag{6.45}$$

其中，m、m_3 为系数，u_* 为摩擦风速，c 为波的相速度，γ 为海水的黏度，ω 为海面波的角频率，k 为海面波的波数。对于高频波段，海洋总可被看作深水。在此情形下，张量计算得出

$$\left(S_{\alpha\beta}\frac{\partial U_\beta}{\partial x_\alpha}\right) =$$

$$\left\{\begin{array}{l} \left[\cos^2\theta\dfrac{\partial V_r}{\partial r} + \dfrac{\sin^2\theta}{r}\left(\dfrac{\partial V_\theta}{\partial\theta} + V_r\right) - \dfrac{\sin2\theta}{2r}\left(\dfrac{\partial V_r}{\partial\theta} - V_\theta\right) - \dfrac{\sin2\theta}{2}\dfrac{\partial V_\theta}{\partial r}\right]\cos^2\varphi \\[3mm] + \left[\sin2\theta\dfrac{\partial V_r}{\partial r} - \dfrac{\sin2\theta}{r}\left(\dfrac{\partial V_\theta}{\partial\theta} + V_r\right) + \dfrac{\cos2\theta}{r}\left(\dfrac{\partial V_r}{\partial\theta} - V_\theta\right) + \cos2\theta\dfrac{\partial V_\theta}{\partial r}\right]\cos\varphi\sin\varphi \\[3mm] + \left[\sin^2\theta\dfrac{\partial V_r}{\partial r} + \dfrac{\cos^2\theta}{r}\left(\dfrac{\partial V_\theta}{\partial\theta} + V_r\right) + \dfrac{\sin2\theta}{2r}\left(\dfrac{\partial V_r}{\partial\theta} - V_\theta\right) + \dfrac{\sin2\theta}{2}\dfrac{\partial V_\theta}{\partial r}\right]\sin^2\varphi \end{array}\right\}/2 \tag{6.46}$$

式中，V_θ 和 V_r 为极坐标系下海洋涡旋的切向速度和径向速度，φ 为波向。式（2.13）～（2.15）和（6.45）～（6.46）构成了海浪-雷达调制传递函数的完整解析表达式。

6.4.1.2　海洋涡旋 SAR 图像理论模型

在 Sullivan 假设条件下，涡旋的切向速度和径向速度表达式如式（3.12）所示。将式（3.12）代入海面波浪场波数谱函数式（6.45）和式（6.46）中，可以得到受海洋涡旋流场调制后的海面波浪场波数谱函数为

$$\psi_e = m_3^{-1}k^{-4}\omega^{-1}\left[\frac{3v}{r^2}\left(1 - e^{-\frac{\alpha r^2}{4v}} + \frac{r}{2}e^{-\frac{\alpha r^2}{4v}}\right)\cos2\theta - \frac{\Gamma_0}{4\pi r^2}(1 - e^{-\frac{\alpha r^2}{4v}})\sin2\theta + \left(\frac{\Gamma_0}{8\pi v} + \frac{3v}{2r}\right)e^{-\frac{\alpha r^2}{4v}}\right] \tag{6.47}$$

将式（6.47）代入雷达后向散射截面表达式（2.13）～（2.15）中，即可得到单位面积上雷达后向散射截面的表达式为

$$\sigma_{0e} = 16\pi k_0^4 \mid g_{ij}(\theta) \mid^2 m_3^{-1} k^{-4} \omega^{-1} \left[\frac{3v}{r^2} \left(1 - e^{-\frac{\alpha r^2}{4v}} + \frac{r}{2} e^{-\frac{\alpha r^2}{4v}} \right) \cos 2\theta - \frac{\Gamma_0}{4\pi r^2} \left(1 - e^{-\frac{\alpha r^2}{4v}} \right) \sin 2\theta \right.$$

$$\left. + \left(\frac{\Gamma_0}{8\pi v} + \frac{3v}{2r} \right) e^{-\frac{\alpha r^2}{4v}} \right] + \sigma_0 \tag{6.48}$$

其中，k_0 为雷达波的波数，θ 为入射角，m_3 为无量纲常数，$k = 2\pi/\lambda$ 为海面波的波数，ω 为海面波的角频率，α 为吸入强度，v 为黏性系数，Γ_0 为速度环量常数，σ_0 为海面 NRCS。

将式（6.48）转化到直角坐标系下，得到表达式如下：

$$\sigma_{0e} = 16\pi k_0^4 \mid g_{ij}(\theta) \mid^2 m_3^{-1} k^{-4} \omega^{-1} \left[\frac{6v(x - x_0)(y - y_0) - \frac{\Gamma_0}{4\pi}[(x - x_0)^2 - (y - y_0)^2]}{[(x - x_0)^2 + (y - y_0)^2]} \right.$$

$$\left. + \left(\frac{\Gamma_0}{8\pi v} + \frac{3v}{2\sqrt{(x - x_0)^2 - (y - y_0)^2}} \right) \exp\left[-\frac{\alpha}{4v}[(x - x_0)^2 - (y - y_0)^2] \right] \right] + \sigma_0$$

$$\tag{6.49}$$

方程（6.49）就是所需的直角坐标系下海洋涡旋的雷达图像理论模型。根据式（6.49）中涡旋动力参数与雷达后向散射截面的关系，即可进行 SAR 图像海洋涡旋动力参数的反演。

6.4.2　海面散射值联合概率密度函数构建

由第 5.3.1 节构建的 SAR 成像理论模型可知，海洋涡旋 SAR 图像理论成像表达式为式（6.49），令 $B = 16\pi k_0^4 \mid g_{ij}(\theta) \mid^2 m_3^{-1} k^{-4} \omega^{-1}$，表示涡旋的幅度，则得到表达式如下：

$$\sigma_{0E} = B \left[\frac{6v(x - x_0)(y - y_0) - \frac{\Gamma_0}{4\pi}[(x - x_0)^2 - (y - y_0)^2]}{[(x - x_0)^2 + (y - y_0)^2]} \right.$$

$$\left. + \left(\frac{\Gamma_0}{8\pi v} + \frac{3v}{2\sqrt{(x - x_0)^2 - (y - y_0)^2}} \right) \exp\left[-\frac{\alpha}{4v}[(x - x_0)^2 - (y - y_0)^2] \right] \right] + \sigma_0$$

$$\tag{6.50}$$

SAR 图像同时受到相干斑和加性热噪声的影响，图像上每一位置点 x_i 的含噪声散射强度 y_i 服从 Gamma 分布，概率密度函数可表示为

$$P(y_i \mid \vec{\theta}) = \frac{1}{\Gamma(L)} \left(\frac{L}{\sigma_{0E_i} + \sigma_{n_i}} \right)^L y_i^{L-1} \exp\left(-\frac{L y_i}{\sigma_{0E_i} + \sigma_{n_i}} \right) \tag{6.51}$$

式中，L 为多视数，$\vec{\theta} = (x_0, y_0, \alpha, v, \Gamma_0, B)^T$ 为待估参数组，B 为涡旋强度的变化幅度，σ_{0E_i} 为位置 x_i 处的散射系数，σ_{n_i} 为系统噪声等效后向散射系数，$\Gamma(\cdot)$ 是 Gamma 方程。

接收回波进行全孔径成像后，SAR 图像上任意两个像素点之间可以认为统计独立。涡旋某位置的剖面可看作是 SAR 采样得到的一个信号序列，假定各采样点之间相互独立，采样序列的联合概率密度函数可表示为

$$P = P(\vec{y} \mid \vec{\theta}) = \prod_{i=1}^{n} P_i = \left(\frac{1}{\Gamma(L)}\right)^n \prod_{i=1}^{n} \left(\frac{L}{\sigma_{0E_i} + \sigma_{n_i}}\right)^L y_i^{L-1} \exp\left(-\frac{Ly_i}{\sigma_{0E_i} + \sigma_{n_i}}\right) \quad (6.52)$$

式中，$y_i(i = 1, 2, \cdots, n)$ 为涡旋图像采样序列上第 i 个采样点，n 为序列长度。

σ_{0E_i} 根据式（6.50）计算得到，σ_{n_i} 根据 SAR 系统参数计算得到。

6.4.3 最大似然估计求取水动力参数

根据最大似然估计理论，对于参数 θ 的某个特定值，考虑观测矢量落在一个小区域内的概率 $P(y \mid \theta)dy$，取使 $P(y \mid \theta)dy$ 获得最大值时对应的 θ 作为涡旋水动力参数的估计值 $\hat{\theta}$，即

$$\hat{\theta} = \arg \max_{\hat{\theta}} \ln P(\vec{y} \mid \vec{\theta}) \quad (6.53)$$

其中，$\hat{\theta}$ 为涡旋参数 $\vec{\theta}$ 的估计值，$\vec{\theta} = (x_0, y_0, \alpha, v, \Gamma_0, B)^T$。将式（6.52）代入式（6.53）可得

$$\hat{\theta} = \arg \min_{\hat{\theta}} (-\ln P(\vec{y} \mid \vec{\theta})) \quad (6.54)$$

$$\ln P = -L \sum_{i=1}^{n} \left(\ln(\sigma_{0E_i} + \sigma_{n_i}) + \frac{y_i}{\sigma_{0E_i} + \sigma_{n_i}}\right) + S(y) \quad (6.55)$$

$$S(y) = (L-1) \sum_{i=1}^{n} \ln y_i + n(L\ln L - \ln \Gamma(L)) \quad (6.56)$$

设 $f(\vec{\theta}) = -\ln P$，在参数估计值 $\hat{\theta}$ 的邻域内，对 $f(\vec{\theta})$ 作二阶泰勒级数展开

$$f(\vec{\theta}) \approx f(\hat{\theta}) + g^T(\hat{\theta}) \cdot (\vec{\theta} - \hat{\theta}) + \frac{1}{2}(\vec{\theta} - \hat{\theta})^T \cdot G(\hat{\theta}) \cdot (\vec{\theta} - \hat{\theta}) \quad (6.57)$$

式中

$$g(\vec{\theta}) = \nabla f(\vec{\theta}) \quad (6.58)$$

$$G(\vec{\theta}) = \nabla^2 f(\vec{\theta}) \quad (6.59)$$

求解式（6.57）的最小值得到

$$\nabla f(\vec{\theta}) = g(\vec{\theta}) + G(\vec{\theta}) \cdot (\vec{\theta} - \hat{\theta}) = 0 \quad (6.60)$$

若 Hessian 矩阵 $G(\hat{\theta})$ 非奇异，那么求解式（6.60）线性方程组即可得到涡旋水动力参数的估计值为

$$\hat{\theta} = \vec{\theta} - G^{-1}(\hat{\theta}) \cdot g(\hat{\theta}) \quad (6.61)$$

将式（6.55）和（6.56）代入式（6.58）、（6.59）和（6.60），为方便简化和统一表示，令 $(x_0, y_0, \alpha, \upsilon, \Gamma_0, B) = (a, b, c, d, e, f)$，分别得到 $G(\vec{\theta})$ 矩阵和 $g(\vec{\theta})$ 矩阵为

$$
G_{ij}(\vec{\theta}) = - \begin{bmatrix}
\dfrac{\partial^2 \ln P}{\partial a^2} & \dfrac{\partial^2 \ln P}{\partial a \partial b} & \dfrac{\partial^2 \ln P}{\partial a \partial c} & \dfrac{\partial^2 \ln P}{\partial a \partial d} & \dfrac{\partial^2 \ln P}{\partial a \partial e} & \dfrac{\partial^2 \ln P}{\partial a \partial f} \\[2mm]
\dfrac{\partial^2 \ln P}{\partial b \partial a} & \dfrac{\partial^2 \ln P}{\partial b^2} & \dfrac{\partial^2 \ln P}{\partial b \partial c} & \dfrac{\partial^2 \ln P}{\partial b \partial d} & \dfrac{\partial^2 \ln P}{\partial b \partial e} & \dfrac{\partial^2 \ln P}{\partial b \partial f} \\[2mm]
\dfrac{\partial^2 \ln P}{\partial c \partial a} & \dfrac{\partial^2 \ln P}{\partial c \partial b} & \dfrac{\partial^2 \ln P}{\partial c^2} & \dfrac{\partial^2 \ln P}{\partial c \partial d} & \dfrac{\partial^2 \ln P}{\partial c \partial e} & \dfrac{\partial^2 \ln P}{\partial c \partial f} \\[2mm]
\dfrac{\partial^2 \ln P}{\partial d \partial a} & \dfrac{\partial^2 \ln P}{\partial d \partial b} & \dfrac{\partial^2 \ln P}{\partial d \partial c} & \dfrac{\partial^2 \ln P}{\partial d^2} & \dfrac{\partial^2 \ln P}{\partial d \partial e} & \dfrac{\partial^2 \ln P}{\partial d \partial f} \\[2mm]
\dfrac{\partial^2 \ln P}{\partial e \partial a} & \dfrac{\partial^2 \ln P}{\partial e \partial b} & \dfrac{\partial^2 \ln P}{\partial e \partial c} & \dfrac{\partial^2 \ln P}{\partial e \partial d} & \dfrac{\partial^2 \ln P}{\partial e^2} & \dfrac{\partial^2 \ln P}{\partial e \partial f} \\[2mm]
\dfrac{\partial^2 \ln P}{\partial f \partial a} & \dfrac{\partial^2 \ln P}{\partial f \partial b} & \dfrac{\partial^2 \ln P}{\partial f \partial c} & \dfrac{\partial^2 \ln P}{\partial f \partial d} & \dfrac{\partial^2 \ln P}{\partial f \partial e} & \dfrac{\partial^2 \ln P}{\partial f^2}
\end{bmatrix} \tag{6.62}
$$

$$
g(\vec{\theta}) = - \begin{bmatrix} \dfrac{\partial \ln P}{\partial a} & \dfrac{\partial \ln P}{\partial b} & \dfrac{\partial \ln P}{\partial c} & \dfrac{\partial \ln P}{\partial d} & \dfrac{\partial \ln P}{\partial e} & \dfrac{\partial \ln P}{\partial f} \end{bmatrix}^T \tag{6.63}
$$

令 $\sigma_i = \sigma_{0E_i} + \sigma_{n_i}$，则可以计算得到矩阵中每个元素，如：

$$
\frac{\partial \ln P}{\partial a} = - L \sum_{i=1}^{n} \left(\frac{1}{\sigma_i} \frac{\partial \sigma_i}{\partial a} - \frac{y_i}{\sigma_i^2} \frac{\partial \sigma_i}{\partial a} \right) \tag{6.64}
$$

$$
\frac{\partial^2 \ln P}{\partial a^2} = - L \sum_{i=1}^{n} \left(\frac{\sigma_i - y_i}{\sigma_i^2} \frac{\partial^2 \sigma_i}{\partial a^2} + \frac{2y_i - \sigma_i}{\sigma_i^3} \left(\frac{\partial \sigma_i}{\partial a} \right)^2 \right) \tag{6.65}
$$

$$
\frac{\partial^2 \ln P}{\partial a \partial b} = - L \sum_{i=1}^{n} \left(\frac{\sigma_i - y_i}{\sigma_i^2} \frac{\partial^2 \sigma_i}{\partial a \partial b} + \frac{2y_i - \sigma_i}{\sigma_i^3} \frac{\partial \sigma_i}{\partial a} \frac{\partial \sigma_i}{\partial b} \right) \tag{6.66}
$$

将矩阵中每个元素代入式（6.62）和（6.63）后，可以得到 $G(\vec{\theta})$ 矩阵和 $g(\vec{\theta})$ 矩阵及其每一个元素为

$$
G_{ij}(\vec{\theta}) = - \begin{bmatrix}
L\sum\limits_{i=1}^{n}\left(\frac{1}{\sigma_i^2}\left(\frac{\partial\sigma_i}{\partial a}\right)^2\right) & L\sum\limits_{i=1}^{n}\left(\frac{1}{\sigma_i^2}\frac{\partial\sigma_i}{\partial a}\frac{\partial\sigma_i}{\partial b}\right) & L\sum\limits_{i=1}^{n}\left(\frac{1}{\sigma_i^2}\frac{\partial\sigma_i}{\partial a}\frac{\partial\sigma_i}{\partial c}\right) & L\sum\limits_{i=1}^{n}\left(\frac{1}{\sigma_i^2}\frac{\partial\sigma_i}{\partial a}\frac{\partial\sigma_i}{\partial d}\right) & L\sum\limits_{i=1}^{n}\left(\frac{1}{\sigma_i^2}\frac{\partial\sigma_i}{\partial a}\frac{\partial\sigma_i}{\partial e}\right) & L\sum\limits_{i=1}^{n}\left(\frac{1}{\sigma_i^2}\frac{\partial\sigma_i}{\partial a}\frac{\partial\sigma_i}{\partial f}\right) \\
\cdot\cdot & L\sum\limits_{i=1}^{n}\left(\frac{1}{\sigma_i^2}\left(\frac{\partial\sigma_i}{\partial b}\right)^2\right) & L\sum\limits_{i=1}^{n}\left(\frac{1}{\sigma_i^2}\frac{\partial\sigma_i}{\partial b}\frac{\partial\sigma_i}{\partial c}\right) & L\sum\limits_{i=1}^{n}\left(\frac{1}{\sigma_i^2}\frac{\partial\sigma_i}{\partial b}\frac{\partial\sigma_i}{\partial d}\right) & L\sum\limits_{i=1}^{n}\left(\frac{1}{\sigma_i^2}\frac{\partial\sigma_i}{\partial b}\frac{\partial\sigma_i}{\partial e}\right) & L\sum\limits_{i=1}^{n}\left(\frac{1}{\sigma_i^2}\frac{\partial\sigma_i}{\partial b}\frac{\partial\sigma_i}{\partial f}\right) \\
\cdot\cdot & \cdot\cdot & L\sum\limits_{i=1}^{n}\left(\frac{1}{\sigma_i^2}\left(\frac{\partial\sigma_i}{\partial c}\right)^2\right) & L\sum\limits_{i=1}^{n}\left(\frac{1}{\sigma_i^2}\frac{\partial\sigma_i}{\partial c}\frac{\partial\sigma_i}{\partial d}\right) & L\sum\limits_{i=1}^{n}\left(\frac{1}{\sigma_i^2}\frac{\partial\sigma_i}{\partial c}\frac{\partial\sigma_i}{\partial e}\right) & L\sum\limits_{i=1}^{n}\left(\frac{1}{\sigma_i^2}\frac{\partial\sigma_i}{\partial c}\frac{\partial\sigma_i}{\partial f}\right) \\
\cdot\cdot & \cdot\cdot & \cdot\cdot & L\sum\limits_{i=1}^{n}\left(\frac{1}{\sigma_i^2}\left(\frac{\partial\sigma_i}{\partial d}\right)^2\right) & L\sum\limits_{i=1}^{n}\left(\frac{1}{\sigma_i^2}\frac{\partial\sigma_i}{\partial d}\frac{\partial\sigma_i}{\partial e}\right) & L\sum\limits_{i=1}^{n}\left(\frac{1}{\sigma_i^2}\frac{\partial\sigma_i}{\partial d}\frac{\partial\sigma_i}{\partial f}\right) \\
\cdot\cdot & \cdot\cdot & \cdot\cdot & \cdot\cdot & L\sum\limits_{i=1}^{n}\left(\frac{1}{\sigma_i^2}\left(\frac{\partial\sigma_i}{\partial e}\right)^2\right) & L\sum\limits_{i=1}^{n}\left(\frac{1}{\sigma_i^2}\frac{\partial\sigma_i}{\partial e}\frac{\partial\sigma_i}{\partial f}\right) \\
\cdot\cdot & \cdot\cdot & \cdot\cdot & \cdot\cdot & \cdot\cdot & L\sum\limits_{i=1}^{n}\left(\frac{1}{\sigma_i^2}\left(\frac{\partial\sigma_i}{\partial f}\right)^2\right)
\end{bmatrix}
$$

$$\tag{6.67}$$

$$g(\vec{\theta}) = \begin{pmatrix} L \sum\limits_{i=1}^{n} \left(\dfrac{1}{I_i} \dfrac{\partial I_i}{\partial a} - \dfrac{y_i}{I_i^2} \dfrac{\partial I_i}{\partial a} \right) \\ L \sum\limits_{i=1}^{n} \left(\dfrac{1}{I_i} \dfrac{\partial I_i}{\partial b} - \dfrac{y_i}{I_i^2} \dfrac{\partial I_i}{\partial b} \right) \\ L \sum\limits_{i=1}^{n} \left(\dfrac{1}{I_i} \dfrac{\partial I_i}{\partial c} - \dfrac{y_i}{I_i^2} \dfrac{\partial I_i}{\partial c} \right) \\ L \sum\limits_{i=1}^{n} \left(\dfrac{1}{I_i} \dfrac{\partial I_i}{\partial d} - \dfrac{y_i}{I_i^2} \dfrac{\partial I_i}{\partial d} \right) \\ L \sum\limits_{i=1}^{n} \left(\dfrac{1}{I_i} \dfrac{\partial I_i}{\partial e} - \dfrac{y_i}{I_i^2} \dfrac{\partial I_i}{\partial e} \right) \\ L \sum\limits_{i=1}^{n} \left(\dfrac{1}{I_i} \dfrac{\partial I_i}{\partial f} - \dfrac{y_i}{I_i^2} \dfrac{\partial I_i}{\partial f} \right) \end{pmatrix} \tag{6.68}$$

将计算得到的矩阵 $G_{ij}(\vec{\theta})$ 和 $g(\vec{\theta})$ 的值代入式（6.61）即可以求解得到涡旋水动力参数的估计值。

6.4.4 牛顿迭代法求取最优解

由于式（6.61）左右两边同时存在待估计参数 $\hat{\theta}$，无法进一步化简。因此不能直接通过求解式（6.61）得到解析解 $\hat{\theta}$，这里使用牛顿迭代法对其近似求解，其递推表达式为：

$$\vec{\theta}_{(k+1)} = \vec{\theta}_{(k)} - G_{(k)}^{-1} \cdot g_{(k)} \tag{6.69}$$

式中，$g_{(k)} = \nabla f(\vec{\theta}_{(k)})$，$G_{(k)} = \nabla^2 f(\vec{\theta}_{(k)})$ 和 $\vec{\theta}_{(k)}$ 分别为目标函数 $f(\vec{\theta})$ 的一阶偏导数、二阶偏导数以及估计参数的第 k 次迭代结果。通过 k 次迭代后求解得到最终的参数估计值。

将迭代求解步骤归纳如下：

（1）选定 $\vec{\theta}_0$ 作为待估参数 $\vec{\theta}$ 的初始值，并给定迭代终止误差 $\varepsilon_{\vec{\theta}}$；

（2）计算当前点的一阶导数向量 $g_{(k)} = \nabla f(\vec{\theta}_{(k)})$。若 $\| g_{(k)} \| \le \varepsilon_{\vec{\theta}}$，则停止迭代，将当前点作为参数的估计点 $\hat{\theta} = \vec{\theta}_{(k)}$，否则继续执行下边步骤；

（3）计算当前点的二阶导数矩阵 $G_k = \nabla^2 f(\vec{\theta}_{(k)})$，并求解线性方程组得迭代增量 $d_{(k)}$

$$d_{(k)} = -G_{(k)}^{-1} \cdot g_{(k)} \tag{6.70}$$

（4）根据当前点 $\vec{\theta}_k$ 和迭代增量 $d_{(k)}$ 计算下一个估计点

$$\vec{\theta}_{(k+1)} = \vec{\theta}_{(k)} + d_{(k)} \tag{6.71}$$

综上所述，得到 SAR 图像海洋涡旋动力参数反演方法的算法流程图，如图 6.59 所示。

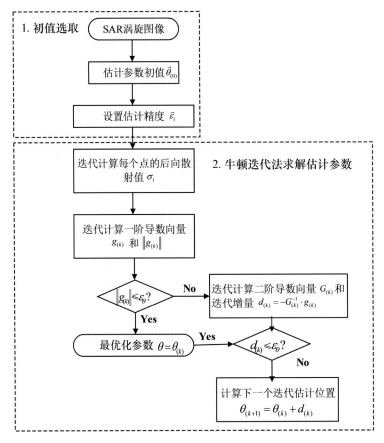

图 6.59 SAR 图像涡旋动力参数反演算法流程图

6.4.5 涡旋水动力参数提取

根据图 6.59 SAR 图像涡旋动力参数反演方法流程，通过多次迭代后可以计算得到涡旋水动力参数的最优解，包括涡旋中心位置 (x_0, y_0)、吸入强度 α、黏性系数 υ、速度环量常数 Γ_0。将上述得到的参数代入式（3.12）中，可以计算得到涡旋的切向速度。

对式（3.12）求解极大值，可以得到涡旋的最大旋转速度半径

$$\left.\frac{\partial V_\theta}{\partial r}\right|_{r=r_0} = 0, \quad r_0 = \sqrt{\frac{8\upsilon}{3\alpha}} \tag{6.72}$$

根据式（3.12）可以得到涡旋的最大旋转角速度为

$$\omega_E = \frac{\Gamma\alpha}{8\pi\upsilon} - \frac{\Gamma\alpha^2}{64\pi\upsilon^2}r_0 \tag{6.73}$$

最大涡强度的计算表达式为

$$K = 2\pi r_0 V_{\theta\max} \tag{6.74}$$

式中，K 为涡旋最大涡强度，r_0 为涡旋最大旋转速度半径，$V_{\theta\max}$ 为涡旋最大切向速度。

6.4.6 SAR 图像涡旋信息提取实验

本节根据上述建立的 SAR 图像海洋涡旋动力参数反演方法, 开展 SAR 图像海洋涡旋探测实验, 对吕宋海峡附近的海洋涡旋动力参数进行反演与分析。

吕宋海峡位于我国台湾岛和吕宋岛之间, 南北宽度约为 386 km, 平均水深 1 400 m。由于吕宋海峡附近有多个岛屿, 如巴丹群岛、巴布延群岛等, 受到海底地形和海况因素的影响, 吕宋海峡为海洋涡旋多发地。本节以吕宋海峡附近海域为研究区域, 开展海洋涡旋探测实验。

图 6.60 和图 6.61 分别是 ERS-2 卫星和 ENVISAT 卫星获取的同一地点 SAR 图像, 获取地点位于吕宋海峡, ERS-2 卫星的过境时间比 ENVISAT 卫星晚 28 min。ERS-2 SAR 和 ENVISAT ASAR 图像均经过了辐射定标、几何校正和斑噪抑制预处理。图 6.60 红色方框内为两个不同尺度的海洋涡旋, 图 6.61 (a)、(b) 中的两个涡旋分别对应图 6.62 中的涡旋 A、B。

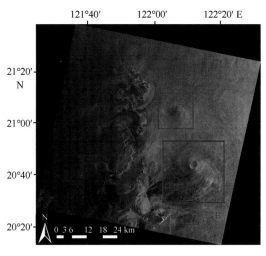

图 6.60 ERS-2 SAR 图像

为了将 ERS-2 SAR 图像和 ENVISAT ASAR 中的涡旋进行对比, 反演涡旋的动态特征, 将图 6.61 (a)、(b) 两幅 ENVISAT 卫星 SAR 图像进行拼接, 并截取与 ERS-2 图像四角经纬度相同的部分图像, 拼接结果如图 6.62 所示。通过图 6.60 和图 6.62 可以对涡旋在 28 min 内的动态特征进行反演分析。

为方便分析涡旋的动态变化特征, 分别从 ERS-2 SAR 和 ENVISAT ASAR 图像中截取涡旋 A 和涡旋 B 区域, 如图 6.63 所示。截取的同一涡旋 SAR 图像的四角经纬度及坐标相同, 以保证可以通过图像坐标变化表示涡旋中心位置的变化。

首先在图 6.63 中截取涡旋横断面数据, 对数据进行均值归一化, 然后利用第 6.4 节提出的 SAR 图像涡旋动力参数反演方法, 对涡旋 A、B 的动力参数进行反演。在反演过程中, 设置估计精度 ε_θ 为 10^{-4}, 当满足估计精度时停止迭代。在涡旋 A 参数反演过程中, ENVISAT ASAR 图像和 ERS-2 SAR 图像迭代次数分别为 80 次和 86 次时, 达

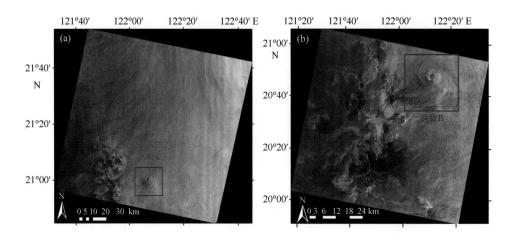

图 6.61   ENVISAT ASAR 图像

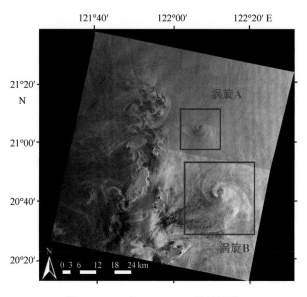

图 6.62   ENVISAT ASAR 拼接图像

到估计精度，停止迭代。在涡旋 B 参数反演过程中，ENVISAT ASAR 图像和 ERS-2 SAR 图像迭代次数分别为 78 次和 84 次时，达到估计精度，停止迭代。计算得到的涡旋动力参数如表 6.11 所示，各参数值为 50 次蒙特卡洛重复实验结果的平均值。其中，涡旋最大旋转速度半径、最大旋转角速度、最大涡强度根据式（6.72）、（6.73）、（6.74）计算得到。ERS-2 SAR 图像的获取时间比 ENVISAT-ASAR 图像晚 28 min，计算 28 min 内涡旋 A、B 涡旋动力参数的变化，如表 6.12 所示。

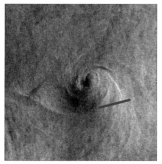
(a) 涡旋A ENVISAT ASAR图像

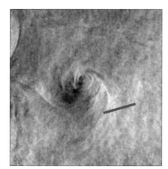
(b) 涡旋A ERS-2 SAR图像

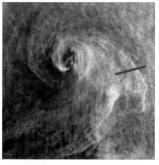
(c) 涡旋B ENVISAT ASAR图像

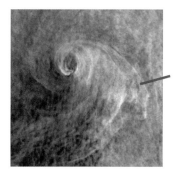
(d) 涡旋B ERS-2 SAR图像

图 6.63 涡旋区域子图像

表 6.11 涡旋 A、B 的动力参数反演结果

涡旋动力参数	黏性系数	吸入强度	环量常数	中心位置	半径（km）	旋转角速度
涡旋 A ENVISAT	0.038 6	0.001 395	0.031 4	(5483，3153)	8.59	$4.34 \times 10^{-5} \text{ s}^{-1}$
涡旋 A ERS-2	0.036 0	0.001 381	0.028 1	(5374，3094)	8.34	$4.12 \times 10^{-5} \text{ s}^{-1}$
涡旋 B ENVISAT	0.098 9	0.007 756	0.115 9	(6059，5268)	18.44	$3.55 \times 10^{-5} \text{ s}^{-1}$
涡旋 B ERS-2	0.098 1	0.000 726	0.137 5	(6005，5225)	18.98	$3.98 \times 10^{-5} \text{ s}^{-1}$

表 6.12 涡旋 A、B 的动力参数变化

涡旋动态变化	中心位置偏移	半径变化	旋转角速度变化
涡旋 A	1.55 km	-0.25 km	$-0.22 \times 10^{-5} \text{ s}^{-1}$
涡旋 B	0.86 km	0.54 km	$0.43 \times 10^{-5} \text{ s}^{-1}$

从表 6.12 中可以看到，经过 28 min 后，涡旋 A、B 的中心位置发生了移动，半径和旋转角速度均发生了变化。其中，涡旋 A 从位置（5483，3153）移动到（5374，3094），向西北方向移动。ERS-2 SAR 图像和 ENVISAT ASAR 图像的像素单元为 12.5 m，根据像素单元的大小计算得到涡旋移动的距离为 1.55 km，移动方向为西北偏北 61.57°。涡旋 A 的半径减小了 0.25 km，旋转角速度减小了 $0.22 \times 10^{-5} \text{ s}^{-1}$，说明该涡

旋处于衰减期。涡旋 B 的中心位置从（6059，5268）移动到（6005，5225），向西北方向移动。根据像素单元的大小计算得到涡旋移动的距离为 0.86 km，移动方向为西北偏北 51.46°。涡旋 B 的半径增大了 0.54 km，旋转角速度增大了 0.43×10^{-5} s^{-1}，说明该涡旋处于生长期。

将反演得到的涡旋 A、B 中心位置、半径以及旋转角速度分别代入 SAR 图像海洋涡旋解析表达式（6.50），可以得到涡旋 A、B 区域每一点的雷达后向散射值。在图 6.63（a）、（b）中分别截取涡旋横截面，将真实雷达后向散射值与估计得到的雷达后向散射值进行对比，如图 6.64 和图 6.65 所示。图中黑色散点为 SAR 图像剖面数据，红色曲线为本书方法估计得到的结果。可以看到无论是涡旋 A 还是涡旋 B，对 ENVISAT-ASAR 和 ERS-2 SAR 图像的估计曲线均与真实雷达后向散射值的变化趋势一致，说明本书方法能够很好地反演涡旋水动力参数，从而合理地估计雷达后向散射值，初步验证了本书方法的正确性。

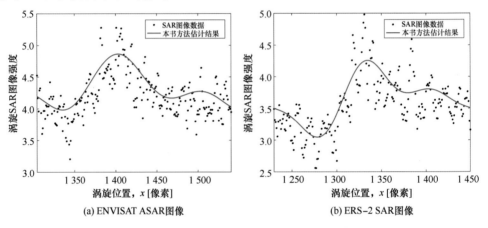

(a) ENVISAT ASAR图像   (b) ERS-2 SAR图像

图 6.64　涡旋 A SAR 图像剖面雷达后向散射值对比

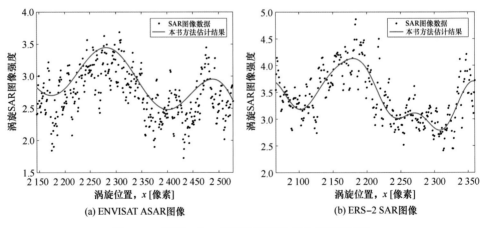

(a) ENVISAT ASAR图像   (b) ERS-2 SAR图像

图 6.65　涡旋 B SAR 图像剖面雷达后向散射值对比

本节将本书方法与其他参数估计方法对比，分析各方法的优劣。分别利用曲线拟合法、最小二乘拟合法对图 6.63（a）～（d）中截取的涡旋剖面雷达后向散射值进行估计，得到涡旋 A、B 的估计结果如图 6.66、图 6.67 所示。其中，红色曲线为本书方法估计结果，绿色曲线为最小二乘拟合法估计结果，蓝色曲线为曲线拟合法估计结果。

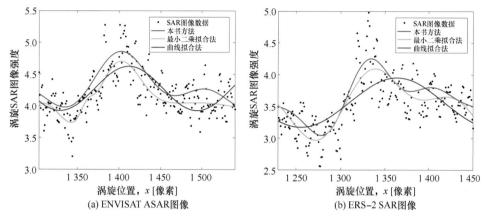

图 6.66　不同方法对涡旋 A 剖面雷达后向散射值估计结果

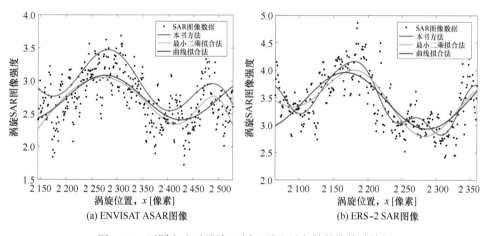

图 6.67　不同方法对涡旋 B 剖面雷达后向散射值估计结果

　　从图 6.66 和图 6.67 可以看到，曲线拟合法和最小二乘拟合法的整体拟合结果大致符合真实雷达后向散射值的变化趋势，但是在涡旋的峰值区拟合结果均弱于本书方法，最小二乘拟合法次之，曲线拟合法最差。在涡旋的谷值区，本书方法和最小二乘拟合法拟合结果较好，曲线拟合法拟合结果较差。此外，从图 6.66（a）、（b）和图 6.67（a）、（b）可以看到，在起始区间，最小二乘拟合法和曲线拟合法均不能够很好地拟合涡旋的后向散射值变化，而本书方法则能够得到很好的估计曲线，这是由于本书方法是基于海洋涡旋雷达图像理论模型构建，充分考虑了涡旋在 SAR 图像中的成像特征，能够很好地预测涡旋的亮暗特征变化，从而得到与真实雷达后向散射值较为吻合的估计曲线。因此，在不同 SAR 图像中，无论是较大尺度涡旋还是较小尺度涡旋，本书方法均能够达到最佳的估计效果。

　　为了定量分析本书方法的估计精度，从图 6.63（a）～（d）涡旋区域内各截取 50

组涡旋横截面数据，分别利用本书估计方法、曲线拟合法和最小二乘拟合法反演涡旋的水动力参数，比较 3 种方法的估计方差。

这里采用相对标准差（relative standard deviation，RSD）来评估不同方法的性能，相对标准差的计算公式为

$$RSD = \frac{SD_{r_0}}{\overline{r_0}} \tag{6.75}$$

$$RSD = \frac{SD_{\omega_E}}{\overline{\omega_E}} \tag{6.76}$$

式中，SD_{r_0} 是涡旋半径估计的标准差，$\overline{r_0}$ 是涡旋半径估计值的均值，SD_{ω_E} 是涡旋旋转角速度估计的标准差，$\overline{\omega_E}$ 是涡旋旋转角速度估计值的均值。

不同参数估计方法得到的估计值和相对标准差如表 6.13 至表 6.16 所示。

表 6.13　涡旋 A ENVISAT ASAR 图像动力参数反演结果

参数估计方法	估计参数			
	r_0 估计值	相对标准差	ω_E 估计值	相对标准差
本书方法	8.59 km	0.18	$4.34 \times 10^{-5}\,s^{-1}$	0.22
曲线拟合法	8.23 km	0.97	$4.05 \times 10^{-5}\,s^{-1}$	0.95
最小二乘拟合法	8.35 km	0.76	$4.12 \times 10^{-5}\,s^{-1}$	0.81

表 6.14　涡旋 A ERS-2 SAR 图像动力参数反演结果

参数估计方法	估计参数			
	r_0 估计值	相对标准差	ω_E 估计值	相对标准差
本书方法	8.34 km	0.24	$4.12 \times 10^{-5}\,s^{-1}$	0.31
曲线拟合法	7.94 km	1.05	$3.85 \times 10^{-5}\,s^{-1}$	1.13
最小二乘拟合法	8.18 km	0.83	$4.01 \times 10^{-5}\,s^{-1}$	0.85

表 6.15　涡旋 B ENVISAT ASAR 图像动力参数反演结果

参数估计方法	估计参数			
	r_0 估计值	相对标准差	ω_E 估计值	相对标准差
本书方法	18.44 km	0.22	$3.55 \times 10^{-5}\,s^{-1}$	0.35
曲线拟合法	18.04 km	1.12	$3.19 \times 10^{-5}\,s^{-1}$	1.07
最小二乘拟合法	18.15 km	0.89	$3.32 \times 10^{-5}\,s^{-1}$	0.81

表 6.16　涡旋 B ERS-2 SAR 图像动力参数反演结果

参数估计方法	估计参数			
	r_0 估计值	相对标准差	ω_E 估计值	相对标准差
本书方法	18.98 km	0.25	$3.98\times10^{-5}s^{-1}$	0.29
曲线拟合法	18.63 km	0.96	$3.65\times10^{-5}s^{-1}$	0.94
最小二乘拟合法	18.82 km	0.78	$3.76\times10^{-5}s^{-1}$	0.72

从表 6.13 至表 6.16 参数反演结果可以看出，相比于曲线拟合法和最小二乘拟合法，本书涡旋动力参数反演方法得到的涡旋参数、旋转角速度的相对标准差最小，最小二乘拟合法次之，曲线拟合法的参数相对标准差最大。因此，说明本书提出的 SAR 图像海洋涡旋定量探测方法对海洋涡旋动力参数反演效果较好，鲁棒性较强。

6.5　方法比较及适用性分析

本节将 3 种方法进行对比分析，对涡旋 SAR 图像进行涡旋信息提取和涡旋变化趋势研究。由于截取图像的差异和本书图像池化的影响，涡旋中心位置在图像的坐标不具有可比性，但是中心位置偏移是与图像本身差异无关的，可以作为比较依据。涡旋 A 和涡旋 B 的涡旋中心位置偏移和涡旋尺寸变化情况对比结果如表 6.17 和表 6.18 所示，表中尺寸变化参数的符号为正表示尺寸增大，符号为负表示尺寸减小。

表 6.17　涡旋 A 变化情况对比结果

	中心偏移（km）	尺寸变化（km）
基于对数螺旋线边缘拟合的 SAR 图像涡旋信息提取方法	1.49	−0.40（直径）
基于多尺度边缘检测的 SAR 图像涡旋信息提取方法	1.53	−0.29（半径）
基于水动力模型的 SAR 图像涡旋信息提取方法	1.55	−0.25（半径）

表 6.18　涡旋 B 变化情况对比结果

	中心偏移（km）	尺寸变化（km）
基于对数螺旋线边缘拟合的 SAR 图像涡旋信息提取方法	0.95	1.00（直径）
基于多尺度边缘检测的 SAR 图像涡旋信息提取方法	1.11	0.46（半径）
基于水动力模型的 SAR 图像涡旋信息提取方法	0.86	0.54（半径）

由表 6.17 和表 6.18 可知，通过 3 种方法提取得到的涡旋 A、涡旋 B 的中心位置偏移量相差较小，且均向图像左上方移动；3 种方法得到的涡旋尺寸变化情况也一致，涡旋直径和涡旋半径的变化量存在 2 倍的对应关系。通过上述比较，可知通过 3 种提取涡

旋信息得到的涡旋变化趋势基本相同，3 种方法均能够有效地提取涡旋信息。

在方法适用性方面，基于对数螺旋线拟合的 SAR 图像涡旋信息提取方法主要是基于手动取点拟合，适用于 SAR 图像中涡旋特征在目测相对较明显的情况；基于多尺度边缘检测的 SAR 图像涡旋信息提取方法基于多尺度边缘实现自动检测提取，适用于 SAR 图像中涡旋的边缘较为明显的情况；基于水动力模型的 SAR 图像涡旋信息提取方法，从涡旋 SAR 成像机理出发，能够在 SAR 图像进行预处理后得到较好的提取效果，但对于噪声较为严重的 SAR 图像需要进行降噪处理。

第 7 章　基于干涉 SAR 的涡旋海表面高度探测

由于涡旋具有旋转的三维水体特征，仅通过 SAR 图像二维特征难以实现涡旋的精确探测，涡旋引起的海面高度异常对于涡旋的探测至关重要。目前国际上主要基于卫星高度计对涡旋引起的海表面高度异常进行探测，但是卫星高度计不具有测绘带，只能获取星下点处涡旋的海面一维高度信息。卫星高度计空间分辨率过于粗糙，无法满足较小尺度涡旋探测所需的高空间分辨率。

干涉 SAR 利用干涉相位进行海面高度测量，因此干涉 SAR 成为探测涡旋海面高度特征的重要传感器。星载干涉 SAR 目前已成熟应用于陆地地形测绘，测高精度一般为米级。而涡旋引起的海面高度异常通常为厘米量级，现有的星载干涉 SAR 系统无法满足测高精度的需求。

基于 SAR 干涉测高技术的成像高度计是下一代高度计卫星的发展趋势，如美国全球海洋与地表水高度测量卫星计划（Surface Water and Ocean Topography，SWOT）搭载的 Ka 波段交轨干涉仪，以及中国天宫二号空间实验室搭载的三维成像微波高度计（In-IRA）。这两部基于 SAR 干涉测高技术的成像高度计本质上是近天底角干涉 SAR，其沿距离向具备一定测绘带宽。成像高度计可以很好地结合卫星高度计的高测高精度以及干涉 SAR 高空间分辨率的优势。海洋涡旋作为海洋动力环境的重要组成要素，被国际上所有在研的成像高度计卫星纳为首要研究对象。

基于上述分析，本章对近天底角干涉 SAR 海洋涡旋探测方法进行研究。7.1 节介绍了干涉 SAR 海面高度探测原理；7.2 节对干涉 SAR 海面测高误差进行了分析；7.3 节基于天宫二号三维成像微波高度计获取的干涉复数据，对涡旋复图像进行处理并反演得到海表面高度异常结果，联合多源遥感数据证明了 InIRA 对小尺度涡旋的探测能力；针对 InIRA 测绘带宽过窄，难以对完整涡旋或区域性涡旋开展研究的问题，7.4 节基于 SWOT KaRIN 对海洋涡旋开展了系统的仿真研究，重点分析了干涉测高误差以及涡旋自身动态特性对探测结果的影响；7.5 节对海洋涡旋的 SAR 干涉探测可行性进行了分析。

7.1　干涉 SAR 海面高度探测原理

干涉 SAR 沿垂直于飞行方向设置主副两部天线，天线相位中心之间的距离通常称为基线，如图 7.1 所示。在实际飞行过程中，由于天线安装位置或平台稳定性等原因，基线与水平方向往往存在一定的夹角 α。干涉 SAR 通常工作在单发双收或双发双收模式，双发双收模式下，两部天线各自发射并接收回波信号，此时天线相位中心间距同物理基线长度一致。一发双收模式下，仅一部天线向海面发射信号，但两部天线均接收来自海面的回波，此时等效的天线相位中心间距是物理基线长度的一半。本章所讨论的干涉 SAR 工作模式均为单发双收，图 7.1 中设定天线 1 发射并接收信号，天线 2 只接收信号。

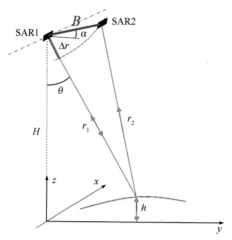

图 7.1 干涉 SAR 高程测量示意图

两天线接收的原始回波各自经过 SAR 成像处理后得到两幅复图像，SAR 复图像相比于一般常见的 SAR 幅度图像，每个像素上还记录了相位信息：

$$\varphi_1 = \frac{2\pi}{\lambda} 2r_1 = 2n\pi + \psi_1 \tag{7.1}$$

$$\varphi_2 = \frac{2\pi}{\lambda}(r_1 - r_2) = 2m\pi + \psi_2 \tag{7.2}$$

其中，λ 为雷达波长，r_1、r_2 分别为两天线到海面测量点的距离，φ_1、φ_2 是相应的距离相位，n，$m \in \mathbb{Z}$。由于复图像仅能记录 2π 区间内的数值，所以 ψ_1、ψ_2 是复图像上每个像素实际记录的相位，ψ_1、ψ_2 相比于 φ_1、φ_2 产生了 2π 整数倍的缠绕，也就是说 ψ_1、ψ_2 记录的仅是真实距离相位 φ_1、φ_2 的"余数"。在实际高程反演时，必须使用 φ_1、φ_2 进行计算，否则不能得到真实有效的高程信息。

由于存在干涉基线，所以两天线对同一区域的观测几何存在差异，导致两天线相位中心至海面测量点的回波路程产生差异。复图像相位实际上反映的是天线至测量点之间的距离，所以利用复图像之间的相位差，也就是干涉相位 $\Delta\varphi$，可表征两天线至测量点的路程差异 Δr：

$$\Delta\varphi = \frac{2\pi}{\lambda}(r_1 - r_2) = \frac{2\pi}{\lambda}\Delta r \tag{7.3}$$

如图 7.1 所示，测量点 p 相比于参考平面存在一定的高度变化 h，利用三角几何原理可知：

$$h = H - r_1\cos\theta \tag{7.4}$$

其中，H 为平台飞行高度，θ、r_1 分别为天线 1 至海面测量点的入射角和距离。需要说明的是，公式只适用于直线几何下的干涉 SAR 高程测量，对于星载干涉 SAR 测量而言还需要考虑地球曲率的影响，但以下为简化说明，均在直线几何假设下进行论述。

干涉 SAR 基于三角几何原理进行高程测量时存在的困难是，如何精确地获知测绘区域内每一点的入射角信息。如图 7.1 所示，入射角会随着测量点高度而变化。实际上测量点高度变化也将导致回波路程发生变化，所以基于干涉相位可计算测绘带内每一点的入射角。根据图 7.1，利用余弦定理可得

$$\cos\left(\frac{\pi}{2} - \theta + \alpha\right) = \frac{B^2 + r_1^2 - r_2^2}{2Br_1} \tag{7.5}$$

其中：

$$r_2 = r_1 - \Delta r \tag{7.6}$$

$$\Delta r = \frac{\Delta\varphi\lambda}{2\pi} \tag{7.7}$$

结合式（7.5）~（7.7），在基线长度 B 和倾角 α 可精确测量的前提下，最终得到入射角 θ 的数学表达式：

$$\theta = \alpha + \arcsin\frac{4\pi^2B^2 + 4\pi r_1\Delta\varphi\lambda - (\Delta\varphi\lambda)^2}{8\pi^2Br_1} \tag{7.8}$$

联立式（7.4）和（7.8）即可得到最终的干涉 SAR 高程测量数学表达式：

$$h = H - r_1\cos\left\{\alpha + \arcsin\frac{4\pi^2B^2 + 4\pi r_1\Delta\varphi\lambda - (\Delta\varphi\lambda)^2}{8\pi^2Br_1}\right\} \tag{7.9}$$

这里需要强调的是，式中的干涉相位 $\Delta\varphi$ 并非 SAR 复图像共轭相乘之后得到的相位，还需要在此相位基础上通过相位解缠和定标等数据后处理获得干涉相位，再基于式（7.9）进行高程反演。

7.2 干涉 SAR 海面测高误差分析

虽然干涉 SAR 空间分辨率极高，但是当前用于陆地测高的干涉 SAR 系统测高精度仅为数米，而海洋现象引起的海面高度异常通常为厘米量级，因此 SAR 干涉测高技术能否推广至海洋应用，提升测高精度至厘米量级是关键。干涉 SAR 除了围绕厘米级测高精度合理设计干涉系统参数外，还须将测量链路中所有可能的测高误差均控制在厘米量级。

SAR 干涉测高误差按照误差的频率属性可大致分为低频慢变的系统类测高误差和高频快变的随机类测高误差。系统类测高误差主要是由一类时间上缓变的干涉系统参数误差所导致，随机类测高误差主要是由于干涉复图像之间各种信号去相干因素所引入，以下将分别对这两类测高误差进行研究。

7.2.1 系统类测高误差

7.1 节中已介绍了干涉 SAR 测高原理，此过程中假定所有参与高程反演的干涉参数（B，α，r_1，$\Delta\varphi$）准确无误。然而在实际测量过程中，由于干涉 SAR 基线机械结构振动、卫星平台姿态抖动、通道间相位不均衡等因素，会导致实际获取数据时的基线长度、基线倾角等参数与额定值不同。使用错误的干涉参数反演海面高度，必然会引入测

高误差。图7.2示意了基线倾角误差引入的测高误差，实线三角为实际获取数据时的干涉几何，由于基线倾角存在误差 σ_α，导致反演高程时所用的干涉几何变为虚线三角并引入测高误差 σ_h。

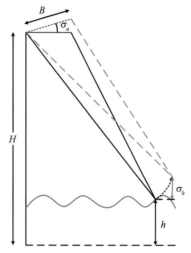

图 7.2　基线倾角误差引入测高误差示意图

基于式（7.9），求解各干涉参数的偏微分方程，可以得到各参数的测高误差传递方程。虽然得到的误差传递方程没有做任何近似，但是表达式较为复杂，不便直观地描述和后续测高误差的定量分析，式（7.9）可改写为

$$h \approx H - r_1 \cos\left\{ \alpha + \arcsin\frac{\Delta\varphi\lambda}{2\pi B} \right\} \qquad (7.10)$$

其中，$\Delta\varphi$ 为干涉相位；r_1 为天线1至海面测量点之间的斜距；H 为卫星高度（相对于参考平面）；B 为基线长度；α 为基线倾角；λ 为雷达波长。式（7.10）简化的条件是 $B \ll r_1$，干涉SAR海面测高时基线长度仅为数米，因此该近似条件是成立的。但需要说明的是，式（7.10）仅可用于推导测高误差传递方程，因为测高误差传递方程实际上是对式（7.10）进行偏微分计算，所以测高误差只是一个相对量。但是如果基于式（7.10）进行高程反演，而海面高程是一个绝对量，公式中的任何近似都会引入较大的误差。

基于式（7.10）求偏微分，可分别得到基线长度、基线倾角、干涉相位等参数的误差传递方程。本节所讨论的系统类测高误差，是时间上慢变的一类低频误差，显著的特征是系统类测高误差的影响在空间上超出一个SAR分辨单元，也就是在空间上具有一定的相关性，具体表现为其沿测绘带距离向具有一定的变化规律。以下分析系统类测高误差均是沿卫星测绘带的距离向进行分析，系统参数误差沿方位向的变化及引入的测高误差将在第7.4.2.2节进行分析。

7.2.1.1　基线长度误差

基线长度误差引入的测高误差传递方程可表示为

$$\sigma_h^B = \frac{r_1 \sin\theta}{B\cot(\theta - \alpha)} \cdot \sigma_B \tag{7.11}$$

式（7.11）表明基线越长、雷达下视角越小则基线长度误差引入的测高误差越小。斜距 r_1 跟卫星高度有关，设计自由度较低；基线倾角 α 和下视角 θ 对测高误差的影响是耦合的，因此不对这两个参数进行分析。

如果选取干涉参考面为平均海平面，则式（7.11）可近似表示为

$$\sigma_h^B \approx \frac{H\tan\theta}{B\cot(\theta - \alpha)} \cdot \sigma_B = \frac{R}{B\cot(\theta - \alpha)} \cdot \sigma_B \tag{7.12}$$

其中，R 为目标所处测绘带距离向的位置，通常也称为地距，显然目标地距是由雷达下视角决定的，这里引入地距主要是为了强调系统类测高误差沿距离向的变化规律。式（7.12）表明基线长度误差引入的测高误差随地距增大而增加。

7.2.1.2　基线倾角误差

基线倾角误差引入的测高误差传递方程可表示为

$$\sigma_h^\alpha \approx H\tan\theta \cdot \sigma_\alpha = R \cdot \sigma_\alpha \tag{7.13}$$

式（7.13）表明基线倾角误差引入的测高误差仅与地距（下视角）和基线倾角误差有关。基线倾角误差通常是由于刚性基线的结构振动或卫星平台的姿态抖动所导致。当前技术水平下，卫星姿态的控制精度可达 $0.01°$（Esteban-Fernandez，2014）。

7.2.1.3　干涉相位偏差

干涉相位误差引入的测高误差传递方程可表示为

$$\sigma_h^\varphi \approx \frac{H\tan\theta\lambda}{2\pi B\cos(\theta - \alpha)} \cdot \sigma_\varphi = \frac{R\lambda}{2\pi B\cos(\theta - \alpha)} \cdot \sigma_\varphi \tag{7.14}$$

式（7.14）表明雷达波长越短、地距（下视角）越小、基线长度越长，则测高误差越小。需要强调的是，干涉相位误差包括相位偏差和相位噪声两部分，这里仅分析低频的相位偏差的影响。相位偏差通常是通道间相位不一致所导致。

7.2.1.4　其他系统参数误差

其他系统参数误差主要是卫星轨道高度误差和斜距测量误差，轨道高度误差可以利用精确定轨系统（POD）控制在厘米量级。斜距测量误差主要由电离层延迟和对流层延迟所导致，需要利用星下点高度计和辐射计等辅助载荷测量并校正，引入的测高误差可达数米（Esteban-Fernandez，2014）。

7.2.2　随机类测高误差

随机类测高误差是由干涉 SAR 复图像之间各类信号去相干因素所导致。复图像记录幅度和相位两部分信息。干涉 SAR 两天线的几何视角差异极小，所以幅度图像几乎完全一致。但是相位具有极高的灵敏度，且只能记录在 $[-\pi, \pi]$ 区间，因此干涉 SAR 信号去相干实际上是两幅复图像相位之间的一致性下降，并引入相位噪声。

本节讨论的随机类测高误差主要是相位噪声所引入的，在时间或空间上快变的一类高频误差，这与系统类测高误差不同。系统类测高误差沿距离向规律变化，或者说在空间上具有一定的相关性。随机类测高误差类似白噪声，在空间上没有相关性。事实上，基线长度、基线倾角等系统参数也会存在高频变化，SAR 在合成孔径或脉冲压缩时，这类高频变化导致接收信号无法按照特定规则聚焦，也会转化为噪声并影响测高结果。

7.2.2.1 热噪声去相干

电子测量设备都存在热噪声，假定干涉 SAR 两天线的硬件参数基本一致，则热噪声决定的信号相干系数可表示为

$$\gamma_N = \frac{SNR}{1 + SNR} \tag{7.15}$$

其中，$SNR = \dfrac{NRCS}{NESZ}$ 为回波信噪比。回波信噪比由海面归一化后向散射系数 NRCS 和 SAR 等效噪声后向散射系数 NESZ 共同决定。

7.2.2.2 基线去相干

基线使干涉 SAR 具备干涉测高能力，同时也导致 SAR 复图像之间产生去相干。基线去相干的物理成因是，干涉 SAR 两天线观测相同地物的几何视角存在一定差异，这导致两部 SAR 发射信号的带宽和载频虽然相同，但是接收的地物回波谱却出现一定的非重叠区域（Gatelli et al.，1994），这导致接收信号间相干性下降。基线决定的相干系数可表示为

$$\gamma_B = 1 - \frac{\Delta f}{W_b} = 1 - \frac{f_0 B_\perp \cos\theta}{W_b \tan\theta H} \tag{7.16}$$

其中，$\Delta f = \dfrac{f_0 B_\perp \cos\theta}{\tan\theta H}$ 为接收的地物回波谱之间的相对偏移，$B_\perp = B\cos(\theta - \alpha)$ 为基线垂直雷达视线方向的分量，W_b 为发射信号带宽。式（7.16）表明，基线越长、雷达下视角越小，则基线去相干越严重。

7.2.2.3 海浪等效体散射去相干

体散射去相干一般存在于一类具有体分辨单元属性的观测场景，较为典型的是树木垂直结构导致的雷达回波非相干叠加（Alberga，2004），如图 7.3（a）所示。海面存在高低起伏的不同尺度的海浪，雷达波入射到海面时，占据一个分辨单元内的多个海浪都可以作为独立的散射点，分辨单元内海浪的高低起伏形成了等效体散射去相干效应，如图 7.3（b）所示。

假定海浪波高服从高斯分布：

$$p(\bar{h}) = \frac{1}{\sqrt{2\pi\sigma_{\bar{h}}^2}} e^{-\frac{\bar{h}^2}{2\sigma_{\bar{h}}^2}} \tag{7.17}$$

其中，$\bar{h}$ 为海浪平均波高，$\sigma_{\bar{h}}$ 为海面波高的标准差，与海面有效波高的关系为 $SWH =$

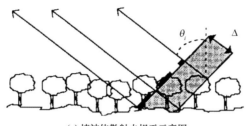

(a) 植被体散射去相干示意图

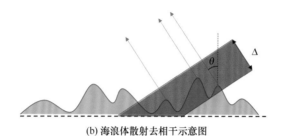

(b) 海浪体散射去相干示意图

图 7.3　体散射去相干示意图

$4\sigma_{\bar{h}}$，则海浪等效体散射决定的相干系数可表示为

$$\gamma_V = e^{-\frac{1}{2}\sigma_\varphi{}^2} \tag{7.18}$$

其中，$\sigma_\varphi = \dfrac{2\pi\sigma_{\bar{h}}B\cos(\theta - \alpha)}{H\tan\theta\lambda}$ 为海面波高对应的干涉相位标准差。

7.3　基于天宫二号 InIRA 的涡旋海表面高度探测

7.3.1　InIRA 载荷及涡旋数据简介

7.3.1.1　载荷设计参数

天宫二号三维成像微波高度计（InIRA）主要目的之一是验证 SAR 干涉海面测高技术。为了提升测高精度至厘米量级，InIRA 载荷设计参数与 SWOT 卫星 KaRIn 类似，如表 7.1 所示，都采用了双天线同步干涉、高雷达波段以及近天底雷达下视角的设计方案，这相比以往陆地测高干涉 SAR 系统具有较大的差别。

表 7.1　天宫二号 InIRA 与 SWOT KaRIn 设计参数对比

参数	InIRA	KaRIn
搭载平台	天宫二号	SWOT 卫星
平台高度（km）	400	890

参数	InIRA	KaRIn
基线物理长度（m）	2.3	10
雷达载频（GHz）	13.58	35.75
工作带宽（MHz）	40	200
天线收发模式	单发双收	单发双收
极化方式	HH	HH 和 VV
下视角范围（°）	1~8	0.7~4.0
测绘带宽（km）	40	120（双测绘带）
方位分辨率（m）	~34	~2.5
斜距分辨率（m）	3.75	0.75

海面动态变化特性要求 InIRA 必须具备单航过干涉测高能力，因此 InIRA 的两部 SAR 天线放置在资源舱的外侧，可形成约 2.3 m 长的物理基线，两部天线工作在单发双收模式。相比 SWOT 10 m 的基线长度，InIRA 过短的基线限制了其测高灵敏度。为提升测高灵敏度，其采用了 Ku 波段极短波长和 1°~8° 的近天底雷达下视角。这里将测高灵敏度定义为 1 cm 海面高度变化对应的干涉相位变化，如图 7.4 所示，可以看出 InIRA 的测高灵敏度仍低于 SWOT。

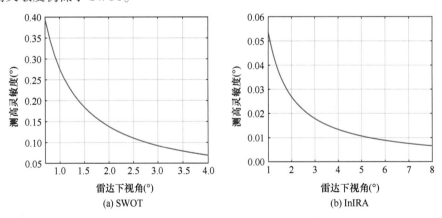

图 7.4 测高灵敏度随雷达下视角的变化

天宫二号轨道高度约 400 km，为增加 InIRA 的测绘带宽，雷达下视角范围设计为 1°~8°，最大下视角是最小下视角的 8 倍，这导致 InIRA 地距分辨率也随下视角变化了 8 倍，并使得幅度图像具有显著的空变特征。不考虑其他系统类参数误差的情况下，预计 InIRA 在 1 km 空间分辨率上相对测高精度在 20~40 cm 之间，如图 7.5 所示。如果将空间分辨率放宽至 10 km，根据第 7.3.2.3 节中所述的空间多视提升相对测高精度方法，得益于更多的空间多视数和更好的相位噪声抑制，其相对测高精度预计可达 3 cm

（Kong et al.，2017）。

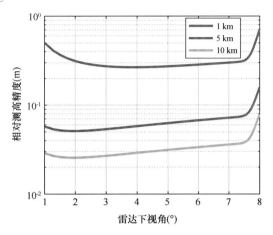

图 7.5　InIRA 不同空间分辨率下相对测高精度理论值

7.3.1.2　涡旋数据介绍

图 7.6 所示数据于 2017 年 11 月 8 日在阿拉伯海域附近获取，具体地理位置如图所示。经过涡旋 SAR 图像二维特征检测后，判断图中红色方框内为一个直径 40~55 km 的小尺度涡旋，该涡旋附近海表面存在自然油膜并随着水体转动而产生聚集，油膜调制海表面粗糙度并影响雷达回波强度，进而使得涡旋在 SAR 幅度图像上凸显。

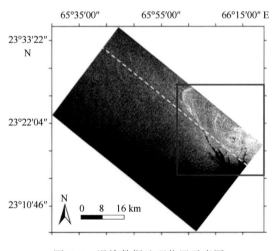

图 7.6　涡旋数据地理位置示意图

图 7.7 为 InIRA 两个天线各自获取数据的幅度图像，与图 7.6 所示数据完全相同但都进行了相同的距离向辐射校正。可以在两幅图中发现一个有趣的现象，那就是图像中测绘带近端和远端的油膜在 SAR 图像上呈现两种截然不同的特征，近端涡旋附近的油膜明显比周围海面亮，但是远端油膜却明显比周围海面暗。

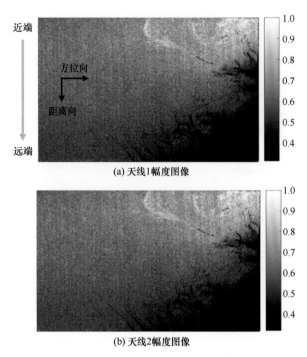

(a) 天线1幅度图像

(b) 天线2幅度图像

图 7.7　InIRA 两天线各自的幅度图像

　　造成这种现象的原因是海面回波准镜面反射分界现象，由中国科学院电子学研究所孔维亚、种劲松等人首次发现（Kong et al.，2017）。InIRA 采用了近天底下视角，同时下视角变化范围较大。在测绘带近端电磁波近乎垂直入射到海面，涡旋表面由于存在油膜而更加光滑，海面回波准镜面反射的能量更强，因此涡旋轮廓得以凸显且比周围海面更亮；但是随着雷达下视角增大，油膜反射的能量即使很强，但相当一部分反射回波无法返回接收机，如图 7.8 所示，这导致远端的油膜区域比周边海面更暗。

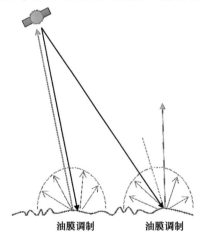

图 7.8　海面回波准镜面反射分界现象示意图

　　InIRA 由于近天底雷达下视角的独特设计，不仅在幅度图像中造成准镜面反射分界现象，其对干涉相位以及测高精度也会带来显著的影响。

7.3.2　InIRA 干涉复图像处理方法

InIRA 干涉复图像一般需要经过复图像预滤波、复图像配准、平地相位去除、干涉参数定标、空间多视去噪等主要步骤，最终基于定标后的干涉系统参数反演得到海面高度，处理流程如图 7.9 所示。

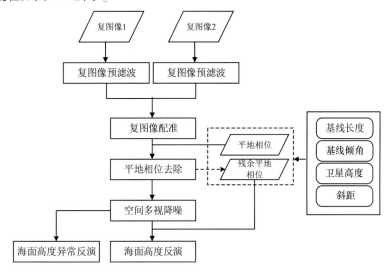

图 7.9　InIRA 干涉复图像处理流程

SAR 干涉海面高度反演与陆地干涉高程反演流程基本一致，以下对几个与陆地高程反演存在区别的步骤进行分析。

7.3.2.1　复图像预滤波

基线去相干会导致干涉信号相干性下降，导致测高精度降低。复图像预滤波就是对 InIRA 两幅复图像各自的距离向频谱截取重叠部分以提升相干性并保证最终的测高精度。基线去相干对应的距离谱非重叠区域随着雷达下视角减小而增大，如图 7.10 所示。由第 7.2.2.2 节中分析可知，基线去相干在 InIRA 测绘带近端影响更严重，频谱非重叠区域最大可达 14%。基线去相干导致的非重叠区域沿距离向变化，虽然截取频谱会导致复图像分辨率下降，但是考虑到测绘带远端地距分辨率本身高于近端，因此对整个距离向频谱均截取 86% 的重叠部分。

考虑到 InIRA 是双天线同步干涉，且基线长度极短，对预滤波后的复图像直接进行共轭相乘即可达到质量极高的配准。图 7.11 为配准后得到的干涉相位，对比未做距离向滤波处理的干涉相位，可以看到干涉相位质量得到了一定程度的提升。

7.3.2.2　平地相位去除

图 7.11 可以看到沿距离向存在规则变化的相位条纹，这是干涉 SAR 干涉相位中常

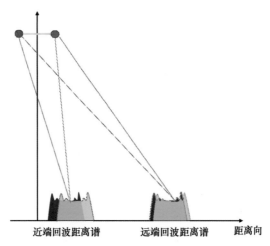

近端回波距离谱　　　　远端回波距离谱　　距离向

图 7.10　距离谱非重叠沿距离向的变化示意图

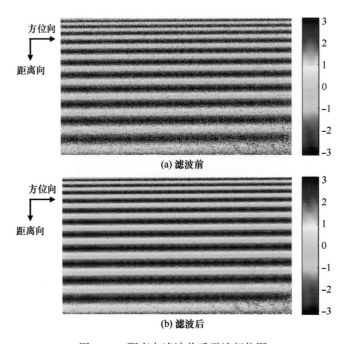

图 7.11　距离向滤波前后干涉相位图

见的"平地"相位。干涉 SAR 观测场景较为平坦时（尤其是高度变化平缓的海面），即使场景高度没有任何变化，由于两天线至测量点的路程差随测量点距离向位置发生变化，干涉相位也将出现规律变化，如图 7.12 所示。

如果基线长度、基线倾角、卫星至参考平面高度（参考平面可以为地球椭球面或全球平均海平面）、天线 1 至测绘带内沿距离向测量点的斜距已知，则理论的平地相位可表示为

$$\varphi_{\text{flat}} = \frac{2\pi}{\lambda}\left[r_1 - \sqrt{r_1^2 + B^2 - 2r_1 B \sin(\theta - \alpha)}\,\right] \tag{7.19}$$

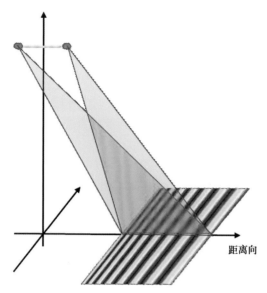

图 7.12　平地相位沿距离向变化示意图

基于式（7.19），可以先计算出涡旋场景对应的理论平地相位，实际干涉相位减去平地相位即可实现初步去除平地相位的目的，如图 7.13 所示。图中沿距离向仍存在规则的相位变化，这是残余平地相位而非海面高度变化导致的高程相位。因为按照 InIRA 的测高灵敏度来估算，图中相位对应数米的海面高度变化，而图中海域空间延伸只有数十千米，基本不可能出现这样的高度落差。残余平地相位主要是由于初始计算理论平地相位时所用的参数 (B, α, r_1) 不够精确而导致。

图 7.13　去除平地相位后干涉相位图（平地相位残留较严重）

基于残余平地相位可以估计干涉参数误差，修正干涉参数并得到更准确的理论平地相位，并最终精确去除平地相位，整个过程原理可以表示为

$$(\hat{B}, \ \hat{\alpha}, \ \hat{r}_1) = \arg \ \min \ [\varphi_{\mathrm{int}} - \varphi_{\mathrm{flat}}(B, \ \alpha, \ r_1)] \tag{7.20}$$

式（7.20）实现过程如下：

（1）选取干涉相位中多个方位门数据进行平均，获得平地相位变化曲线；

（2）进行相位解缠获得沿距离向非缠绕的相位 φ_{int}，以公式（7.20）为拟合式进行曲线拟合，得到初步估计的干涉参数组合 $(B, \ \alpha, \ r_1)$ 以及理论平地相位 $\varphi_{\mathrm{flat}}(B, \ \alpha, \ r_1)$；

（3）不断修改干涉参数组合（B，α，r_1），以 RMSE 最小为判断依据得到最优参数组合，即可完成各项干涉参数的修正结果（$\hat{B}$，$\hat{\alpha}$，$\hat{r}_1$）。

7.3.2.3 空间多视降噪

准确去除平地相位后的干涉相位如图 7.14 所示，理论上此时的相位变化对应海面高度异常，因此也可以称为高程相位。高程相位整体在零值附近，似乎海面高度并未发生任何变化，这主要由以下两点因素造成：

（1）InIRA 测高灵敏度较低，10 cm 的海面高度变化对应的高程相位在测绘带远端仅 0.01 rad，近端甚至仅有 0.001 rad，所以相位图数值整体接近于零；

（2）相位图中还存在一定的相位噪声，相位噪声的动态范围是 $[-\pi，\pi]$，所以海面高度即使有变化，也难以在此相位范围上凸显。

图 7.14　准确去除平地相位后的干涉相位图（海面高程相位）

综合上述原因，相位图需要进行空间多视抑制相位噪声，才能使高程相位得以在相位图像上凸显。当前相位图像的空间分辨率约 34 m×34 m，空间多视至约 5 km×5 km 之后的相位如图 7.15 所示，相位图的动态范围明显缩小，右上角和右下角出现了疑似海面高度变化，而右上角恰好是疑似涡旋存在的位置。

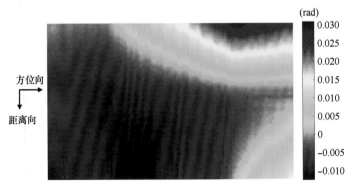

图 7.15　空间多视至 5 km 的干涉相位图

7.3.2.4 海面高度反演

根据空间多视后得到的高程相位，基于 SAR 干涉测高原理式（7.9）即可反演得到海面高度。依据测高反演原理式得到的是相对于参考平面的绝对高程，需要注意以下几点：

（1）反演海面绝对高程之前必须将之前去除的理论平地相位加回来。之前去除平地相位是方便后面的空间多视降噪，平地相位虽然没有记录海面高程的变化信息，但本质上记录了海平面（或参考平面）沿距离向的变化趋势，是干涉相位的一部分，必须将其加回。

（2）反演海面绝对高程需要足够精确的干涉参数。第 7.2.1 节中已充分说明，SAR干涉海面测高对系统参数精度的要求极为严苛。InIRA 干涉参数设计下，仅 0.05 mm 的基线长度误差即会在测绘带中央引入 7 cm 的测高误差；仅仅 0.36 arcsec 的基线倾角误差即会在测绘带中央引入 6 cm 的测高误差。上述干涉参数只能借助后期地面定标才能够达到如此高的精度。

InIRA 只是一个验证型载荷，并未搭载可用于电离层和对流层延迟校正的双频高度计和辐射计，并且也难以获取精确的基线长度、倾角、相位偏置等参数。所以，目前很难实现海面绝对高程的反演和定量分析。

7.3.3 涡旋海面高度信息提取结果分析

基于空间多视后的高程相位仍然可以定量分析海面高度异常，即相对高程变化。去除平地相位后，测绘带内参考平面为零平面而非大地水准面，所以高度异常是相比零均值平面而言。由多视后的高程相位计算海面高度异常可基于式（7.14），这是因为海面高度异常通常仅为厘米量级，微分方程仍然成立，此外，依据式（7.14）反演相对高程对基线长度和倾角等干涉参数的精度要求大大降低，基于之前平地相位估计得到的干涉参数已足够。以下将对 InIRA "涡旋" 表面高度异常进行分析，并借助多源遥感数据验证 InIRA 探测的正是涡旋。

7.3.3.1 涡旋高度异常合理性分析

基于高程相位反演得到的海面高度异常如图 7.16（a）所示，疑似涡旋由于只被探测到了一部分，无法准确判断其涡旋中心，图中涡旋边缘与涡旋最高处相差约 23 cm。结合涡旋幅度图像，推断位置 1 处涡旋直径在 40~55 km 之间。海洋涡旋的直径与高度异常之间的关系尚无定论，但是基于幅度图像特征和海面高度异常判断，位置 1 处海面高度异常极可能是涡旋引起的。

图 7.16 位置 2 也出现了类似的"海面高度异常"，但是对比幅度图像可以看出，该"高度异常"并非涡旋所导致。位置 2 处存在大量油膜且位于测绘带远端，根据第7.3.1 节分析的近天底下视角海面回波反射分界现象可知，该处回波信噪比极低，干涉相位噪声水平远远高于位置 1 处。图 7.16（a）海面高度异常是由大范围的空间多视平均得到，位置 2 处的相位噪声在多视过程中对相对高度计算引入了一定的误差，最终导致位置 2 处出现虚假的高度异常。

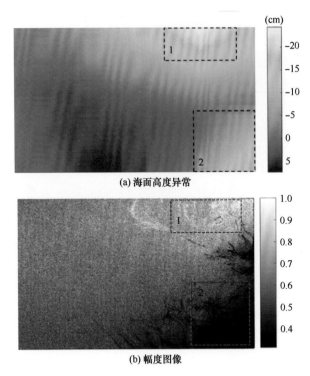

(a) 海面高度异常

(b) 幅度图像

图 7.16   海面高度异常与幅度图像

7.3.3.2   涡旋高度异常多源遥感数据验证

涡旋不仅会造成海表面高度异常，同时也会导致海表面温度和叶绿素浓度发生变化，从而在海表温度和叶绿素浓度图像上显现。因此，通过 MODIS 海表温度和叶绿素浓度数据能够佐证涡旋的存在。为了验证干涉相位图中高度异常是由涡旋引起的，获取了与 InIRA 涡旋数据相同位置、相近时间的 MODIS 海表温度和叶绿素浓度数据，如图 7.17（c）、（d）所示，空间分辨率为 1 km，时间分辨率为 1 天。

MODIS 数据获取时间为 2017 年 11 月 11 日。从图 7.17（b）、（c）两图中可以清晰地看到与 InIRA 幅度图像形态相似的涡旋轮廓。图 7.17（c）中涡旋位置的温度比周围海域低 2.5~3.0℃，说明该涡旋为冷涡，由于气旋式涡旋会引起海表温度下降，可以判断该涡旋为气旋式涡旋。图 7.17（d）中涡旋中心及涡旋臂的叶绿素浓度比周围海域高 1.0~1.5 mg/m³，由于气旋式涡旋会导致叶绿素浓度出现正异常，所以也可以判断该涡旋为气旋式涡旋，与海面温度图像得到的结论一致。根据相关文献中涡旋的温度和叶绿素浓度经验变化范围（Alpers et al.，2013；Xu et al.，2015），可以判断该位置确实存在海洋涡旋，该结果也进一步证明了 InIRA 对小尺度海洋涡旋探测的能力。

7.3.4   InIRA 涡旋探测可行性分析

基于 InIRA 的数据虽然初步验证了 SAR 干涉技术用于海洋涡旋探测的可行性，但

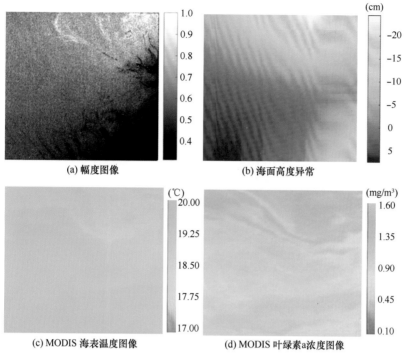

(a) 幅度图像   (b) 海面高度异常

(c) MODIS 海表温度图像   (d) MODIS 叶绿素a浓度图像

图 7.17 多源遥感数据验证涡旋存在

是多个原因制约了其对海洋涡旋研究的能力。

1）近天底雷达下视角对涡旋幅度图像的影响

InIRA 由于采用了近天底下视角且下视角相对变化范围较大，这导致 InIRA 获取的幅度图像沿距离向存在较严重的空变问题，即使沿距离向进行了等间隔重采样，测绘带近端的涡旋图像也会产生明显的失真，这会在一定程度上影响 InIRA 幅度图像用于海洋涡旋的形态学研究、检测识别等。

近天底下视角下，电磁波入射到海面的散射/反射机理与以往中等下视角 SAR 存在显著的差异。中等下视角下，SAR 接收的海面回波主要来自 Bragg 后向散射，而近天底下视角下，海面回波主要来自准镜面反射，且准镜面反射能量的强度远远高于 Bragg 后向散射。

近天底下视角下，图像距离向的几何畸变以及电磁波与海面物理作用机制的变化，必然导致 InIRA 幅度图像中所观测的涡旋形态区别于以往 SAR 图像。

2）测绘带宽对区域性涡旋探测的限制

InIRA 的测绘带宽仅 40 km，并且其轨道设计受限于天宫二号平台的限制，重访周期仅 3 天，这导致其无法实现对区域性涡旋的地理覆盖。区域性涡旋这里指涡旋半径在百千米量级的中尺度涡旋，或者存在多个涡旋的海洋区域。所以，InIRA 能够研究的涡旋仅限于出现在测绘带范围内的小尺度涡旋。InIRA 虽然能够达到厘米量级测高精度，但是空间分辨率却仅有 5~10 km，加之 InIRA 的测绘带宽仅 40 km，所以测绘带内有效测量点过少。总而言之，窄测绘带宽、低空间分辨率以及低空间覆盖率共同导致 InIRA

难以实现对海洋涡旋的系统性科学研究。

7.4 基于 SWOT KaRIN 的涡旋海表面高度探测

InIRA 涡旋探测结果表明，干涉 SAR 卫星必须同时满足厘米级测高精度、高空间分辨率以及快速重访能力，才能够实现对海洋涡旋的有效探测。InIRA 作为一个技术验证载荷，很难满足上述需求。SWOT 卫星上搭载的 Ka 波段干涉 SAR，主要的观测对象就包括海洋涡旋。

本节借助海洋环流模式输出的区域性"动态"海面高度数据，并结合 SWOT 卫星项目组开发的测高误差仿真模型，进一步研究 SAR 干涉技术用于海洋涡旋探测的可行性。

7.4.1 KaRIN 涡旋探测仿真模型构建

构建涡旋探测实验仿真模型的目的就是要模拟卫星在既定轨道上，对动态变化的区域性涡旋的探测能力。涡旋区域的空间延伸通常为数百千米，这远大于卫星的测绘带宽，所以需要卫星多次飞临观测区域并且对多个测绘带数据进行拼接，才能实现观测区域全覆盖。受卫星轨道的限制，整个模拟观测周期通常持续数天，所以需要充分考虑在此期间海面高度的变化以及卫星系统参数的时变特性。

仿真实验的基本原理如图 7.18 所示，涡旋探测实验仿真模型主要由两部分构成。一是基于目前国际上通用的海洋环流模式（OGCM）生成一定时间和空间范围内的 SSH（lat，lon，time），作为待测量的"实际"海面高度，SSH 数据持续的时间范围可根据观测需要决定，一般应大于卫星重访周期。二是基于 SWOT 卫星项目组开发的测高误差仿真模型（Gaultier et al.，2016），模拟 SAR 干涉测量中的多种测高误差且充分考虑其沿方位向的变化。对模拟生成的多个测绘带数据拼接即可完成整个涡旋探测仿真实验。

以下分别介绍仿真实验所需的时间序列 SSH 生成模型以及时变的测高误差生成模型。

7.4.1.1 时间序列 SSH 生成模型

海洋环流模式（Ocean General Circulation Models，OGCM）是一类海洋和大气模型，它们基于物理海洋、大气、流体力学等基础理论，通过同化大量准实时海洋观测数据（主要有卫星高度计、卫星水色数据、Argo 温盐剖面数据等），在不同边界条件约束下数值计算得到区域性甚至全球的海洋环境特定解，其中重要的输出之一就是 SSH 数据。

目前较为常用的 OGCM 有 HYCOM、MITgcm、ROMS、NEMO 等。HYCOM（Hybrid Coordinate Ocean Model）是一种被广泛使用的大气-海洋通用环流模式（Chassignet et al.，2007），它采用了特殊的垂向混合坐标，能够很好地生成全球 SSH 产品。目前 HY-COM 官方网站上提供的再分析（reanalysis）SSH 数据的空间分辨率最高为 0.08°，时间

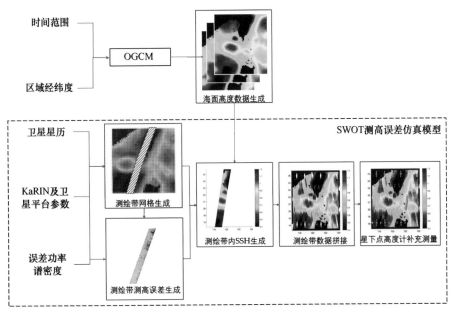

图 7.18　涡旋探测实验仿真模型示意图

分辨率最高可达 3 小时。

7.4.1.2　时变测高误差生成模型

　　SWOT 项目组开发的测高误差仿真模型主要是为了对卫星各子系统的误差进行合理的预算分配。在降低测高误差方面，SWOT 除合理设计 KaRin 的干涉参数外，还计划搭载多个辅助载荷用于后期数据的校准：如搭载精密定轨（POD）系统校正轨道高度误差；搭载 Ku/C 双频雷达高度计校正信号电离层延迟；搭载多频辐射计校正信号湿对流层延迟；搭载高精度陀螺仪实时测量卫星平台的姿态变化，同时配合地面定标点实现基线倾角误差的高精度测量（Esteban-Fernandez，2014）。

　　在卫星发射升空之前，如何确定并设计各个载荷的参数和精度指标是一个难题。此外，第 7.2 节中对测高误差的分析都是孤立的，并且都是沿距离向分析测高误差，并未考虑测高误差沿方位向的变化。这就要求必须构建一个完备的数值仿真系统，用于指导卫星系统参数指标的优化设计，并用于全局的测高误差评估。

　　进行测高误差预算分配之前需要明确待观测的海面高度信号的规模。图 7.19 中黑色实线（mean）是根据 Jason-1 和 Jason-2 高度计卫星全球海面高度多年观测数据统计得到的平均值。海面高度变化可以认为是一个随机过程，用功率谱密度分布（Power Spectrum Density，PSD）形式进行统计表述较为合理，单位为 $cm^2/(cycle \cdot km^{-1})$。图中横轴为波数（cycle/km），与信号频率的物理意义类似，是海洋学中常用于表征海洋信号空间变化尺度的物理量。另外的两条曲线分别表示 68%（1-sigma）和 95%（2-sigma）的海面高度功率谱密度统计结果。SWOT 项目组参考 68%（1-sigma）曲线确定整个卫星系统测高误差的上限，这既满足了绝大多数海况下的观测需求，又在一定程度上降低了工程技术实现的难度。

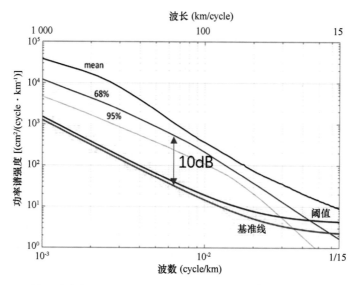

图 7.19　海面高度与 SWOT 测高误差功率谱密度曲线（Gaultier et al.，2016）

明确了待测量海面高度信号的规模，即可确定整个系统可以允许的测高误差功率谱密度上限。图 7.19 红色曲线（baseline）是 SWOT 项目组限定的所有测高误差的功率谱密度总和，对比 68% 曲线可以看出，测高误差功率谱密度在低频部分整体小于海面高度功率谱密度约 10 dB。高频部分信噪比逐渐减小，且功率谱趋于平缓，此时测高误差将主要来自相位噪声。

明确了总的测高误差功率谱密度规模，可以进一步向下分配所有子系统参数引入的测高误差配额。图 7.20 为 SWOT 项目组分配给基线长度误差、基线倾角误差、相位偏差等干涉参数误差的功率谱密度"配额"。这些功率谱密度曲线都是基于实际载荷的测试结果或经验数据得到的（Esteban-Fernandez，2014）。

卫星测绘带中分辨单元上的多种测高误差都是基于以上参数误差的功率谱密度设定生成，其中高频部分决定随机测高误差水平，低频部分决定系统参数误差沿卫星飞行方向的变化。由误差功率谱密度到测绘带二维测高误差的仿真原理将在第 7.4.2.2 节中进行分析。

7.4.2　KaRIN 涡旋探测仿真实验流程

本节选用 HYCOM 的 SSH 再分析数据对台湾岛附近海域的区域性涡旋进行模拟探测实验。该海域位于 17°—26°N、117°—124°E 之间。SSH 数据的时间范围在 2012.01.01 00：00 至 2012.01.22 00：00 之间，时间分辨率为 3 小时，共 168 个 SSH "帧"。数据为等角投影，分辨率 0.04°，对应地理经纬度的空间分辨率约为 4 km。

以下对涡旋探测仿真实验的测绘带网格生成、测绘带测高误差生成、测绘带观测数据拼接三个主要步骤进行分析。

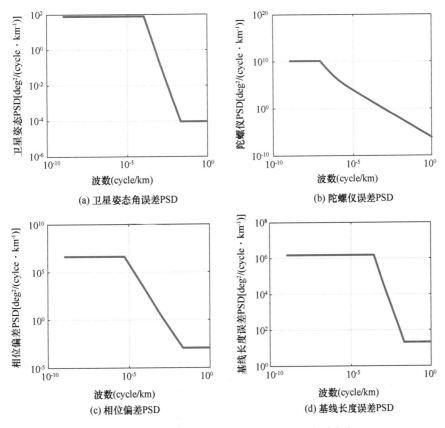

图 7.20　仿真模型部分系统参数误差的功率谱密度

7.4.2.1　测绘带网格生成

测绘带网格生成过程就是根据给定的卫星星历，模拟卫星按照星历文件设定的轨道飞行，计算卫星飞临 SSH 区域的轨道区间，轨道区间（lat，lon，time）记录了星下点轨迹上的经纬度坐标以及卫星的方位时刻。根据卫星平台高度和测绘带宽等设定，可以进一步计算星下点两侧测绘带网格上的经纬度坐标及方位时刻。根据 SSH 文件的地理经纬度范围，可以确定卫星重访周期内，总共需要多少个测绘带完成区域全覆盖，如图 7.21 所示。

绘带网格生成流程表明，卫星的轨道设计，尤其是重访周期应当根据干涉 SAR 卫星的测绘带宽并考虑涡旋有限的生存周期进行合理设计，保证大部分海洋区域能够在尽可能短的时间内被观测覆盖。这里选用 AVISO 网站上公开的重访周期为 20.86 天的 SWOT 科学轨道数据。该星历数据基于测绘带宽（星下点轨迹两侧 10~60 km）进行设计，可在 20.86 天内利用 292 个轨道圆周完成地球南北纬 77.6°区域的全覆盖（Gaultier and Ubelmann，2015）。

图 7.22（a）中所示海域东西方向地理延伸 700 km，（b）图为卫星单次飞临该海域所对应的测绘带网格示意图，可见卫星测绘带宽即使为 100 km，也仅能覆盖该海域一小部分区域。测绘带网格同时记录了卫星飞临观测区域时的方位时刻，这是考虑到海

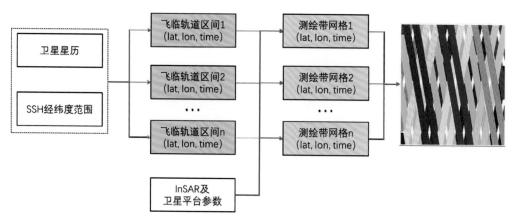

图 7.21　测绘带网格生成流程

面的动态变化，便于依据方位时刻确定每个测绘带探测到的 SSH 时间"帧"，图 7.22（a）中对应第 4　1/8 天的海面"实时"SSH。根据测绘带网格经纬度和方位时刻确定的卫星"实时"观测的测绘带上 SSH 时空截面如图 7.22（c）所示。

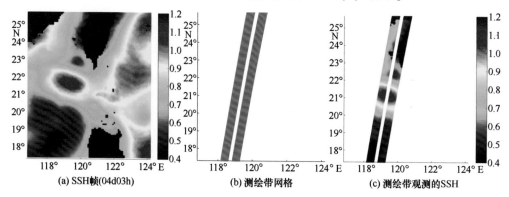

(a) SSH帧(04d03h)　　(b) 测绘带网格　　(c) 测绘带观测的SSH

图 7.22　卫星单测绘带观测示意图

7.4.2.2　测绘带测高误差生成

第 7.2 节分析 SAR 干涉测高误差时，均是在距离剖面内分析静态的系统参数误差对测高结果的影响，并未考虑系统参数沿方位向上的变化，如图 7.23 所示。区域性的涡旋探测往往需要卫星多次飞临观测区域，因此必须考虑在此期间系统参数沿飞行方向的变化及其最终对整个区域测量结果的影响。

系统参数沿方位向上的变化往往是随机的，对其运动规律进行合理建模并以此模拟卫星时变的系统参数误差尤为关键。实际上可将卫星系统参数沿方位向的变化看作是一个随机过程，每一次飞临观测区间内的参数变化相当于是一个样本，样本的时间函数可以表示为

$$r(t) = \sum_{i=1}^{n} A_i \cos(2\pi f_i t + \varphi_i) \tag{7.21}$$

上式表明样本函数表示为一组不同振幅 A_i、频率 f_i 和初相 φ_i 的简谐波的叠加。上述若

210

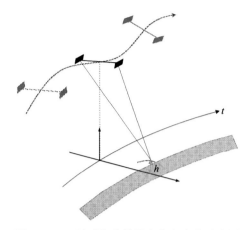

图 7.23　卫星系统参数沿方位向变化示意图

干个随机样本其自相关函数必然满足一定的统计特征，利用自相关函数的功率谱密度可以很好地进行统计描述：

$$P(f) = \langle F(r(t) \times r^*(t)) \rangle \tag{7.22}$$

其中，角括号表示统计平均。因此，如果已知某系统参数误差的功率谱密度 $P(f)$，即可基于上述随机过程原理生成系统参数随方位时刻变化的一个随机样本。基于 SWOT 项目组给定的基线长度、基线倾角、相位偏差等系统参数误差的功率谱密度，就能够模拟系统参数误差沿方位向的随机变化，同时，根据第 7.2 节中构建的距离剖面内的测高误差传递方程，即可生成二维测绘带上每一个分辨单元上的测高误差。

1）时变系统参数误差生成

基于功率谱密度曲线生成一次随机时间样本函数，需要确定其频率、幅值和初相三个要素。样本函数的频谱范围与功率谱密度频谱范围一致。卫星方位向采样间隔为 x_{post} 时，方位向频谱的最大值为

$$f_{\max} = \frac{V_{\text{sat}}}{2x_{\text{post}}} \tag{7.23}$$

其中，V_{sat} 是卫星沿方位向的飞行速度。方位频谱的理论最小值为零，其物理意义是系统参数误差常量，利用定标手段可以去除这类常量误差。定标实际上就是在空间上沿着卫星运行轨迹，每隔一定距离测量高程真实值，并与干涉 SAR 反演的高程值进行对比，根据真实值与反演值之间的差异可以反推系统参数误差，修正高程反演结果最终达到降低系统类测高误差的目的（Dibarboure et al.，2011）。如果卫星沿方位向上可以每隔一定距离进行周期定标，则一般认为大于定标周期的缓变类参数误差可以被去除，所以频谱的最小值取决于周期定标的空间距离 x_{cali}，可表示为

$$f_{\min} = \frac{V_{\text{sat}}}{2x_{\text{cali}}} \tag{7.24}$$

以上确定了系统参数误差的功率谱密度频谱分布范围，可随机生成 n 个服从均值分布的频率值 f_i：

$$f_i \sim U[f_{\min}, f_{\min}] \tag{7.25}$$

在功率谱密度 $P(f_i)$ 已知的情况下，f_i 对应的时域简谐波幅值可通过式（7.26）计算：

$$A_i^2 = \frac{1}{2} \int_{f_i - \frac{\Delta f}{2}}^{f_i + \frac{\Delta f}{2}} P(f_i) \, \mathrm{d}f \tag{7.26}$$

一般可认为高斯随机过程样本函数的初相服从均值分布，则

$$\varphi_i \sim U[-\pi, \pi] \tag{7.27}$$

通过上述过程获得样本函数的三个要素，以此即可生成系统类参数误差沿方位向的一次随机样本函数。按照上述数学原理生成的基线倾角误差和相位偏差沿方位向的变化如图7.24所示。

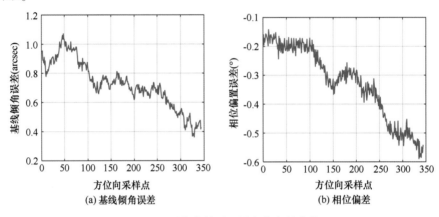

图 7.24　系统参数误差沿方位向的变化

2）测绘带二维测高误差生成

根据上节生成的系统参数误差沿方位向的变化，并结合第 7.2.1 节距离向测高误差传递方程，即可得到每个方位时刻系统参数误差沿测绘带距离向上的变化，即整个测绘带上的二维测高误差，图 7.25（a）、（b）示例了基线倾角误差和相位偏差引入的测高误差。

需要说明的是，测绘带上二维随机测高误差生成原理与上述过程略有区别。随机测高误差一般可看作是零均值高斯白噪声，即随机误差的功率谱密度曲线在整个频域上的幅值是恒定的。随机测高误差的时域随机生成原理与上述系统测高误差数学原理一致，不同的是无论是方位向还是距离向上，随机测高误差不同分辨单元之间不具有相关性。对比系统类测高误差可以看出两者之间的区别，如图 7.25（c）所示。

通常可以认为干涉 SAR 系统参数之间相互独立，因此将所有的系统类测高误与随机测高误差相加，即可模拟生成卫星测绘带上综合的测高误差，如图 7.25（d）所示。

一般认为 SAR 干涉测高为线性过程，因此将模拟的测绘带上测高误差与测绘带上实时"探测"的 SSH 相加，即可得到卫星观测周期内对整个地理区域内的海面高度的实际测量结果。

7.4.2.3　测绘带观测数据拼接

本节主要介绍卫星多个测绘带观测数据的拼接过程，为了更直观地展示拼接效果，所有测绘带上的结果均没有测高误差。按照测绘带数据获取时间的先后顺序，

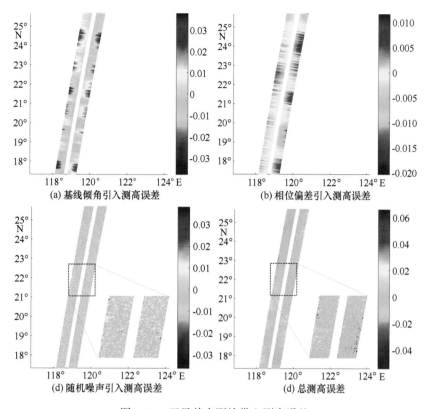

(a) 基线倾角引入测高误差

(b) 相位偏差引入测高误差

(d) 随机噪声引入测高误差

(d) 总测高误差

图 7.25　卫星单个测绘带上测高误差

依据测绘带网格经纬度信息进行拼接，得到的覆盖整个地理区域的模拟拼接结果如图 7.26 所示。

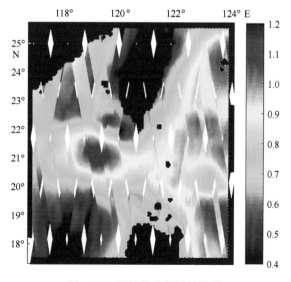

图 7.26　测绘带数据拼接结果

干涉 SAR 测绘带存在于距星下点 10~60 km 的位置，这导致星下点存在约 20 km 宽的测绘空带，因此仍有较多的空白区域无法被有效覆盖。这里采用 SWOT 星下点高度计补充测量的方法（Fu et al.，2012），星下点补充测量约 6km 宽度，如图 7.27 所示，剩余的间隙可以通过空间插值进行填补。

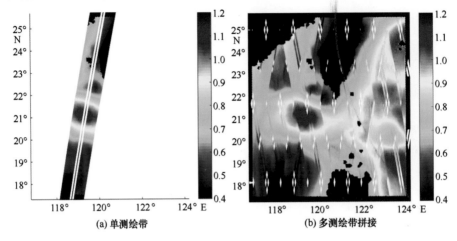

(a) 单测绘带　　　　　　　　(b) 多测绘带拼接

图 7.27　高度计补充星下点测量结果

本次实验选用的 SSH 数据时间分辨率为 3 小时，这是目前绝大多数 OGCM 能够输出的最高时间分辨率数据。涡旋探测仿真实验时，寻找距飞临时刻最邻近的一帧 SSH 作为实时海面，并未在时间维上进行插值（当前实现较为困难），这可能会给最终的模拟观测结果引入一定的测量误差。

7.4.3　KaRIN 涡旋探测仿真实验结果分析

以下分析涉及观测时刻的表述，均以 SSH 时序数据最开始时刻为零基准。整个模拟观测期间场景中共存在两个明显的涡旋，如图 7.28 所示。涡旋 1 在整个观测周期内存在，发展成熟后最大半径约 131 km，属于中尺度涡旋，涡旋中心相比涡旋最外侧平均海面高度变化约 0.48 m。随着时间推移涡旋 1 缓慢运动，在第 11 天附近与来自海峡右侧的水体产生了交汇，导致涡旋产生了一定的形变，但涡旋中心没有产生明显的迁移。自零时刻开始，台湾岛西南侧开始出现水体的汇集，在第 11 天附近已经形成了稳定的小尺度涡旋 2，涡旋 2 的最大半径约 65 km，涡旋中心相比涡旋最外侧平均海面高度变化约 0.19 m。以下将围绕这两个涡旋随时间的变化，分析有限测绘带宽下，卫星对海洋涡旋的探测能力。

7.4.3.1　涡旋动态变化对探测结果影响分析

本节着重分析涡旋自身动态变化对卫星不同时空测绘带观测拼接结果的影响。涡旋所在地理区域空间延伸数百千米，需要卫星 14 次飞临该区域才能完成覆盖，测绘带数据集中在观测周期的第 2~9 天、第 13~18 天，如图 7.29 所示。可以看出，覆盖整个地

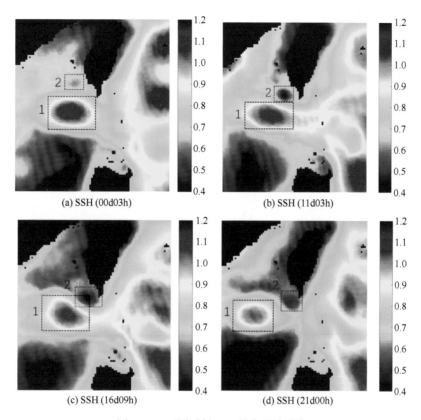

图 7.28 不同时刻 SSH 帧中涡旋形态

理区域的测绘带数据时间跨度长达 17 天，测绘带获取时间间隔为 1 天。

涡旋的动态变化导致最终的测绘带拼接结果有一定的时空不连续性。涡旋 1 由于生存周期更长，在拼接后的数据中依然可以清晰地分辨涡旋形态特征。涡旋 2 由于生存周期较短，在观测时间范围内变化较快，出现在多个不同时空的测绘带截面内，这导致其在最后的拼接数据中还原度较差，有类似"散焦"的效果，如图 7.30 所示。绘制的等高线图中，判断拼接结果中涡旋 1 的最大半径约 115 km，涡旋 1 中心相比最外沿高度变化 0.38 m。

涡旋 2 "散焦"较为严重，无法在拼接结果的等高线图上判断其涡旋形态，但是在某些子测绘带上，如图 7.31 所示，第 4 天的测绘带上却清晰捕捉了其完整的形态（中间测绘空间由星下点高度计补充测量且进行了插值），判断其涡旋半径约 52 km，涡旋中心高度变化 0.15 m。第 7 天仅捕捉到了涡旋 2 部分区域，这与 InIRA 的情况相似。虽然拼接结果中涡旋 2 探测效果较差，但是对比时序 SSH 帧中其运动轨迹表明，拼接结果相当于间接记录了其运动轨迹。未来干涉 SAR 探测涡旋或许可以利用这种特征，同时结合单个测绘带中捕获的小尺度涡旋特征，研究小尺度生存周期内的涡旋变化特性。

涡旋探测结果实际上是由多个时空截面构成，为了评价其与哪个时间或空间范围内的真实涡旋形态更为接近，基于相关系数建立评价指标，过程如下：

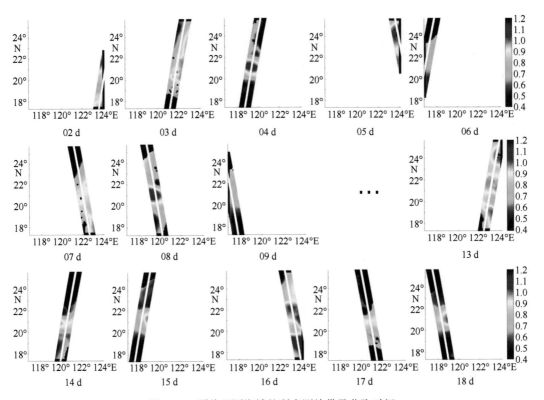

图 7.29　覆盖观测海域的所有测绘带及获取时间

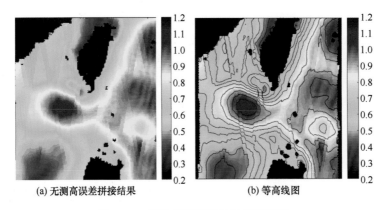

(a) 无测高误差拼接结果　　　　　(b) 等高线图

图 7.30　测绘带拼接结果与等高线图

（1）根据测绘带数据获取时的方位时刻，选择对应的 SSH 帧中涡旋区域作为评价真值，14 个测绘带上的观测结果共对应 13 个 SSH 帧；

（2）截取拼接结果中涡旋 1 和涡旋 2 区域作为待评价区域，如图 7.32 所示；

（3）涡旋 1 和涡旋 2 区域分别与 13 个不同时刻的 SSH 帧计算相关系数，相关系数最大即认为是与拼接结果最相似的区域，计算公式如下：

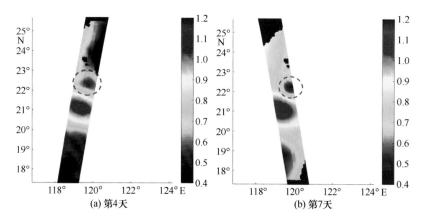

图 7.31　单个测绘带探测的涡旋 2

$$\rho = \frac{\left| \sum\limits_{j=1}^{m} \sum\limits_{i=1}^{n} SSH_{\mathrm{obs}}(i,\,j) \, SSH_{\mathrm{real}}(i,\,j) \right|}{\sqrt{\sum\limits_{j=1}^{m} \sum\limits_{i=1}^{n} SSH_{\mathrm{obs}}(i,\,j)^{2}} \, \sqrt{\sum\limits_{j=1}^{m} \sum\limits_{i=1}^{n} SSH_{\mathrm{real}}(i,\,j)^{2}}} \qquad (7.28)$$

其中，SSH_{obs} 为拼接结果中涡旋区域，SSH_{real} 为 SSH 帧中涡旋区域。相关系数越大，则表明拼接结果对当前 SSH 帧中涡旋的还原度越高。

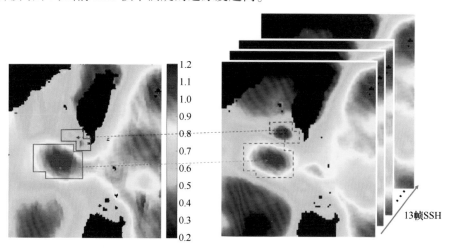

图 7.32　涡旋拼接结果相似度评价标准示意图

　　图 7.33 为依照上述标准获得的统计结果，可以发现，涡旋 1 存在区域的相关系数明显高于涡旋 2，这表明拼接结果对涡旋 1 的还原度明显高于涡旋 2。涡旋 1 和涡旋 2 的拼接结果与第 4 天和第 7 天的 SSH 帧最接近，结合图 7.31 中单个测绘带观测情况，可以看出在第 4 天和第 7 天的测绘带上都捕捉到了更多的涡旋 1 区域。

　　以上分析结果表明，SAR 干涉技术用于探测海洋涡旋时，由于测绘带有限，观测到的结果往往是不同时空的测绘条带拼接组合，中尺度以上的涡旋生存周期长，探测还原度高。较小尺度的涡旋变化较快，还原度较低，但是一部分尺度与测绘带相当的涡旋

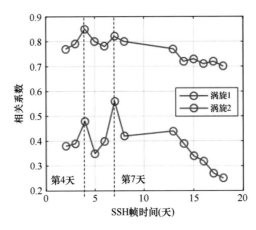

图 7.33　涡旋探测还原度统计结果

可以在某些测绘带中被完整观测到，所以这并不妨碍小尺度涡旋的有效探测。

7.4.3.2　测高误差对探测结果影响分析

除涡旋自身的动态特性外，测高误差也将进一步降低海洋涡旋的探测效果。图 7.34（a）是在 SWOT 项目组提供的原始误差功率谱密度设定下模拟的多种测高误差影响下的涡旋探测拼接结果，在拼接之前，已经对每个测绘带的都进行了 3×3 的空间多视以降低随机类测高误差对拼接结果的影响。但是相比无测高误差的拼接结果，左图中还可以看到明显的测绘带拼接"痕迹"，如图中虚线圆框内区域。这是由于测绘带上的系统类测高误差所导致，系统类测高误差在空间上具有一定的相关性，导致拼接图像的空间结构发生一定的扭曲。根据图 7.34（b）判断涡旋 1 半径约 103 km，涡旋中心高度变化 0.31 m，与上节无误差时的结果对比表明，测高误差显然影响了涡旋水动力参数的准确提取。

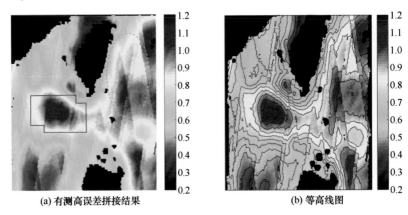

(a) 有测高误差拼接结果　　　　　　　　　　(b) 等高线图

图 7.34　有测高误差影响的拼接结果

图 7.35 为依据上节相关系数评价指标，得到的测高误差影响下拼接结果中涡旋 1 的还原度，可以看到受测高误差的影响，相关系数整体低于无测高误差时的结果。此

外，相关系数显示有误差的拼接结果与第 7 天 SSH 帧中涡旋最接近，而无误差时则是与第 4 天 SSH 帧中涡旋最相似。对比测高误差影响下第 4 天测绘带的涡旋测量结果，如图 7.36 所示，可以发现造成这一差异的原因是，较大的系统类参数误差已对第 4 天测绘带上涡旋 1 的形态结构产生了一定的扭曲，导致其在拼接结果中的相似度权重降低。

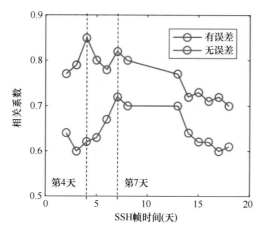

图 7.35　测高误差对探测还原度的影响统计结果

降低系统类测高误差只能通过定标的手段进行，以上结果中测高误差的功率谱密度频谱范围分布在 15~20 000 km/cycle 之间。假定可以在每隔 2 500 km 距离上进行一次精确定标，则可以等效地认为小于 5 000 km/cycle 频率的系统类误差能够被去除。根据这一原理可以模拟定标后的测量结果，也就是对所有测绘带仿真结果滤除频谱小于 5 000 km/cycle 的低频误差部分。模拟定标后的测绘带拼接结果如图 7.37（b）所示，结合相关系数统计结果如图 7.38 所示，显然系统类测高误差已得到了一定程度的校正，拼接结果中涡旋还原度得到了显著的提升。根据等高线图判断定标后涡旋 1 的半径约 111 km，涡旋中心高度变化 0.35 m，这与无测高误差的结果接近。

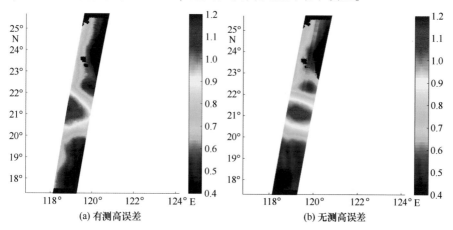

(a) 有测高误差　　　　　　　　　　　　(b) 无测高误差

图 7.36　测高误差对第 4 天测绘带上涡旋形态结构的影响

219

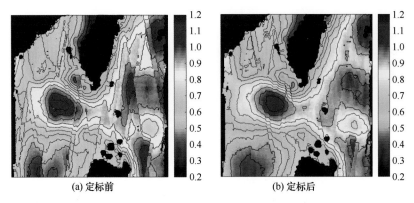

(a) 定标前　　　　　　　　　　　(b) 定标后

图 7.37　定标对系统类测高误差的抑制效果

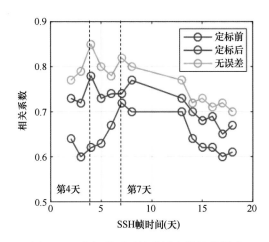

图 7.38　定标前后系统类测高误差的影响

7.5　干涉 SAR 海洋涡旋探测前景分析

基于 SWOT KaRIN 的海洋涡旋探测仿真实验结果以及天宫二号 InIRA 涡旋实际数据处理结果表明，未来 SAR 干涉技术能否成功应用于海洋涡旋的系统性科学研究，需要满足以下三个基本条件：

1）厘米级测高精度需求

海洋涡旋引起的海表面高度异常通常在几厘米到几十厘米之间，这就要求卫星的测量精度必须为厘米量级。本书在第 7.2 节对各类干涉测高误差的论述表明，系统参数变化和各种去相干因素都可能引入厘米级的测高误差，而卫星最终的测量结果往往同时受多种测高误差的影响，所以必须进行合理的测高误差预算分配。测高误差预算实际上就是对载荷及平台各项潜在的测高误差指标进行分配，分配过于宽松会导致卫星测高精度指标无法满足科学研究需求，分配过于苛刻则对仪器设计指标过于严苛，造成资源配置的极大浪费。

2）千米级空间分辨率需求

这里的高空间分辨率包括两层意思。首先，空间分辨率高是相比较传统星下点高度计的百千米量级分辨率而言，海洋涡旋的半径通常在数十到数百千米之间，因此空间分辨率越高，涡旋特征研究越精细。其次，空间分辨率还需跟测高精度进行匹配，干涉SAR的初始分辨率通常可达到米级，但在此分辨率下测高精度过低，一般需进行大量空间多视平均抑制相位噪声以提升测高精度。目前，海洋学者普遍认为对海洋涡旋探测的空间分辨率满足千米量级即可。

3）短重访周期需求

无论是海洋涡旋还是其他海洋动力现象，都具有一定的生存周期。目前海洋涡旋的生存周期尚无定论，但普遍认为在数天至数十天之间，这取决于涡旋半径大小和所处区域性海洋环境的影响。干涉SAR的测绘带宽往往仅数十千米，而中尺度涡旋的空间延伸可达数百千米，所以对中尺度涡旋的完全覆盖必须要进行多个测绘带拼接。测绘带越多、时间跨度越长，涡旋动态变化对最终拼接结果的影响越大，精确反演涡旋水动力参数就越困难，这就对卫星平台的快速重访能力或重访周期提出了一定的要求。

参考文献

陈洁好，2019. 天宫二号宽刈幅三维成像微波高度计路径时延的估计与校正. 北京：中国科学院大学（中国科学院国家空间科学中心）.

陈捷，陈标，许素芹，2010. 基于二维连续小波变换的 SAR 图像海洋现象特征检测. 电子学报，38（9）：2128-2133.

陈鹏真，2017. 海面毛细波的雷达散射调制若干问题及其实验研究. 北京：中国科学院大学.

程建婷，2016. 台湾以东中尺度涡的探测及其对黑潮入侵东海路径的影响. 北京：中国科学院大学.

崔凤娟，2015. 南海中尺度涡的识别及统计特征分析. 青岛：中国海洋大学.

董昌明，2015. 海洋涡旋探测与分析. 北京：科学出版社.

董迪，2017. 基于卫星遥感和现场观测的黑潮延伸区中尺度涡旋研究. 北京：中国科学院大学.

杜艳玲，2017. 基于海洋遥感影像的中尺度涡自动识别及与渔场动态关系研究. 上海：上海海洋大学.

杜云艳，莫洋，王会蒙，等，2017. 基于复杂网络的海洋涡旋移动特征研究——以南海为例. 海洋学报，39（7）：110-123.

甘锡林，2007. 合成孔径雷达海洋内波遥感研究. 杭州：国家海洋局第二海洋研究所.

郭斯羽，翟文娟，唐求，2012. 结合 Hough 变换与改进最小二乘法的直线检测. 计算机科学，39（4）：196-200.

何勇，2004. 分形方法在 SAR 图像区域分割中的应用. 武汉：武汉大学.

何忠杰，2007. 西北太平洋副热带逆流区及其邻近海域中尺度涡研究. 青岛：中国海洋大学.

靳梅，2008. 气旋的图像特征提取、描述及台风中心定位. 天津：天津大学.

孔秀梅，2003. 形成期台风螺旋云带的提取、描述及中心定位的研究. 天津：天津大学.

黎安舟，周为峰，范秀梅，2017. 遥感图像中尺度海洋锋及涡旋提取方法研究进展. 中国图像图形学报，22（6）：709-718.

李彦冬，郝宗波，雷航，2016. 卷积神经网络研究综述. 计算机应用，36（9）：2508-2515.

龙贺兆，2015. 基于稀疏深层网络的 SAR 图像分类方法. 西安：西安电子科技大学.

O. M. 菲利普斯，1983. 上层海洋动力学. 徐德伦，李心铭，译. 北京：科学出版社.

蒲平，2011. 图像中对数螺旋线的拟合. 微型机与应用，30（12）：44-46.

秦丹迪，2016. 黄东海海域涡旋结构特征及其能量输送研究. 南京：南京信息工程大学.

沈校熠，2018. 基于 CrvoSat-2 的海冰厚度反演方法研究. 南京：南京大学.

侍茂崇，2004. 物理海洋学. 济南：山东教育出版社.

孙士杰，2009. 基于互评估的多星遥感 SST 数据质量评价及可视化技术. 上海：上海大学.

王鼎琦，方国洪，邱婷，2017. 吕宋海峡黑潮脱落涡旋的特征分析. 海洋与湖沼，48（4）：672-681.

王静，陈永强，李宁，2015. 多视角多波段 SAR 浅海地形反演研究. 雷达科学与技术，13（4）：375-383.

王隽，2012. 基于卫星遥感观测的南海内波发生源与传播路径分析. 青岛：中国海洋大学.

王瑞，2018. 三维成像雷达高度计干涉测量技术及其误差分析. 武汉：华中科技大学.

王文杰，刘宇迪，朱金双，等，2016. 南海中尺度涡强度的季节和年际变化分析. 海洋科学，40（12）：94-106.

222

王宇航，杨敏，种劲松，2018. 一种海洋涡旋 SAR 图像仿真方法．雷达学报，8（3）：382-390.

魏翔飞，2019. SAR 模糊海浪成像与模糊舰船检测方法研究．北京：中国科学院大学．

文宏雕，2018. 基于深度学习的图像语义分割技术研究．成都：电子科技大学．

乌拉比，穆尔，冯健超，1987. 微波遥感（第二卷）：雷达遥感和面目标的散射、辐射理论．北京：科学出版社．

肖鹏，2010. 基于分形维数的纹理图像分割．西安：西安电子科技大学．

徐青，2007. 中尺度涡诱导的海洋内波动力学研究和海洋遥感高新技术探索．青岛：中国海洋大学．

徐世昌，2006. 潜艇运动产生的内波与潜艇尾迹的 SAR 遥感仿真．哈尔滨：哈尔滨工程大学．

许强，李伟，Pierre Loumbi，2018. 深度卷积神经网络在 SAR 自动目标识别领域的应用综述．电讯技术，58（1）：106-112.

燕丹晨，2015. 基于卫星高度计的中尺度涡自动识别算法研究．北京：国家海洋环境预报中心．

杨将林，2007. SAR 图像滤波和边缘检测技术研究．西安：西北工业大学．

杨劲松，任林，郑罡，2017. 天宫二号三维成像微波高度计对海洋的首次定量遥感．海洋学报，39（02）：132-133.

杨敏，种劲松，2013. 基于对数螺旋线边缘拟合的 SAR 图像漩涡信息提取方法．雷达学报，2（2）：226.

杨敏，2013. 合成孔径雷达图像海洋涡旋探测研究．北京：中国科学院大学．

于建梅，2008. 基于分形理论的图像压缩和边缘检测研究．哈尔滨：哈尔滨工程大学．

张德丰，2012. MATLAB 小波分析．北京：机械工业出版社．

张军团，林君，李绚，2008. 基于分形维数的 SAR 图像变化检测．西安工业大学学报，28（5）：466-470.

张铭，李崇银，1986. 台风眼的数值模拟试验．大气科学，10（3）：225-231.

赵健，2003. 小波与分形理论在图像处理中的应用研究．西安：西北工业大学．

赵学明，2008. 基于分形的图像分割关键技术研究．北京：国防科学技术大学．

郑平，2018. SAR 图像海洋涡旋检测及其信息提取研究．北京：中国科学院大学．

郑平，种劲松，王宇航，2018a. 一种 SAR 图像海洋涡旋形状自动描绘及信息提取方法．Journal of Measurement Science and Instrumentation，35（3）：41-48.

郑平，种劲松，王宇航，2018b. 基于对数螺旋线的涡旋形状描绘方法．第十九届全国图像图形学学术会议（NCIG 2018）．

郑平，王宇航，种劲松，2017. 一种 SAR 图像海洋涡旋形状描绘方法．第五届微波遥感技术研讨会．

郑全安，谢玲玲，郑志文，等，2017. 南海中尺度涡研究进展．海洋科学进展，35（2）：131-158.

郑全安，2018. 卫星合成孔径雷达探测海洋亚中尺度动力过程．北京：海洋出版社．

AKLIU，2012. Synthetic Aperture Radar（SAR）：Theory and Applications. Advanced Training Course in Land Remote Sensing.

ALBERGA V，2004. Volume decorrelation effects in polarimetric SAR interferometry. IEEE transactions on geoscience and remote sensing，42（11）：2467-2478.

ALPERS W J，1983. Imaging ocean surface waves by synthetic aperture radar：a review. 107-119.

ALPERS W R，D B ROSS，C L RUFENACH，1981. On the detectability of ocean surface waves by real and synthetic aperture radar. Journal of Geophysical Research：Oceans，86（C7）：6481-6498.

ALPERS W，A Y IVANOV，K F DAGESTAD，2011. Encounter of Foehn Wind with an Atmospheric Eddy over the Black Sea as Observed by the Synthetic Aperture Radar Onboard Envisat. Monthly Weather Review，139（12）：3992-4000.

ALPERS W，P BRANDT，A LAZAR，et al.，2013. A small-scale oceanic eddy off the coast of West Africa studied by multi-sensor satellite and surface drifter data, and by a numerical model. EGU General Assembly Conference.

ALPERS W, P BRANDT, A LAZAR, et al. , 2013. A small-scale oceanic eddy off the coast of West Africa studied by multi-sensor satellite and surface drifter data. Remote Sensing of Environment, 129: 132-143.

BARALE V, M GADE, 2014. Remote Sensing of the African Seas. Springer.

BARRICK D E, 1968. A review of scattering from surfaces with different roughness scales. Radio Science, 3 (8): 865-868.

BARRICK D E, 1968. Rough surface scattering based on the specular point theory. IEEE Transactions on Antennas & Propagation, 16 (4): 449-454.

BARTON E, 2009. Island wakes. Ocean Currents: A Derivative of Encyclopedia of Ocean Sciences, 470: 343-348.

BELLAMY-KNIGHTS P G, 1970. An unsteady two-cell vortex solution of the Navier-Stokes equations. Journal of Fluid Mechanics, 41 (3): 673-687.

BRUNING C, W R ALPERS, J G SCHROTER, 1991. On the focusing issue of synthetic aperture radar imaging of ocean waves. IEEE Transactions on Geoscience & Remote Sensing, 29 (1): 120-128.

BURGERS J, 1940. Application of a model system to illustrate some points of the statistical theory of free turbulence. Proc. Acad. Sci. Amsterdam.

BURGERS J M, 1948. A mathematical model illustrating the theory of turbulence. Advances in applied mechanics, 1: 171-199.

CHAN T H, K JIA, S GAO, et al. , 2015. PCANet: A Simple Deep Learning Baseline for Image Classification? IEEE Transactions on Image Processing, 24 (12): 5017-5032.

CHASSIGNET E P, H E HURLBURT, O M SMEDSTAD, et al. , 2007. The HYCOM (hybrid coordinate ocean model) data assimilative system. Journal of Marine Systems, 65 (1-4): 60-83.

CHAUDHURI D, A SAMAL, A AGRAWAL, et al. , 2012. A Statistical Approach for Automatic Detection of Ocean Disturbance Features From SAR Images. IEEE Journal of Selected Topics in Applied Earth Observations & Remote Sensing, 5 (4): 1231-1242.

CHEN L C, G PAPANDREOU, I KOKKINOS, et al. , 2014. Semantic Image Segmentation with Deep Convolutional Nets and Fully Connected CRFs. Computer Science, (4): 357-361.

CHEN L C, G PAPANDREOU, I KOKKINOS, et al. , 2018a. DeepLab: Semantic Image Segmentation with Deep Convolutional Nets, Atrous Convolution, and Fully Connected CRFs. IEEE Transactions on Pattern Analysis & Machine Intelligence, 40 (4): 834-848.

CHEN L C, Y ZHU, G PAPANDREOU, et al. , 2018b. Encoder-Decoder with Atrous Separable Convolution for Semantic Image Segmentation. European Conference on Computer Vision.

CLEMENTE-COLON P, X H YAN, 1999. Observations of east coast upwelling conditions in synthetic aperture radar imagery. IEEE Transactions on Geoscience and Remote Sensing, 37 (5): 2239-2248.

COOPER A L, C Y SHEN, G O MARMORINO, et al. , 2005. Simulated Radar imagery of an ocean "Spiral Eddy". IEEE Transactions on Geoscience & Remote Sensing, 43 (10): 2325-2331.

CROMBIE D D, 1955. Doppler spectrum of sea echo at 13. 56 Mc./s. Nature, 175 (4459): 681-682.

DESJONQUÈRES J, G CARAYON, N STEUNOU, et al. , 2010. Poseidon-3 radar altimeter: New modes and in-flight performances. Marine Geodesy, 33 (S1): 53-79.

DIBARBOURE G, S LABROUE, M ABLAIN, et al. , 2011. Empirical cross-calibration of coherent SWOT errors using external references and the altimetry constellation. IEEE transactions on geoscience and remote sensing, 50 (6): 2325-2344.

DIGIACOMO P M, B HOLT, 2001. Satellite observations of small coastal ocean eddies in the Southern California Bight. Journal of Geophysical Research Oceans, 106 (C10): 22521-22543.

DMITRIBOUTOV A M S, 2011. Automatic identification of oceanic eddies in infrared satellite images. Computers & Geosciences, 37 (11): 1783-1792.

DONG C, J C McWILLIAMS, A F SHCHEPETKIN, 2007. Island wakes in deep water. Journal of Physical Oceanography, 37 (4): 962-981.

DONG C, T MAVOR, F NENCIOLI, et al., 2009. An oceanic cyclonic eddy on the lee side of Lanai Island, Hawai' i. J. Geophys. Res., 114 (C10): C10008.

DONG C, X LIN, Y LIU, et al., 2012. Three - dimensional oceanic eddy analysis in the Southern California Bight from a numerical product. Journal of Geophysical Research Oceans, 117 (C7): 92-99.

DUDA R O, 1972. Use of the Hough transformation to detect lines and curves in pictures. Communications of the ACM, 15 (1): 11-15.

ELFOUHAILY T, B CHAPRON, K KATSAROS, et al., 1997. A unified directional spectrum for long and short wind-driven waves. Journal of Geophysical Research: Oceans, 102 (C7): 15781-15796.

ESTEBAN-FERNANDEZ D, 2014. SWOT project mission performance and error budget document, JPL Doc. JPL D-79084.

FLORIAN L C, ADAM S H, 2017. Rethinking atrous convolution for semantic image segmentation. Conference on computer vision and pattern recognition (CUPR), IEEE/CVF.

FONT J, S ROUSSEAU, B SHIRASAGO, et al., 2002. Mesoscale variability in the Alboran Sea: Synthetic aperture radar imaging of frontal eddies. Journal of geophysical research, 107 (C6): 3059.

FRIEDMAN K S, X LI, W G PICHEL, et al., 2004. Eddy detection using RADARSAT-1 synthetic aperture radar. Geoscience and Remote Sensing Symposium, 2004. IGARSS'04. Proceedings. 2004 IEEE International, IEEE.

FU L L, B HOLT, 1983. Some examples of detection of oceanic mesoscale eddies by the SEASAT synthetic-aperture radar. Journal of Geophysical Research Oceans, 88 (C3): 1844-1852.

FU L L, D ALSDORF, R MORROW, et al., 2012. SWOT: The surface water and ocean topography mission: Wide-swath altimetric elevation on Earth, Pasadena, CA: Jet Propulsion Laboratory, National Aeronautics and Space.

GATELLI F, A M GUAMIERI, F PARIZZI, et al., 1994. The wavenumber shift in SAR interferometry. IEEE Transactions on Geoscience and Remote Sensing, 32 (4): 855-865.

GAULTIER L, C UBELMANN, 2015. SWOT Simulator Documentation.

GAULTIER L, C UBELMANN, L L FU, 2016. The challenge of using future SWOT data for oceanic field reconstruction. Journal of Atmospheric and Oceanic Technology, 33 (1): 119-126.

GUMMING I G, F H WONG, 2005. Digital Processing of Synthetic Aperture Radar Data: Algorithms and Implementation. Norwood, Massachusetts Artech House.

HASSELMANN K, R K RANEY, W J PLANT, et al., 1985. Theory of synthetic aperture radar ocean imaging: A MARSEN view. Journal of Geophysical Research, 90 (C3): 4659-4686.

HASSELMANN K, T BARNETT, E BOUWS, et al., 1973. Measurements of wind-wave growth and swell decay during the Joint North Sea Wave Project (JONSWAP). Ergänzungsheft, 8-12.

HE K, X ZHANG, S REN, et al., 2015. Spatial Pyramid Pooling in Deep Convolutional Networks for Visual Recognition. IEEE Transactions on Pattern Analysis and Machine Intelligence, 37 (9): 1904-1916.

HE K, X ZHANG, S REN, et al., 2016. Deep residual learning for image recognition. Proceedings of the IEEE conference on computer vision and pattern recognition.

HOLLIDAY D, G ST-CYR, N E WOODS, 1986. A radar ocean imaging model for small to moderate incidence angles. International Journal of Remote Sensing, 7 (12): 1809-1834.

HOLLIDAY D, G ST-CYR, N E WOODS, 1987. Comparison of a new radar ocean imaging model with SAR-SEX internal wave image data. International Journal of Remote Sensing, 8 (9): 1423-1430.

HOUGH P V C, 1962. Method and means for recognizing complex patterns. US.

HUANG D, Y DU, Q HE, et al. , 2017. DeepEddy: A simple deep architecture for mesoscale oceanic eddy detection in SAR images. IEEE International Conference on Networking, Sensing and Control.

IOFFE S, C SZEGEDY, 2015. Batch normalization: Accelerating deep network training by reducing internal covariate shift. International conference on machine learning. PMLR.

IVANOV A, 1982. On the synthetic aperture radar imaging of ocean surface waves. IEEE Journal of Oceanic Engineering, 7 (2): 96-103.

IVANOV A Y, A I GINZBURG, 2002. Oceanic eddies in synthetic aperture radar images. Journal of Earth System Science, 111 (3): 281-295.

JAIN A, 1981. SAR imaging of ocean waves: Theory. IEEE Journal of Oceanic Engineering, 6 (4): 130-139.

JOHANNESSEN J A, R A SHUCHMAN, O M JOHANNESSEN, et al. , 1991. Synthetic aperture rader imaging of upper ocean arculation features and wind fronts. Journal of Geophysical Research: Ocean, 961 (6): 10411-10422.

JOHANNESSEN J A, V KUDRYAVTSEV, D AKIMOV, et al. , 2005. On radar imaging of current features: 2. Mesoscale eddy and current front detection. Journal of Geophysical Research: Oceans, 110 (C7) .

JOHANNESSEN J A, L P RØED, T WAHL, 1993. Eddies detected in ERS-1 SAR images and simulated in reduced gravity model. International Journal of Remote Sensing, 14 (11): 2203-2213.

JOHANNESSEN J A, R A SHUCHMAN, G DIGRANES, et al. , 1996. Coastal ocean fronts and eddies imaged with ERS 1 synthetic aperture radar. Journal of Geophysical Research Oceans, 101 (C3): 6651-6667.

KARIMOVA S, 2012. Spiral eddies in the Baltic, Black and Caspian seas as seen by satellite radar data. Advances in Space Research, 50 (8): 1107-1124.

KARIMOVA S, M GADE, 2016. Improved statistics of sub-mesoscale eddies in the Baltic Sea retrieved from SAR imagery. International Journal of Remote Sensing, 37 (10): 2394-2414.

KARIMOVA S S, O YU LAVROVA, D M SOLOV' EV, 2012. Observation of eddy structures in the Baltic Sea with the use of radiolocation and radiometric satellite data. Izvestiya Atmospheric & Oceanic Physics, 48 (9): 1006-1013.

KELLER W C, V WISMANN, W ALPERS, 1989. Tower-based measurements of the ocean C band radar back-scattering cross section. Journal of Geophysical Research, 94 (C1): 924-930.

KONG W, J CHONG, H TAN, 2017. Performance analysis of ocean surface topography altimetry by Ku-Band Near-Nadir interferometric SAR. Remote Sensing, 9 (9): 933.

KRIZHEVSKY A, I SUTSKEVER, G E HINTON, 2012. Imagenet classification with deep convolutional neural networks. Advances in neural information processing systems.

LAM L, S W LEE, C Y SUEN, 2002. Thinning methodologies-a comprehensive survey. IEEE Transactions on Pattern Analysis & Machine Intelligence, 14 (9): 869-885.

LAVROVA O Y, M I MITYAGINA, 2016. Manifestation specifics of hydrodynamic processes in satellite images of intense phytoplankton bloom areas. Izvestiya Atmospheric & Oceanic Physics, 52 (9): 974-987.

LAVROVA O Y, T Y BOCHAROVA, 2006. Satellite SAR observations of atmospheric and oceanic vortex structures in the Black Sea coastal zone. Advances in Space Research, 38 (10): 2162-2168.

LAVROVA O Y, M I MITYAGINA, T Y BOCHAROVA, 2005. Radar and optical observations of oceanic and atmospheric phenomena in the black sea shore area. Proc. of the 2004 Envisat & ERS Symposium. Salzburg, Austria, ESA SP-572.

LAVROVA O Y, T Y BOCHAROVA, K SABININ, 2002. SAR manifestations of sea fronts and vortex streets in the Bering Strait. IEEE International Geoscience and Remote Sensing Symposium, IEEE. 5: 2997-2999.

LAVROVA O, A SEREBRYANY, T BOCHAROVA, et al. , 2012. Investigation of fine spatial structure of currents and submesoscale eddies based on satellite radar data and concurrent acoustic measurements. Remote Sensing of the Ocean, Sea Ice, Coastal Waters, and Large Water Regions, International Society for Optics and Photonics.

LI J, X JIANG, G LI, et al. , 2017. Distribution of picoplankton in the northeastern South China Sea with special reference to the effects of the Kuroshio intrusion and the associated mesoscale eddies. Science of the Total Environment, 589: 1-10.

LI L, W D NOWLIN, S JILAN, 1998. Anticyclonic rings from the Kuroshio in the South China Sea. Deep-Sea Research Part I, 45 (9): 1469-1482.

LI Y, X LI, J WANG, et al. , 2016. Dynamical analysis of a satellite-observed anticyclonic eddy in the northern Bering Sea. Journal of Geophysical Research: Oceans, 121 (5): 3517-3531.

LIN M, Q CHEN, S YAN, 2013. Network in network. arXiv preprint arXiv: 1312. 4400.

LIU A K, M K HSU, 2009. Deriving Ocean Surface Drift Using Multiple SAR Sensors. Remote Sensing, 1 (3): 266-277.

LIU A K, C Y PENG, J D SCHUMACHER, 1994. Wave-current interaction study in the Gulf of Alaska for detection of eddies by synthetic aperture radar. Journal of Geophysical Research Oceans, 99 (C5): 10075-10085.

LIU A K, C Y PENG, S Y S CHANG, 1997. Wavelet analysis of satellite images for coastal watch. IEEE Journal of Oceanic Engineering, 22 (1): 9-17.

LONGUET-HIGGINS M S, R W STEWART, 1964. Radiation stresses in water waves; a physical discussion, with applications. Deep-Sea Research and Oceanographic Abstracts, 11 (4): 529-562.

LORENZZETTI J A, M KAMPEL, C BENTZ, et al. , 2006. A Meso-Scale Brazil Current Frontal Eddy: Observations by ASAR, RADARSAT-1 Complemented with Visible and Infrared Sensors, in Situ Dtat, and Numerical Modeling. Advances in SAR Oceanography from Envisat and ERS Missions, Proceedings of SEA-SAR.

LYZENGA D, C WACKERMAN, 1997. Detection and classification of ocean eddies using ERS-1 and aircraft SAR images. Esa Sp, 414 (414): 1267.

LYZENGA D, C WACKERMAN, 1997. Detection and classification of ocean eddies using ERS-1 and aircraft SAR images. Third ERS Symposium: 1267-1271.

LYZENGA D R, 1986. Numerical simulation of synthetic aperture radar image spectra for ocean waves. IEEE Transactions on Geoscience & Remote Sensing, GE-24 (6): 863-872.

MALLAT S, S ZHONG, 1992. Characterization of signals from multiscale edge. IEEE transactions on pattern analysis and machine intelligence, 14 (7): 710-732.

MALLAT S G, 1989. A Theory for Multiresolution Signal Decomposition: The Wavelet Representation. IEEE Computer Society.

MARMORINO G O, B HOLT, M J MOLEMAKER, et al. , 2010. Airborne synthetic aperture radar observations of "spiral eddy" slick patterns in the Southern California Bight. Journal of Geophysical Research: Oceans, 115 (C05010): 1-14.

MARMORINO G O, G B SMITH, W D MILLER, 2013. Infrared Remote Sensing of Surf-Zone Eddies. IEEE Journal of Selected Topics in Applied Earth Observations & Remote Sensing, 6 (3): 1710-1718.

MARR D, E HILDRETH, 1980. Theory of Edge Detection. Proceedings of the Royal Society of London, 207 (1167): 187-217.

MARTIN S, K B KATSAROS, 2005. An introduction to ocean remote sensing. Oceanography, 18 (3): 86.

MCGOLDRICK L F, 1965. Resonant interactions among capillary-gravity waves. Journal of Fluid Mechanics, 21 (2): 305-331.

MCLEISH W, D ROSS, R A SHUCHMAN, et al., 1980. Synthetic aperture radar imaging of ocean waves: Comparison with wave measurements. Journal of Geophysical Research Oceans, 85 (C9): 5003-5011.

MITNIK L M, V B LOBANOV, 2011. Investigation of Oyashio-Kuroshio frontal zone using alos PALSAR images and ancillary information. Geoscience and Remote Sensing Symposium (IGARSS), 2011 IEEE International, IEEE.

MITNIK L M, V A DUBINA, G V SHEVCHENKO, 2004. ERS SAR and Envisat ASAR observations of oceanic dynamic phenomena in the southwestern Okhotsk Sea Envisat & ERS Symposium. Salzburg, Austria.

MITNIK L, V DUBINA, V LOBANOV, 2000. Cold season features of the Japan Sea coastal zone revealed by ERS SAR. Proceedings of ERS-Envisat Symposium "Looking Down to Earth in the New Millennium".

MITNIK L, V DUBINA, V LOBANOV, 2007. Cold season features of the Japan Sea coastal zone revealed by ERS SAR. 4232: 7-4232.

MITYAGINA M, O LAVROVA, S KARIMOVA, 2010. Multi-sensor survey of seasonal variability in coastal eddy and internal wave signatures in the north-eastern Black Sea. International Journal of Remote Sensing, 31 (17-18): 4779-4790.

MUKHERJEE A, S K PARUI, D CHAUDHURI, et al., 1996. An efficient algorithm for detection of road-like structures in satellite images. International Conference on Pattern Recognition.

MUNK W, L ARMI, K FISCHER, et al., 2001. Spirals on the sea. Proceedings of the Royal Society of London. Series A: Mathematical, Physical and Engineering Sciences.

NAIR V, G E HINTON, 2010. Rectified linear units improve restricted boltzmann machines. Proceedings of the 27th international conference on machine learning (ICML-10).

NICK J, HARDMAN-MOUNTFORD, ANTHONY J, et al., 2014. Impact of eddies on surface chlorophyll in the South Indian Ocean. Journal of Geophysical Research C Oceans Jgr, 119: 8061-8077.

OLSON D B, 1991. Rings in the ocean. Annual Review of Earth and Planetary Sciences, 19: 283.

OSAMU ISOGUCHI, MASANOBU SHIMADA, FUTOKI SAKAIDA, et al., 2009. Investigation of Kuroshio-induced cold-core eddy trains in the lee of the Izu Islands using high-resolution satellite images and numerical simulations. Remote Sensing of Environment, 113: 1912-1925.

OSEEN C W, 1911. Über die stoke´sche formel und über eine verwandte aufgabe in der hydrodynamik, Almqvist & Wiksell.

OTSU N, 1979. A Threshold Selection Method from Gray-Level Histograms. Systems Man & Cybernetics IEEE Transactions on, 9 (1): 62-66.

PHILLIPS O M, P K WEYL, 1980. The dynamics of the upper ocean. Cambridge University Press.

PLANT W J, 1982. A relationship between wind stress and wave slope. Journal of Geophysical Research, 87 (C3): 1961-1967.

PLANT W J, 1991. The variance of the normalized radar cross section of the sea. Journal of Geophysical Research Oceans, 96 (C11): 20643-20654.

PLANT W J, 1992. Reconciliation of Theories of Synthetic Aperture Radar Imagery of Ocean Waves. Journal of

Geophysical Research Atmospheres, 97 （12）：7493-7501.

PLANT W J, 2002. A stochastic, multiscale model of microwave backscatter from the ocean. Journal of Geo-physical Research Oceans, 107 （C9）：313-321.

PLANT W J, J W WRIGHT, 1977. Growth and equilibrium of short gravity waves in a wind-wave tank. Jour-nal of Fluid Mechanics 82.

PLANT W J, W C KELLER, 1983. The two-scale radar wave probe and SAR imagery of the ocean. Journal of Geophysical Research：Oceans, 88 （C14）：9776-9784.

PLANT W J, E A TERRAY, R A P Jr, et al. , 1994. The dependence of microwave backscatter from the sea on illuminated area：correlation times and lengths. Journal of Geophysical Research Atmospheres, 99 （C5）：9705-9723.

PLATONOV A, A TARQUIS, E SEKULA, et al. , 2007. SAR observations of vertical structures and turbu-lence in the ocean. Models, Experiments and Computation in Turbulence.

RAFAEL C GONZALEZ, RICHARD E WOODS, STEVEN L EDDINS, 2013. 数字图像处理（MATLAB 版）. 阮秋琦, 译. 北京：电子工业出版社.

RAJ R, J JOHANNESSEN, T ELDEVIK, et al. , 2016. Quantifying mesoscale eddies in the Lofoten Basin. Journal of Geophysical Research：Oceans, 121 （7）：4503-4521.

RANEY R K, 1971. Synthetic aperture imaging radar and moving targets. IEEE Transactions on Aerospace & Electronic Systems, AES-7 （3）：499-505.

RANEY R K, 1983. Transfer Functions for Partially Coherent SAR Systems. IEEE Transactions on Aerospace & Electronic Systems, AES-19 （5）：740-750.

RANKINE W J M, 1872. A manual of applied mechanics, Charles Griffin and Company.

ROBINSON I S, 1985. Satellite oceanography - An introduction for oceanographers and remote-sensing scientists. Chichester, UK：Ellis Horwood.

ROBINSON I S, 2010. Discovering the Ocean from Space：The Unique Applications of Satellite Oceanography. Chichester, UK, SPRINGER-PRAXIS.

RODRIGUEZ E, C S MORRIS, J E BELZ, 2006. A global assessment of the SRTM performance. Photogram-metric Engineering & Remote Sensing, 72 （3）：249-260.

ROMEISER R, D R THOMPSON, 2000. Numerical study on the along-track interferometric radar imaging mechanism of oceanic surface currents. Geoscience and Remote Sensing IEEE Transactions on, 38 （1）：446-458.

ROMEISER R, A SCHMIDT, W ALPERS, 1994. A three-scale composite surface model for the ocean wave-radar modulation transfer function. Journal of Geophysical Research Oceans, 99 （C5）：9785-9801.

ROMEISER R, H BREIT, M EINEDER, et al. , 2005. Current measurements by SAR along-track interferom-etry from a space shuttle. IEEE Transactions on Geoscience and Remote Sensing, 43 （10）：2315-2324.

ROMEISER R, W ALPERS, V WISMANN, 1997. An improved composite surface model for the radar back-scattering cross section of the ocean surface 1. Theory of the model and optimization / validation by scat-terometer data. Journal of Geophysical Research Oceans, 102 （C11）：25237-25250.

RONNEBERGER O, P FISCHER, T BROX, 2015. U-Net：Convolutional Networks for Biomedical Image Seg-mentation. International Conference on Medical Image Computing & Computer-assisted Intervention.

ROSENFELD A, M THURSTON, 1971. Edge and Curve Detection for Visual Scene Analysis. IEEE Trans. Comput. , 20 （5）：562-569.

ROSSI M, F BOTTAUSCI, A MAUREL, et al. , 2004. A Nonuniformly Stretched Vortex. Physical Review Letters, 92 （5）：1-4.

SALAMON J, J P BELLO, 2017. Deep convolutional neural networks and data augmentation for environmental sound classification. IEEE Signal Processing Letters, 24 (3): 279–283.

SCHULZ-STELLENFLETH J, 2003. Ocean wave measurements using complex synthetic aperture radar data, Staats-und Universitätsbibliothek Hamburg Carl von Ossietzky.

SIMONYAN K, A ZISSERMAN, 2014. Very deep convolutional networks for large-scale image recognition. arXiv preprint arXiv: 1409.1556.

SULLIVAN R D, 2012. A two-cell vortex solution of the Navier–Stokes equations. Journal of the Aerospace Sciences, 26 (11): 1083–1115.

TAKAHASHI N, M GYGLI, B PFISTER, et al., 2016. Deep convolutional neural networks and data augmentation for acoustic event detection. arXiv preprint arXiv: 1604.07160.

TARQUIS A M, A PLATONOV, A MATULKA, et al., 2014. Application of multifractal analysis to the study of SAR features and oil spills on the ocean surface. Nonlinear Processes in Geophysics, 21 (2): 439–450.

TAVRI A, S SINGHA, S LEHNER, et al., 2016. Observation of sub-mesoscale eddies over Baltic Sea using TerraSAR-X and Oceanographic data. Proceedings of Living Planet Symposium.

VALENZUELA G R, 1978. Theories for the interaction of electromagnetic and oceanic waves – A review. Boundary-Layer Meteorology, 13 (1-4): 61–85.

Witkin A P, 1983. Scale-space filtering. Proc. of International Joint Conference on Artificial Intelligence.

WRIGHT J W, 1966. Backscattering from capillary waves with application to sea clutter. IEEE Transactions on Antennas & Propagation, 14 (6): 749–754.

WRIGHT J W, 1968. A new model for sea clutter. Antennas & Propagation IEEE Transactions on, 16 (2): 217–223.

W MUNK, L ARMI, K FISCHER, et al., 2000. Spirals on the sea. Proceedings of the Royal Society A Mathematical Physical Engineering Sciences.

XIAOFENG YANG, XIAOFENG LI, ZIWEI LI, et al., 2011. The impact of ocean surface features on the high resolution wind retrieval from SAR. Geoscience and remote sensing symposium, 10: 2997–2999.

XU G, J YANG, C DONG, et al., 2015. Statistical study of submesoscale eddies identified from synthetic aperture radar images in the Luzon Strait and adjacent seas. International Journal of Remote Sensing, 36 (18): 4621–4631.

YAMAGUCHI S, H KAWAMURA, 2009. SAR-imaged spiral eddies in Mutsu Bay and their dynamic and kinematic models. Journal of oceanography, 65 (4): 525–539.

YANG G B, Q ZHENG, Y YUAN, et al., 2019. Effect of a mesoscale eddy on surface turbulence at the Kuroshio Front in the East China Sea. Journal of Geophysical Research: Oceans, 124 (3): 1763–1777.

YU F, V KOLTUN, 2015. Multi-Scale Context Aggregation by Dilated Convolutions. arXiv preprint arXiv: 1511.07122.

ZEILER M D, R FERGUS, 2014. Visualizing and Understanding Convolutional Networks, Springer International Publishing.

ZHANG Z, J TIAN, Q BO, et al., 2016. Observed 3D Structure, Generation, and Dissipation of Oceanic Mesoscale Eddies in the South China Sea. Sci. Rep., 6 (1): 24349.

ZHAO H, J SHI, X QI, et al., 2017. Pyramid scene parsing network. Proceedings of the IEEE conference on computer vision and pattern recognition.

ZHENG Q, 2017. Satellite SAR Detection of Sub-Mesoscale Ocean Dynamic Processes. World Scientific.

ZHENG Q, H LIN, J MENG, et al., 2008. Sub-mesoscale ocean vortex trains in the Luzon Strait. Journal of Geophysical Research: Oceans (1978–2012), 113 (C4).

230

ZHENG Q, L XIE, X XIONG, et al. , 2020. Progress in research of submesoscale processes in the South China Sea. Acta Oceanologica Sinica, 39 (1): 1-13.

ZHENG Q, L XIE, Z ZHENG, et al. , 2017. Progress in research of mesoscale eddies in the South China Sea. Adv. Mar. Sci., 35 (20): 131-158.